普通高等教育"十一五"国家级规划教材

现代测量学

(第三版)

李天文 等 编著

西北大学地理学一流学科建设项目(2016—2020)
陕西省地理学一流学科建设项目(2016—2020)　　　　　联合资助
西北大学测量学 MOOC 建设项目(2017—2020)

U0209914

科学出版社

北京

内 容 简 介

在前两版的基础上，作者对全书内容进行了精炼和补充。全书共 11章：第 1 章至第 5 章主要介绍测量学的基本概念、基本理论和常规测量仪器的使用；第 6 章介绍全站仪的基本原理、仪器检验以及距离归算；第 7章介绍 GNSS 定位技术；第 8 章讲述测量误差的基本理论；第 9 章主要阐述地形控制测量的理论与方法；第 10 章介绍传统及数字化大比例尺地形图测绘；第 11 章介绍测量学的应用。本书以大比例尺地形图测绘为主线，以现代测绘技术为核心，在阐述测量学基本理论、基本方法的基础上，不仅介绍了数字化测图的理论及方法，而且还介绍了建筑工程测量、线路工程测量、隧道工程测量和变形测量等内容。

本书既可作为高等学校 GIS 专业及相关专业的教材，也可供测绘专业技术人员阅读参考。

图书在版编目（CIP）数据

现代测量学 / 李天文等编著．—3 版．—北京：科学出版社，2021.4
普通高等教育"十一五"国家级规划教材
ISBN 978-7-03-063105-3

Ⅰ．①现… Ⅱ．①李… Ⅲ．①测量学-高等学校-教材 Ⅳ．①P2

中国版本图书馆 CIP 数据核字（2019）第 250821 号

责任编辑：杨 红 / 责任校对：何艳萍
责任印制：赵 博 / 封面设计：迷底书装

科 学 出 版 社 出版
北京东黄城根北街 16 号
邮政编码：100717
http://www.sciencep.com

北京华宇信诺印刷有限公司印刷
科学出版社发行 各地新华书店经销
*
2007 年 2 月第 一 版 开本：787×1092 1/16
2014 年 1 月第 二 版 印张：16
2021 年 4 月第 三 版 字数：410 000
2024 年12月第十八次印刷
定价：59.00 元
（如有印装质量问题，我社负责调换）

第三版前言

随着测绘科学技术的迅速发展，各种新型的测绘仪器和方法不断涌现，从而使数字测图成为常规的测图方法。因此，现代测量学的理论、方法及技术等有了进一步的发展，为了及时反映测绘科学技术的最新成果，满足测绘工程、土木工程、城市规划及地理信息科学等专业教学需求，特对本书进行了修订。具体修订内容包括:

(1) 为了进一步方便学生的学习和掌握，对书中的内容及图表进行了调整、精炼和修改。

(2) 在测量学基础知识一章中增加了建立独立平面直角坐标系内容，以适应特殊工程的需要。

(3) 在水准测量一章中增加了单一水准路线内业计算，并列举了示例，便于学生的学习和掌握，为其今后的实际工作奠定基础。

(4) 结合 GNSS 测量定位技术的发展，对卫星定位一章进行了修改。

(5) 在控制测量一章中增加了坐标导线测量及平差等内容，从而满足当前利用全站仪进行导线测量的需求。

本次再版，西北大学的龙永清老师承担了第 5、8、11 章的修订，西安市勘察测绘院的李庚泽工程师承担了第 3、7、9 章的修订，西安测绘职工中等专业学校的姚任平高级工程师承担了第 2、4、10 章的修订。在此表示衷心的感谢。

由于作者水平有限，本次修订后仍可能存在不足之处，期待广大读者指正。

李天文

2020 年 10 月

第二版前言

随着测绘科学技术的迅速发展，电子仪器(电子全站仪、数字水准仪、地面激光扫描仪、GNSS 接收机等)已逐步成为常规的测绘仪器，数字化测图已逐步成为常规的测图方法。因此，测量学无论是从理论、方法还是技术上都有较大的发展，为了及时反映测量学的最新成果，以适应测绘工程、城市规划、土木工程、地理信息系统等专业教学的需要，特对本书作了修订。具体的修订内容包括以下几个方面：

(1) 进一步突出了本书的重点以适应各专业对测量学的需要，进一步明确了测绘科学的概念及研究内容，并对第一版中的文字、图表及公式等内容进行了精练和修改。

(2) 在介绍普通水准仪、激光水准仪、数字水准仪的基础上，详细介绍了自动安平水准仪的原理及使用。

(3) 为了适应导线测量的需要，在第一版距离测量的基础上增加了光电测距的归算，并详细讲述了无定向导线的计算和导线测量错误的查找等理论与方法。

(4) 为了适应大比例尺地形图测图的需要，在第一版的基础上详细介绍了地物和地貌的测绘原则及方法等。

本次再版，西北大学的龙永清老师承担了第 5、8、11 章的修订，西安市勘察测绘院的李庚泽同志承担了第 3、7、9 章的修订，太原理工大学的和栋材老师承担了第 2、4 章的修订，王顼、张茹、袁刚也为本书的修订做了不少工作。在此一并表示衷心的感谢。

由于作者水平有限，本次修订后仍可能存在不足之处，期待读者指正。

李天文

2013 年 10 月

第 一 版 序

    测量学是我国测绘工程类专业、地理信息系统专业及其他相关专业开设的一门专业基础课。长期以来，测量学主要是以传统测绘学理论、方法及仪器为讲授内容，学生通过对该课程的学习，不但对测量学概念和理论以及具体的测量方法有了初步的理解，而且可以应用所学理论及方法解决生产实践中的一些具体问题。随着以"3S"(GPS、RS、GIS)技术为代表的测绘新技术的出现和发展，测绘学的理论及方法有了巨大的变革，这种变革促使现代测绘学科的理论及方法不断完善。因此，传统的测量学课程内容已不能适应测绘新技术的发展和国民经济建设的要求，我国设置测绘专业和进行测量学教学的高等院校纷纷对测量学课程进行了相应的改革。在这种情况下，西北大学的李天文教授根据自己多年从事测量工作的教学、科研与实践经验，并结合测绘新技术的发展现状，在原有测量学讲义的基础上编写成了这本《现代测量学》。该书有别于传统测量学课程的体系和内容，既增加了测绘新技术在测量学中的应用内容，又顾及原有测量学的基本理论、基本方法及基本测量仪器的介绍，从而使地形测量由白纸测图向数字测图过渡。作为"普通高等教育'十一五'国家级规划教材"，该书适用于非测绘工程类专业测量学课程的教学，其内容体系编排合理，脉络清晰，基本理论、基本方法及应用三部分内容搭配得当，使学生学习之后，能全面了解测量学的基本理论、仪器使用、实际作业和在相关行业中的应用，从而适应当前我国高等教育课程改革的新形势、新要求。

全国高等学校测绘学科教学指导委员会主任

武汉大学教授、中国工程院院士

宁津生

2006 年 10 月

第一版前言

测量学是地理信息系统专业、测绘工程专业及其他相关专业的专业基础课，也是学生学习其他测绘课程的基础。本书对传统测量学的内容进行了提炼精化，并结合测绘新技术的发展编写而成。在教学内容上既增加了测绘新技术在测量学中的应用内容，又考虑到常规的测量理论、方法及仪器的介绍，从而实现了从地形测图向数字化、自动化、智能化测图的过渡。全书以大比例尺地形测量为主线，在阐述测量学基本理论、基本方法的基础上，不仅介绍了利用现代测绘技术进行数字化测图的理论与方法，而且还介绍了建筑工程测量、线路工程测量、隧道工程测量及变形监测等内容。

全书共 11 章，主要内容包括：测量学的基本理论、水准测量、角度测量、距离测量、全站仪检定及使用、GPS 测量定位技术、测量误差理论、控制测量、地形测量和测量学的基本应用等内容。每章均附有习题，便于学生在课堂学习的基础上，全面理解本章的学习要点，做到理论联系实践，以达到更好的学习效果。

本书在编写过程中得到了学校多方面的支持。有多人参与了本书的编写，其中龙永清参与了第 9、10、11 章的编写，冯丽丽参与了第 3、10 章的编写，程一曼、薛山成、陈靖、白巧霞、韩羽等同学在编写过程中也做了大量的工作，在此一并表示衷心的感谢。

由于作者水平有限，书中不足之处在所难免，恳请读者批评指正。

作　者

2006 年 10 月于西北大学

目　　录

第1章　绪　　论

1.1　测绘科学的基本概念及研究内容

1.1.1　测绘科学的基本概念

测绘科学是研究测定和推算地面及其外层空间点的几何位置，确定地球形状和地球重力场，获取地球表面自然形态和人工设施的几何分布以及与其属性相关的信息，编制全球或局部地区的各种比例尺的普通地图和专题地图，为国民经济发展、国防建设及地学研究服务的科学。

随着科学技术的发展，测绘新技术不断出现，从而使测绘学的理论、方法及应用范围发生了巨大的变化，与此相应，测绘学又有了新的概念和含义。现代测绘学是指对地理空间数据的获取、处理、分析、管理、存储和显示的综合研究，其相应的概念为：研究地球和其他实体的与时空分布有关的信息采集、测量、处理、显示、管理及利用的科学和技术。

1.1.2　测绘科学的研究内容

从测绘学的基本概念可知，其研究内容涉及诸多方面，可概括为以下七点：

(1) 在研究地球形状、大小及重力场的基础上建立统一的地球坐标系统，用以表示地球表面及其外部空间任一点在该坐标系中的几何位置。

(2) 根据大量地面点的坐标及高程，就可以进行地面形态的测绘工作，其中包括地表的各种自然形态和人类社会活动所产生的各种人工形态。

(3) 将测量所获得的自然界和人类社会现象的空间分布、相互联系及其动态变化信息用地图的形式反映和展示出来。

(4) 各种经济建设和国防工程建设中的规划、设计、施工和建筑物运营阶段的管理，均需要进行相应的测绘工作，并利用测绘资料引导工程建设的实施，监视建筑物的变形。

(5) 海洋环境中的测绘工作。

(6) 在测量工作中，测量误差是不可避免的，因此必须研究和处理这些带有误差的观测值，设法消除或削弱其误差，以便提高被观测量的质量，即测量数据处理和平差。

(7) 测绘学成果最终应服务于国民经济建设、国防建设和科学研究，因此，还应研究测绘学在社会经济发展的各相关领域中的应用。不同的应用领域对测绘工作的要求不同，应依据不同的测绘理论和方法，采用不同的测量仪器和设备，采取有效的数据处理和平差，从而获取符合不同应用领域要求的测绘成果。

1.2　测绘学的分类

测绘科学的主要研究对象是地球的形状、大小，地球重力场，地球表面的地形、地貌及地物的几何形状和其空间位置，并将地球表面的地形及其他信息测绘于图纸上，以便各行各业使用。随着测绘科学的不断发展、技术手段的不断更新，以全球导航卫星系统(global navigation satellite system, GNSS)、地理信息系统(geographic information system, GIS)、遥感技术(remote sensing, RS)为代表的测绘新技术的迅猛发展和应用,测绘学的产品基本已由传统的纸质地图转变为"4D"(数字高程模型 DEM、数字正射影像 DOM、数字栅格地图 DRG、数字线划地图 DLG)产品。

"4D"产品在网络技术的支持下,成为国家空间数据基础设施(NSDI)的基础,从而增强了数据的共享性,为相关领域的研究工作及国民经济建设的各行业、各部门应用地理信息带来巨大的方便。目前,测绘学可分为以下几个分支学科:大地测量学、工程测量学、摄影测量学、海洋测量学和地图学等。

1. 大地测量学

大地测量学主要是研究地球的形状及大小、地球重力场、地球板块的运动、地球表面点的几何位置及其变化的科学。大地测量学是整个测绘学科各个分支的理论基础,也是开展其他测绘工作的前提。它的基本任务是建立高精度的地面控制网及重力水准网,不但为各类工程施工测量及摄影测量提供依据,而且也为地形测图及海洋测绘提供控制基础,同时也为研究地球形状及大小、地球重力场及其分布、地球动力学研究、地壳形变及地震预测提供精确的位置信息。

2. 工程测量学

工程测量学主要是研究在工程施工和资源开发利用中的勘测设计、建设施工、竣工验收、生产运营、变形监测和灾害预报等方面的测绘理论与技术。工程测量的特点是应用基本的测量理论、方法、技术及仪器设备,并结合具体的工程特点采用具有特殊性的施工测绘方法。它是大地测量学、摄影测量学及地形测量学的理论与方法在具体工程中的应用。

3. 摄影测量学

摄影测量学又可分为航天摄影测量、航空摄影测量、地面立体摄影测量和遥感测量。

摄影测量学是研究影像及遥感信息与被测物体之间内在的几何和物理关系,并进行分析、处理和解译,以确定被测物体的形状、大小、性质及空间位置的一门学科。

摄影测量是一种快速获取地球表面上地貌及地物影像的技术,在通信技术、GIS 技术的支持下,可以实时地获取地物、地貌的相关信息,并形成数字地图。利用遥感技术(电磁波、光波及热辐射)亦可快速获取地球表面、地球内部、环境景象及天体等传感目标的信息信号,它在农业调查、土地性质分析、植被分布调查、地下资源探测、气象及环境污染监测、文物考古及自然灾害预测中应用非常广泛。

4. 海洋测量学

海洋测量学是以海洋水体及海底地形为对象,研究海洋定位,测定海洋大地水准面及平均海平面、海面及海底地形、海洋重力及磁力等自然及社会信息的地理分布,并编制成各种海图的理论与技术的学科。

5. 地图学

地图学是以地图信息传递为中心,研究地图的基本理论、地图制作技术和地图应用的综合性科学。

地图学是由地图理论部分、地图制图方法及地图应用三大部分组成。地图是测绘工作的重要产品形式之一。地图学科的不断发展，促使地图产品从模拟地图向数字地图转化，从二维静态向三维立体、四维动态转变。计算机制图技术及地图数据库的不断完善，促使了地理信息系统(GIS)的产生，数字地图的发展和应用领域的不断拓宽，为地图学的发展及地图应用开辟了新的前景。

测量学是测绘工程专业、地理信息科学专业及相关专业的一门专业基础课。测量学主要研究地球表面局部区域测量的基本理论、技术、方法及其应用，它将局部区域地球球面近似地当作平面，无须顾及地球曲率的影响，对地球表面的地物及地貌进行测绘，因此，测量学也称为普通测量学或地形测量学。

1.3 测量学的目的及要求

随着测绘技术的不断发展、测绘新产品及新仪器的不断产生，传统的测量手段已逐步被现代测量手段所代替，传统的白纸测图被数字测图所取代。

数字测图是利用 GNSS 测量技术或全站仪在野外进行数字化地形数据采集，并在成图软件的支持下，利用计算机进行加工处理，以获得数字地形图的方法。数字测图的成果可以是通过网络实现远距离传输，实现多方数据共享，并以数字形式存储于计算机存储介质上的数字地图，亦可通过数控绘图仪输出传统的纸质地形图。

数字测图的实现使得地形测图实现了自动化、数字化，从而完全改变了传统测图的手工作业模式。数字测图在成图过程中，不仅速度快、精度高，而且不受图幅的限制，便于使用和管理，并可直接为地理信息系统的建立提供基础信息。

学习测量学课程的目的是：掌握测量学的基础知识及理论，具有使用常规测量仪器的基本技能；在学习大比例尺测图的基本原理、方法及技能的基础上，掌握利用 GNSS 测量技术及全站仪进行数字测图的整个过程，并能利用测量的基本理论、方法及技能对测量数据进行正确处理；掌握基本的施工测量方法及过程，不但能在一般工程建设规划、设计和施工中正确使用测绘成果，而且能使用测量仪器进行一般工程的施工放样工作。

测量学是一门综合性极强的实践性课程，要求学生在掌握基本理论及方法的基础上，应具备动手操作测量仪器的技能。因此，在教学过程中，除了课堂讲授外，必须安排一定量的实习及实验，以便巩固和深化所学知识，这对掌握测量学的基本理论及技能，建立控制测量和地形图测绘的完整概念是十分有效的，同时也是掌握利用现代测绘仪器进行数字地形图测绘的必要过程。通过实习可以培养学生分析问题和解决问题的能力，并为利用所学理论与技能解决相关问题打下坚实的基础。

1.4 测量学的发展及现状

我国是世界四大文明古国之一，测绘科学技术有着悠久的历史。相传在上古时代，就有夏禹在黄河两岸利用简单工具进行测量治理水患的传说，该时期所铸的"九鼎"即是象征中国九州的原始地图，《史记·夏本纪》中所记载的"左准绳""右规矩"，就是对大禹治水时测量情景的描述。指南针的发明，促进了古代测绘技术的发展。1973 年长沙马王堆西汉古墓出土的 3 幅帛地图是目前世界上保存最早的地图。西晋裴秀所著的《制图六体》，是一部世界最早较系统的测绘地图的规范。唐朝刘遂等人，在河南滑县至上间实测了一段长达 351 里 80 步(唐代 1 里为 300 步)的子午线弧长，并用日圭测太阳的阴影来确定纬度，是世界上最早的子午线弧长测量。宋代的沈括曾用水平尺、罗盘进行地形测量，创立了分层筑堰的方法，并且制作了表示地形的立体模型，比欧洲最早的地形模型早 700 余年。元代郭守敬创造了多种天文测量仪器，在全国进行了大规模的天文观测，共实测了 72 个点，并首创以海平面为基准来比较不同地点的地势高低。明代郑和 7 次下西洋，绘制了中国第一部航海图集《郑和航海图》。清康熙新定以二百里折合地球子午线一度(清代 1 度为 1800 尺，1 尺折合经线长度为 0.01 秒)为世界上以经线弧长作为长度标准之始，并于 1718 年完成了《皇舆全览图》。

到 20 世纪，我国开始采用了一些新的测量技术，但将测量作为一门现代科学，还是在新中国成立后才得以迅速发展。70 余年来，我国测绘工作的主要成就是：①在全国范围内(除台湾省)建立了高精度的天文大地控制网，建立了适合我国的统一坐标系统——1980 年西安坐标系。20 世纪 90 年代，利用 GNSS 测量技术建立了包括 AA 级、B 级在内的国家 GNSS 网，2020 年对喜马拉雅山进行了第三次测高，并测得其主峰海拔高程为 8848.86m。②完成了国家基本地形图的测绘，测图比例尺也随着国民经济建设的发展而不断增大，城市规划、工程设计都使用了大比例尺的地形图。测图方法也从常规经纬仪、平板仪测图发展到全数字摄影测量成图和 GNSS 测量技术及全站仪地面数字成图。编制并出版了各种地图、专题图，制图过程实现了数字化、自动化。③制定了各种测绘技术规范(规程)和法规，统一了技术规格及精度指标。④建立了完整的测绘教育体系，测绘技术步入世界先进行列，研制了一批具有世界先进水平的测绘软件，如全数字摄影测量系统——VirtuoZo，面向对象的地理信息系统——GeoStar(吉奥之星)，地理信息系统软件平台——MapGIS，数字测图系统——清华三维的 EPSW、武汉瑞得的 RDMS、南方的 CASS、广州的 SCSG2002 等，使测绘数字化、自动化的程度越来越高。⑤测绘仪器生产发展迅速，不仅可生产出各等级的经纬仪、水准仪、平板仪，而且还能批量生产电子经纬仪、电磁波测距仪、自动安平水准仪、全站仪、GNSS 接收机、解析测图仪等。测绘技术及手段不断发展，传统的测绘技术已基本被现代测绘技术(GNSS、RS、GIS，简称"3S")所代替；测绘产品应用范围不断拓宽，并可向用户提供"4D"(DEM、DOM、DLG、DRG)数字产品。

测绘工作十分精细严谨，其测绘成果、成图质量的优劣将直接对国民经济建设有重大影响。为了使测绘成果更好地服务于国民经济建设的各行业，必须努力学习，勇于实践，在学好传统测绘理论与技术的基础上，掌握现代测绘理论与技术，发扬测绘技术人员的真实、准确、细致和及时完成任务的优良传统，只有这样才能使我国的测绘事业不断发展，测绘水平不断提高，测绘成果应用领域不断拓宽。

习　　题

1. 什么叫测量学？测量学的任务有哪些？
2. 测量学研究的内容是什么？
3. 论述测量学的发展。

第 2 章　测量学的基本知识

2.1　地球形状与地球椭球体

测量学的基本任务是将地球表面的地物和地貌测绘成地形图，因此确定地面点的位置是测量学最基本的任务。地面点位置的确定必须建立一个基准框架，而要建立基准框架，就必须了解地球的形状及地球椭球体。

2.1.1　地球的形状及大小

测量工作是在地球自然表面上进行的，而地球自然表面的形状非常复杂，有高山、丘陵、平原、河谷、湖泊及海洋。世界上最高的山峰珠穆朗玛峰高达 8848.86m，而太平洋西部的马里亚纳海沟则深达 11034m，但这些同地球的平均半径(约 6371km)相比是微不足道的。而且地球表面海洋面积约为 71%，陆地面积仅占 29%。因此，可以把地球形状看作是被海水包围的球体，也就是假设一个静止的海水面向大陆延伸所形成的一个封闭的曲面，这个静止的海平面称为水准面。水准面有无穷多个，其中与平均海水面重合的一个水准面称为大地水准面。大地水准面向大陆内部延伸所包围的形体称为大地体。

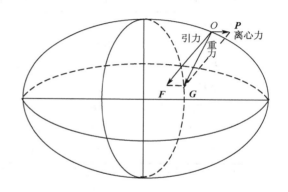

图 2-1　引力、离心力及重力

水准面具有处处都与铅垂线方向正交的特性。铅垂线方向又称重力方向，而重力又是地球引力与离心力的合力(图 2-1)。

2.1.2　地球椭球体

地球内部物质分布的不均匀性，使得地面上各点铅垂线方向产生不规则的变化，这就造成大地水准面实际上是略有起伏而极不规则的光滑曲面，如图 2-2 所示。

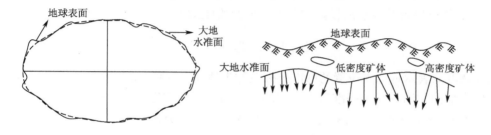

图 2-2　大地水准面

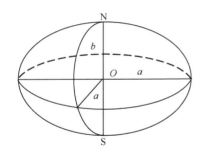

图 2-3　旋转椭球体

显然，在这样的曲面上进行各种测量数据的处理和成图是极其困难的，甚至是无法实现的。因此，我们采用一个十分接近大地体的旋转椭球体来代替大地体，称为地球椭球体。其中与大地体最接近的地球椭球体称为总地球椭球体，局部与大地体密合最好的地球椭球体称为参考椭球体。如图 2-3 所示为旋转椭球体。

地球椭球体是一个数学曲面，用 a 表示椭球体的长半轴，b 表示短半轴，则地球椭球体的扁率 f 为

$$f = \frac{a-b}{a} \tag{2-1}$$

在几何大地测量中，地球椭球体的形状和大小通常用 a 和 f 来表示。其值可用传统的弧度测量和重力测量的方法测定，也可采用现代大地测量的方法来测定。许多国内外学者曾分别测算出了不同地球椭球体的参数值，如表 2-1 所示。

表 2-1　地球椭球体的几何参数

椭球体名称	年份	长半轴 a/m	扁率 f	附注
德兰布尔	1800	6375653	1：334.0	法国
白塞尔	1841	6377397.155	1：299.1528128	德国
克拉克	1880	6378249	1：293.459	英国
海福特	1909	6378388	1：297.0	美国
克拉索夫斯基	1940	6378245	1：298.3	苏联
1980 年大地测量参考系统	1979	6378140	1：298.257	IUGG 第 17 届大会推荐值
WGS-84 系统	1984	6378137	1：298.257223563	美国国防部制图局(DMA)

注：IUGG 为国际大地测量与地球物理联合会(International Union of Geodesy and Geophysics)的英文简称。

在新中国成立前我国采用的是海福特椭球体，新中国成立初期采用的是克拉索夫斯基椭球体。但由于克拉索夫斯基椭球体参数同 1975 年国际第三推荐值相比，其长半轴相差 105m，因而 1978 年我国根据自己实测的天文大地资料推算出适合本地区的地球椭球体参数，从而建立了 1980 年西安大地坐标系，并将大地原点设于陕西省泾阳县永乐镇。

2.2　确定地面点位置的坐标系统

测量的基本任务就是确定地面点的位置。在测量工作中，通常采用地面点在基准面(如椭球体面)上的投影位置及该点沿投影方向到基准面(如椭球体面、水准面)的距离来表示。

2.2.1　地理坐标系

以经纬度来表示地面点位置的球面坐标系称为地理坐标系。而地理坐标系又可分为两种：若以大地水准面和铅垂线为基准建立起来的坐标系称为天文坐标系，地面一点可用天文经度(λ)、天文纬度(φ)和正高($H_{正}$)来表示，它是用天文测量的方法实地测得的；若以参考椭球体面及其法线为基准建立起来的坐标系称为大地坐标系，地面上一点可用大地经度(L)、大地纬度(B)及大地高(H)来表示，它是利用地面上实测数据推算出来的。地形图上的经纬度一般都是

以大地坐标系来表示的。

2.2.2　大地坐标系

大地坐标系是以参考椭球体为基准面，以其法线为基准线，以起始子午面和赤道面作为确定地面上某一点在椭球体面上投影位置的两个参考面。如图 2-4 所示，过地面上任一点 P 的子午面与起始子午面夹角，称为该点的大地经度 L，并规定大地经度由起始子午面起算，向东称为东经，向西称为西经，其取值范围均为 0°～180°。过 P 点的法线与赤道面的夹角，称为该点的大地纬度 B，并规定由赤道面向北称为北纬，向南称为南纬，其取值范围均为 0°～90°。沿 P 点的椭球体面法线到椭球体面的距离称为大地高 H。以椭球体面起算，高出椭球体面为正，低于椭球体面为负。

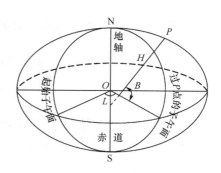

图 2-4　大地坐标系

2.2.3　空间直角坐标系

空间直角坐标系的定义是：原点 O 位于椭球体中心，Z 轴与椭球体的旋转轴重合并指向地球北极，X 轴指向起始子午面与赤道面交点 E，Y 轴垂直于 XOZ 平面构成右手坐标系。在该坐标系中，P 点的位置可用其在 3 个坐标轴上的投影 x, y, z 来表示，如图 2-5 所示。

地面上任一点的大地坐标与空间直角坐标之间可以进行相互转换。由大地坐标转换为空间直角坐标的换算关系为

$$\begin{cases} x = (N+H)\cos B\cos L \\ y = (N+H)\cos B\sin L \\ z = [N(1-e^2)+H]\sin B \end{cases} \tag{2-2}$$

式中，N 为椭球体的卯酉圈曲率半径；e 为椭球体的第一偏心率。其中，

$$e^2 = \frac{a^2 - b^2}{a^2}$$

$$N = \frac{a}{w}$$

$$w = (1 - e^2\sin^2 B)^{1/2}$$

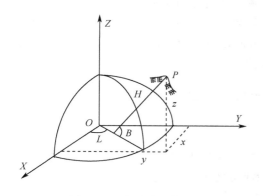

图 2-5　空间直角坐标系

若由空间直角坐标转换为大地坐标时，通常可用式(2-3)来转换：

$$\begin{cases} B = \arctan\left[\tan\varPhi\left(1 + \dfrac{ae^2}{z}\cdot\dfrac{\sin B}{w}\right)\right] \\ L = \arctan\left(\dfrac{y}{x}\right) \\ H = \dfrac{R\cos\varPhi}{\cos B} - N \end{cases} \tag{2-3}$$

式中，

$$\Phi = \arctan\left[\frac{z}{(x^2 + y^2)^{1/2}}\right]$$

$$R = (x^2 + y^2 + z^2)^{1/2}$$

当用式(2-3)计算大地纬度 B 时，一般采用迭代法。迭代时取 $\tan B_1 = \dfrac{z}{\sqrt{x^2 + y^2}}$ ，用 B 的初始值 B_1 计算 N_1 和 $\sin B_1$，然后按式(2-3)进行二次迭代，直到最后两次 B 值之差小于允许值为止。

2.2.4　平面直角坐标系

因为一般的工程规划、设计和施工放样都是在平面上进行的，需要将点的位置及地面图形表示在平面上，所以，通常采用平面直角坐标系。

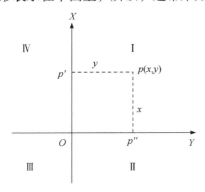

图 2-6　平面直角坐标系

平面直角坐标系是由平面内两条相互垂直的直线构成，如图 2-6 所示。南北方向的直线为平面坐标系的纵轴，即 X 轴，向北为正；东西方向的直线为坐标系的横轴，即 Y 轴，向东为正；纵、横坐标轴的交点 O 为坐标原点。坐标轴将整个坐标系分为 4 个象限，象限的顺序是从东北象限开始，依顺时针方向计算。

p 点的平面位置是以该点到纵横坐标轴的垂直距离 pp' 和 pp'' 来表示。pp'' 称为 p 点的纵坐标 x，pp' 称为 p 点的横坐标 y。

测量上采用的平面坐标系与数学上的笛卡儿坐标系有所不同。测量坐标系将南北方向的坐标轴定义为 X 轴，东西方向的坐标轴定义为 Y 轴，其象限顺序也与数学上的相反，这是由于测绘工作中以极坐标表示点位时其角度值均以纵轴起，按顺时针方向计算，而解析几何中则从横轴起按逆时针方向计算的缘故。这样 X 轴同 Y 轴互换后，将使所有平面三角公式均可用于测量计算中。

2.2.5　高斯投影及高斯平面直角坐标系

1. 高斯投影

大地坐标系是大地测量的基本坐标系，它对于大地问题的解算、研究地球形状及大小、编制地图都是极其有用的。然而，若将其直接用于地形测绘或各种工程建设，则是不方便的。如果将椭球体面上的大地坐标系按一定数学法则归算到平面上，再在平面上进行各种数据运算要比椭球体面上方便得多。将椭球体面上的图形、数据按一定的数学法则转换到平面上的方法，就是地图投影。其过程可用方程式表示为

$$\begin{cases} X = F_1(L, B) \\ Y = F_2(L, B) \end{cases} \tag{2-4}$$

式中，L、B 分别为椭球体面上某点的大地坐标，而 X、Y 分别为该点投影到平面上的平面直角坐标。

由于旋转椭球体面是一个不可直接展开的曲面，如果将该曲面上的元素投影到平面上，其变形是不可避免的。投影变形一般分为角度变形、长度变形和面积变形三种。因此，地图投影也有等角投影、等面积投影和任意投影。尽管投影变形不可避免，但人们可根据要求加

以控制。选择适当的投影方法，可使某一种变形为零，亦可使整个变形减小到某一适当程度。

等角投影又称正形投影。在投影中，使原椭球体面上的微分图形与平面上的图形始终保持相似。正形投影有两个基本条件，一是它的保角性，即投影前后保持角度大小不变；二是它的伸长固定性，即长度投影虽然会发生变形，但在任一点上各方向上的微分线段投影前后比为一常数：

$$m = \frac{\mathrm{d}s}{\mathrm{d}S} = k$$

高斯投影是横切椭圆柱正形投影，如图 2-7 所示。这种投影不但满足等角投影的条件，而且还满足高斯投影的条件：①中央子午线投影后为一条直线，且其长度保持不变。距中央子午线越远，投影变形也越大。②在椭球体上除中央子午线外，其余子午线投影后均向中央子午线弯曲，且对称于中央子午线和赤道，并收敛于两极。③在椭球体面上凡对称于赤道的纬圈，其投影后仍为对称的曲线，且垂直于子午线的投影曲线，并凹向两极。

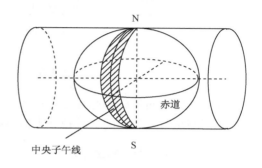

图 2-7　高斯投影

2. 高斯平面直角坐标系

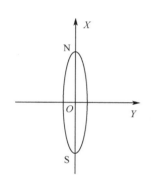

图 2-8　高斯平面直角坐标系

在高斯平面直角坐标系的投影面上，中央子午线和赤道的投影都是直线，同时将中央子午线与赤道的交点 O 作为坐标原点；以中央子午线的投影为纵坐标轴 X，并规定其北向为正；以赤道的投影作为横坐标轴 Y，并规定其东向为正，如图 2-8 所示。

在高斯投影中，除中央子午线外，其余各点均存在长度变形，且距中央子午线越远，长度变形越大。为了控制长度变形，将地球椭球体面按一定的经度差分成若干投影带。带宽一般为经差 6°或 3°，分别称为 6°带或 3°带，如图 2-9 所示。

6°带的子午线从 0°子午线起算，按经差 6°自西向东划分，共分成 60 个投影带，其编号为 1～60，见图 2-9。中央子午线的经度 L_0 为 3°、9°、15°、…，并可用 $L_0 = 6°N - 3°$ 计算，式中 N 为带号。

3°带是在 6°带的基础上划分的，经差 3°为一带，其中央子午线在奇数带时与 6°带中央子午线重合，偶数带为 6°带分带子午线经度。全球共分 120 带，其中央子午线经度可用 $L_0' = 3°n$ 计算，式中 n 为 3°带的带号。

我国领土南起北纬 4°，北至北纬 54°，西由东经 74°起，东至东经 135°，东西横跨 11 个 6°带、21 个 3°带。因为我国领土全部位于赤道以北，所以 X 值永为正值，而 Y 值则有正有负，如图 2-9 所示。为了计算方便，使 Y 坐标恒为正值，则将坐标纵轴西移 500km，并在 Y 坐标前冠以带号，如某点 P 的坐标：

$$\begin{cases} X_P = 3467668.988\mathrm{m} \\ Y_P = 19668533.165\mathrm{m} \end{cases}$$

Y_P 坐标最前面的数字 19 表示第 19 带，则 P 点 Y 坐标的自然值为 168533.165m。

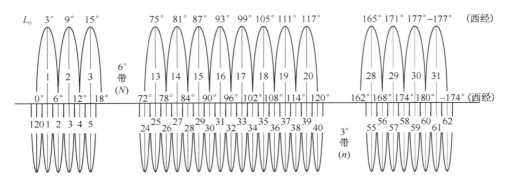

图 2-9　6°带与3°带划分

2.2.6　独立平面直角坐标系

独立平面直角坐标系是在工程应用中为了方便工程利用与计算或测区范围较小不便于联测国家控制点时，建立的一种独立坐标系统。

1. 独立投影平面直角坐标系

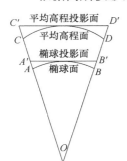

图 2-10　高程投影差

根据高斯投影的性质可知，随着偏移中央子午线经差越大，长度变形也将随之变大。在实际应用中，为了有效控制长度变形对制图、工程的影响，国家地形图根据比例尺的大小，分别采用了3°投影带与6°投影带。另外，随着测区平均高程的增大，其投影变形也随之增大。如图2-10所示，在测区范围不大的情况下，可将地球椭球近似看成圆球，半径取地球椭球平均半径6371km。从图2-10中可以得到：

$$\frac{A'B'}{C'D'} \approx \frac{R}{R+H} \tag{2-5}$$

若测区平均高程为2000m，地面两点间距离 CD 为1000m时，则其高程投影差 $C'D' - A'B'$ 约为31.4cm。所以若按高斯投影变形及高程投影差来看，在工程测量、城市建设中，由于其独特的地理位置，偏离中央子午线较远(分带子午线附近)，平均海拔高又比较大时，其投影变形影响将是非常大的，难以满足工程或实用的精度要求。为了克服上述两项变形影响，根据限制变形、方便、实用、科学的原则，通常在精密工程测量或独立工程测量中采用适合本地区的独立投影平面直角坐标系。

独立投影平面直角坐标系的建立，实际上就是通过选定某些特殊元素来确定地方参考椭球与投影面。地方参考椭球一般选择与当地平均高程面相对应的参考椭球，该椭球的中心、轴向和扁率与国家参考椭球相同，其椭球长半轴 a 为

$$\begin{cases} a_1 = a + \Delta a_1 \\ \Delta a_1 = H_m + \xi_0 \end{cases} \tag{2-6}$$

式中，H_m 为测区平均海拔高程；ξ_0 为测区的平均高程异常值。

在独立投影平面直角坐标系的中央子午线确定中，通常选取测区中心的经线或某个起算点的经线作为独立平面直角坐标系的中央子午线。

2. 任意平面直角坐标系

对于一些特殊性质的测量，如大桥施工测量、水利水坝施工测量、滑坡变形监测等，若

不能直接与国家坐标系联测，或者采用独立投影平面直角坐标系不便时，或者是测区范围较小时，则可根据限制变形、方便、实用、科学的原则，建立适合该测区的地方独立平面直角坐标系。即以某个特定的点和方位为地方独立坐标系的起算原点和起算方位，并选取测区平均高程面 H_m 所在位置的水准面作为基准面，构建任意平面直角坐标系。

例如，某建筑施工现场在独立投影平面直角坐标系中的平面位置如图 2-11 所示。

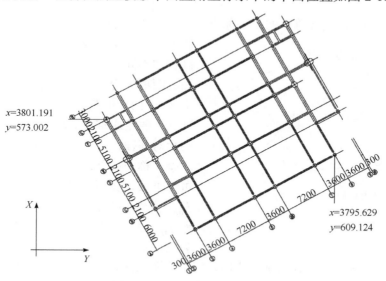

图 2-11　投影坐标系下的建筑轴线图

因为建筑物轴线方向具有任意性，在已知建筑物轴线及角点坐标的情况下，要计算其他轴线交点的坐标非常不便。所以，通常在这种情况下建立与建筑物轴线相关的任意平面直角坐标系。如以建筑区域的左下方某点为原点，以长轴线为 Y 轴，构建任意平面直角坐标系，如图 2-12 所示。

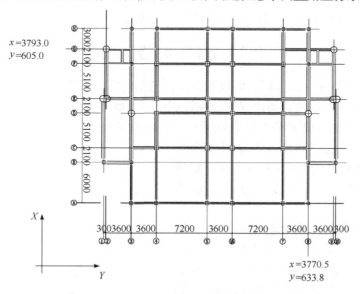

图 2-12　独立平面直角坐标系下的建筑轴线图

但是在建立任意平面直角坐标系时，应根据需要计算出与国家坐标系统或施工控制网坐标系统的转换参数，以便于坐标系统的转换。

2.2.7 高程系统

有了地理坐标或平面直角坐标，虽可确定地面任一点在球面或平面上的位置，但还是无法确切地表示地球表面上任一点的位置。这是因为地球表面有高低起伏，所以还需要确定这一点的高度。

地面任一点到其高度起算面的距离称为高程。高度起算面亦称为高程基准面，如图 2-13

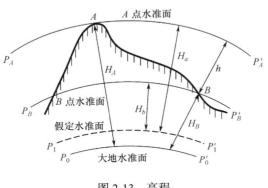

图 2-13　高程

所示。若选用的高程基准面不同，则所对应的高程亦不同，某点沿铅垂线方向到达大地水准面的距离称为该点的绝对高程或海拔高。地面上 A、B 两点的绝对高程分别为 H_A、H_B。如果到任一假定水准面 P_1P_1' 的垂直距离，称为该点的相对高程，分别为 H_a、H_b。地面上两点高程之差，称为高差或比高。高差是相对的，其值可正可负，在图 2-13 中，B 点到 A 点的高差 $h_{BA} = H_A - H_B$ 值为正，反之，A 点到 B 点的高差 $h_{AB} = H_B - H_A$ 值为负。同理，$h_{BA} = H_a - H_b$ 为正，$h_{AB} = H_b - H_a$ 为负。

为了建立全国统一的高程系统，我们采用平均海水面来代替大地水准面作为高程起算的基准面。我国是根据 1950～1956 年青岛验潮站的验潮资料，求出黄海平均海水面(即大地水准面)的高度，为了便于使用，在验潮站附近设立了水准原点，并于 1956 年推出了青岛水准原点的高程(72.289m)作为全国高程的起算点。因此，以该点作为基准的高程系统称为"1956年黄海高程系"。后来国家又利用青岛验潮站 1952～1979 年的验潮资料确定了新的黄海平均海面，称为"1985 年国家高程基准"，并于 1985 年 1 月 1 日开始采用该基准作为统一的高程基准。该基准所对应的青岛水准原点的高程为 72.260m。

2.3　WGS-84 坐标系

在 GNSS 定位系统中，卫星主要被作为位置已知的空间观测目标。因此，为了确定地面观测站位置，GNSS 卫星的瞬间位置也应换算到统一的地球坐标系统。

在试验阶段，卫星的瞬间位置计算采用了 1972 年世界大地坐标系统(World Geodetic System 1972，WGS-72)，而从 1987 年 1 月 10 日开始采用了改进的大地坐标系统 WGS-84 坐标系。世界大地坐标系统(WGS)属于协议地球坐标系(CTS)。

WGS-84 坐标系的原点为地球质心 M；Z 轴指向 BIH1984.0 定义的协议地极(Coventional Terrestrial Pole，CTP)；X 轴指向 BIH1984.0 定义的零子午面与 CTP 相应的赤道的交点；Y 轴垂直于 XMZ 平面，且与 Z、X 轴构成右手坐标系(图 2-14)。

WGS-84 坐标系采用的地球椭球体称为

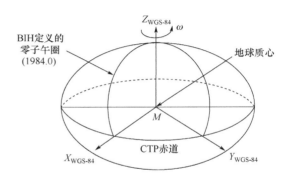

图 2-14　WGS-84 坐标系

WGS-84 椭球体，其常数为国际大地测量与地球物理联合会(IUGG)第 17 届大会的推荐值，4 个主要参数为：

(1) 长半径 $a = 6378137 \pm 2m$。

(2) 地心(含大气层)引力常数 $GM = (39686005 \times 10^8 \pm 0.6 \times 10^8)m^3/s^2$。

(3) 正常二阶带谐系数 $C2.0 = -484.16685 \times 10^{-6} \pm 0.6 \times 10^{-6}$。

(4) 地球自转角速度 $\omega = (7292115 \times 10^{-11} \pm 0.1500 \times 10^{-11})rad/s$。

利用上述 4 个基本参数，可计算出 WGS-84 椭球体的扁率为 $f = 1/298.257223563$。

2.4　确定地面点位置的方法

2.4.1　地面点相对位置

如图 2-15 所示，任意两点(图中 A、B 两点)在平面坐标系中的相对位置，可用以下两种方法确定。

1. 直角坐标法

直角坐标法是用两点间的坐标增量 Δx、Δy 来表示。图 2-15 中 A、B 两点的坐标增量可分别表示为

$$\begin{cases} \Delta x_{AB} = x_B - x_A \\ \Delta y_{AB} = y_B - y_A \end{cases} \tag{2-7}$$

当然，某点的坐标值也可以看作是坐标原点至该点的坐标增量。若已知 A 点坐标计算 B 点坐标可按下式计算：

$$\begin{cases} x_B = x_A + \Delta x_{AB} \\ y_B = y_A + \Delta y_{AB} \end{cases} \tag{2-8}$$

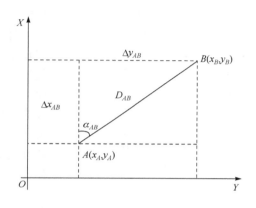

图 2-15　地面点直角坐标法定位

2. 极坐标法

极坐标法是用两点连线(边)的坐标方位角 α 和水平距离(边长) D 来表示，如图 2-15 中 A 点至 B 点的坐标方位角 α_{AB} 和水平距离 D_{AB}。当然某点的坐标也可用坐标原点至该点的坐标方位角和水平距离来表示。

若已知 A 点坐标，可按下式计算 B 点坐标：

$$\begin{cases} x_B = x_A + D_{AB} \cdot \cos\alpha_{AB} \\ y_B = y_A + D_{AB} \cdot \sin\alpha_{AB} \end{cases} \tag{2-9}$$

2.4.2　坐标正算和反算

1. 坐标正算

若将两点间的平面位置关系由极坐标转化为直角坐标，称为坐标正算，即可用两点间的坐标方位角 α_{AB} 和水平距离 D_{AB} 按下式计算出两点间的坐标增量 Δx_{AB} 和 Δy_{AB}：

$$\begin{cases} \Delta x_{AB} = D_{AB} \cdot \cos\alpha_{AB} \\ \Delta y_{AB} = D_{AB} \cdot \sin\alpha_{AB} \end{cases} \tag{2-10}$$

2. 坐标反算

若将两点间的平面位置关系由直角坐标转化为极坐标，称为坐标反算，即采用两点间的坐标增量 Δx_{AB} 和 Δy_{AB} 按下式计算出两点间的坐标方位角 α_{AB} 和水平距离 D_{AB}：

$$\begin{cases} \alpha_{AB} = \arctan \dfrac{\Delta y_{AB}}{\Delta x_{AB}} = \arctan \dfrac{y_B - y_A}{x_B - x_A} \\ D_{AB} = \sqrt{\Delta x_{AB}^2 + \Delta y_{AB}^2} = \sqrt{(x_B - x_A)^2 + (y_B - y_A)^2} \end{cases} \tag{2-11}$$

2.5 用水平面代替水准面的范围

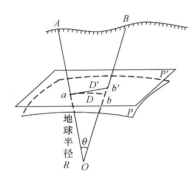

图 2-16 用水平面代替水准面的限度

因为水准面与过该点的铅垂线是正交的，所以水准面是一个曲面，过水准面上某一点而与水准面相切的平面称为水平面。实际测量工作中，在一定的测量精度下，当测区范围较小时，可用水平面来代替水准面，如图 2-16 所示，也就是将较小一部分地球表面上的点直接投影到水平面上来确定其位置，这样做简化了测量和计算工作，但也为测绘结果带来误差，如果该误差在允许的范围内，则这种代替是允许的。因此，应当了解地球曲率对观测值的影响，以确定用水平面来代替水准面的范围。下面讨论用水平面代替水准面对距离、角度及高程的影响。在此，将水准面近似地看作圆球，其半径 $R = 6371\text{km}$。

2.5.1 对水平距离的影响

如图 2-16 所示，在测区中部选一点 A，沿铅垂线投影到水准面 P 上为 a，过 a 点作切平面 P'。地面上 A，B 两点投影到水准面上的弧长为 D，在水平面上的距离为 D'，则

$$\begin{cases} D = R\theta \\ D' = R\tan\theta \end{cases} \tag{2-12}$$

以水平长度 D' 代替球面上弧长 D 产生的误差为

$$\Delta D = D' - D = R(\tan\theta - \theta) \tag{2-13}$$

将 $\tan\theta$ 按级数展开，并略去高次项，得

$$\tan\theta = \theta + \frac{1}{3}\theta^3 + \cdots \tag{2-14}$$

将式(2-12)代入式(2-11)并考虑

$$\theta \approx \frac{D}{R}$$

得

$$\Delta D = R\left(\theta + \frac{\theta^3}{3} + \cdots - \theta\right) = R\frac{\theta^3}{3} = \frac{D^3}{3R^2} \tag{2-15}$$

等号两端除以 D，得相对误差

$$\frac{\Delta D}{D} = \frac{1}{3}\left(\frac{D}{R}\right)^2 \tag{2-16}$$

若取地球半径 $R = 6371$km，并用不同 D 值代入，可计算出水平面代替水准面时所产生的距离误差和相对误差，见表 2-2。

表 2-2　水平面代替水准面对距离的影响

距离 D/km	距离误差 ΔD/cm	相对误差
1	0.00	—
5	0.10	1：5000000
10	0.82	1：1217700
15	2.77	1：541516

从表 2-2 可见，当距离为 10km 时，以水平面代替水准面所产生的距离误差为 0.82cm，相对误差为 1：1217700。这样小的误差，在地面上进行精密测距时是可以满足要求的。所以在半径为 10km 范围内，以水平面代替水准面所产生的距离误差可忽略不计。

2.5.2　对水平角度的影响

从球面三角可知，球面上三角形内角之和比平面上相应三角形内角之和多出一个球面角超，如图 2-17 所示。其值可用多边形面积求得，即

$$\varepsilon = \frac{P}{R^2}\rho \tag{2-17}$$

式中，ε 为球面角超，单位为秒($''$)；P 为球面多边形面积；ρ 为 1 弧度所对应的秒值，$\rho = 206265''$；R 为地球半径。

以球面上不同面积代入式(2-17)，求出的球面角超列入表 2-3。

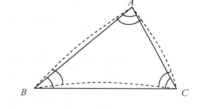

图 2-17　球面角超

表 2-3　水平面代替水准面对角度的影响

球面面积/km²	$\varepsilon/('')$	球面面积/km²	$\varepsilon/('')$
10	0.05	100	0.51
50	0.25	500	2.54

计算结果表明，当测区范围在 100km² 时，用水平面代替水准面时，对角度影响仅为 0.51$''$，在普通测量工作中是可以忽略不计的。

2.5.3　对高程的影响

由图 2-16 可见，$b'b$ 为水平面代替水准面对高程产生的误差，令其为 Δh。Δh 也被称为地球曲率对高程的影响。

$$(R + \Delta h)^2 = R^2 + D'^2$$

$$2R\Delta h + \Delta h^2 = D'^2$$

$$\Delta h = \frac{D'^2}{2R + \Delta h}$$

在上式中，用 D 代替 D'，而 Δh 相对于 $2R$ 很小，可略去不计，则

$$\Delta h = \frac{D^2}{2R} \tag{2-18}$$

若以不同的距离 D 代入式(2-18)，则可得相应的高程误差，如表 2-4 所示。

表 2-4 水平面代替水准面的高程误差

D/m	10	50	100	200	500	1000
Δh/mm	0.0	0.2	0.8	3.1	19.6	78.5

从表 2-4 可见，用水平面代替水准面，在 200m 的距离时，对高程影响就有 3.1mm，所以地球曲率对高程影响很大。在高程测量中，即使距离很短也应顾及地球曲率的影响。

2.6 测量工作的基本内容及原则

地球自然表面高低起伏，形状极其复杂，根据测量工作的需要，可将地球表面分为地物和地貌两大类。如人工建筑物、道路、水坝及河流水系等称为地物，而地表高低起伏的变化称为地貌，如山脊、谷地和悬崖等。

测量工作的主要目的是怎样按规定要求测定地物、地貌的相对位置或绝对位置，并按一定的投影方式和比例用规定的文字符号将其转绘于图纸上，形成地形图。测量工作的基本过程为：

(1) 在实际测量过程中必须遵循"先控制后碎部，从整体控制到局部全面控制"的基本原则。如果我们从某一点出发，依次逐点进行测量，虽然最后也能将整个测区地物、地貌的位置测定出来，但由于在整个测量过程中不可避免地产生一些误差，若经一点一点地传递积累，最终必将使误差不断增大，从而导致十分严重的后果。所以，必须在整个测区内选定若干个具有控制意义的点，采用精度较高的测量仪器和方法，首先测定这些点的位置，并作为下一步进行测量工作的依据。我们将这样的作业过程称为控制测量。

(2) 根据已布设好的控制网点的平面坐标及高程来测定下一级控制点位置或邻近的所有地物、地貌。因为这些地物、地貌的分布及形态均具有明显的轮廓、走向和反映地形坡度变化及转折的特征线或特征点，并且按地貌实际情况相互衔接，连成一体。所以，通过测定这些地物、地貌特征点的平面坐标和高程，再按一定比例尺予以缩小，用规定的地图符号绘制于图纸上，即可形成一幅局部地区的地形图。

总之，整个测量工作大致可分为三个阶段：首先进行外业踏勘及资料收集，其内容包括测区的自然、人文情况，风土人情情况，道路交通情况，气候情况及测区已有的测绘资料等；其次是用控制测量进行控制网点的敷设(包括选埋点、观测、计算)，从而获得控制点的平面坐标和高程；最后是以控制点为基础进行地形测图。测绘地形图的方法可以在地面上利用常规仪器或现代测绘仪器，一点一点地测绘成图，亦可采用航空摄影测量或遥感技术的成图方法。

测量工作应遵循以下三个基本原则：

(1) 从整体到局部原则。任何测绘工作都必须先总体布置，然后分期、分区、分项实施，且任何局部的测量过程也必须服从全局的定位要求。

(2) 先控制后碎部原则。首先应根据具体情况在测区内选择一些控制点，然后将其平面位置及高程精确地测定，再根据这些控制点来测定附近碎部点位置。

(3) 步步检核原则。测绘工作的每一项成果必须经过检核，保证其准确无误后才能进行下一步工作，防止错误发生，以避免错误的结果对后续工作造成影响。

习　题

1. 什么叫水准面，大地水准面，大地体？

2. 什么是绝对高程，相对高程，高差？

3. 测量学中常用的坐标系统有哪些？

4. 高斯投影有哪些特性？高斯平面直角坐标系是如何建立的？

5. 测量工作应遵循哪些原则？

6. 填空题

(1) 测量工作中的铅垂线应与_____面垂直。

(2) 在实际测量工作中所依据的基准面是_____面，依据的基准线是_____线。

(3) 普通测量工作的三个基本测量要素是_____、_____、_____。

第3章 水准测量

测量地面上各点高程的工作被称为高程测量。根据人们所使用仪器和施测方法的不同，高程测量又可分为水准测量、三角高程测量、GNSS 高程测量等。其中水准测量是精确测定地面点高程的主要方法之一。水准测量使用水准仪和水准尺，利用水平视线测量两点之间的高差，再由已知点高程推求出未知点高程。

3.1 水准测量原理

如图 3-1 所示，若已知地面上 A 点的高程 H_A，欲求地面上 B 点的高程 H_B 时，则应测定 A、B 两点间的高差 h_{AB}。因此，安置水准仪于 A、B 两点之间，并于 A、B 两点上分别竖立水准尺，再根据水准仪提供的水平视线在水准尺上读数。若按水准测量的前进方向分别在已知点 A 上读取后视读数 a，在未知点 B 上读取前视读数 b，则 B 点相对于 A 点的高差为

$$h_{AB} = a - b \tag{3-1}$$

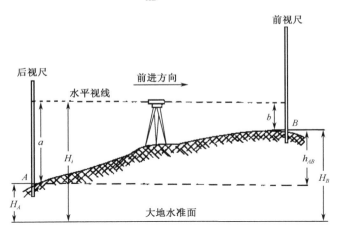

图 3-1　水准测量原理

由于 A、B 两点有高低之分，则其高差有正有负，若 B 点高于 A 点，则 $a > b$，$h_{AB} > 0$；若 B 点低于 A 点，则 $a < b$，$h_{AB} < 0$。当已知 A 点高程 H_A 时，则未知点高程 H_B 为

$$H_B = H_A + h_{AB} = H_A + (a - b) \tag{3-2}$$

利用实测高差 h_{AB} 来计算 B 点高程的方法称为高差法，但为了避免计算高差时发生正、负号错误，在书写高差 h_{AB} 时必须注意下标的写法。这里 h_{AB} 是表示由 A 点至 B 点的高差，h_{BA} 则表示由 B 点至 A 点的高差，即 $h_{AB} = -h_{BA}$。

在实际工作中，亦可利用水准仪的视线高 H_i 来计算前视点 B 的高程。这一做法对安置一次仪器，并根据一个已知高程点的后视来求取若干个前视点高程时计算较为方便。

$$\begin{cases} H_i = H_A + a \\ H_B = H_A + (a-b) = H_i - b \end{cases} \tag{3-3}$$

当 A、B 两点相距较远或其高差较大(图 3-2),往往安置一次仪器不可能测定其间的高差值时,则必须在两点之间加设若干个临时的立尺点,作为高程传递的过渡点(转点),并分段连续安置仪器、竖立水准尺,依次测定转点之间的高差,最后取其代数和,从而求得 A、B 两点间的高差 h_{AB} 为

$$h_{AB} = h_1 + h_2 + \cdots + h_n = \sum_{i=1}^{n} h_i \tag{3-4}$$

式中,$h_1 = a_1 - b_1$,$h_2 = a_2 - b_2$,$\cdots$,$h_n = a_n - b_n$。

$$\begin{aligned} h_{AB} &= (a_1 - b_1) + (a_2 - b_2) + \cdots + (a_n - b_n) \\ &= (a_1 + a_2 + \cdots + a_n) - (b_1 + b_2 + \cdots + b_n) \\ &= \sum_{i=1}^{n} a_i - \sum_{i=1}^{n} b_i \end{aligned} \tag{3-5}$$

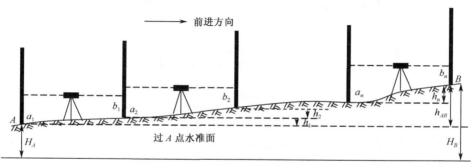

图 3-2 水准测量

由此可见,在实际测量工作中,起点至终点的高差可由各段高差求和而得,也可利用所有后视读数之和减去前视读数之和而求得。

若已知 A 点的高程 H_A,则 B 点的高程 H_B 为

$$H_B = H_A + h_{AB} = H_A + \sum_{i=1}^{n} h_i \tag{3-6}$$

在实际工作中,可逐段计算出各测站的高差,然后取其总和而求得 h_{AB},并利用式(3-5),即用后视读数之和减去前视读数之和来计算 h_{AB} 作为检核。

3.2 微倾水准仪及水准尺

我国目前水准仪按精度可划分为 DS05、DS1、DS3 和 DS10 四个等级,其中 D、S 分别为"大地测量"和"水准仪"汉语拼音的第一个字母,数字则表示该类仪器的精度,即每公里往返测高差中数的偶然中误差,在书写时可省略字母"D"。S05 级和 S1 级水准仪称为精密水准仪,用于国家一、二等水准测量;S3 级和 S10 级水准仪称为普通水准仪,常用于国家三、四等水准测量或等外水准测量。表 3-1 列出了不同精度级别水准仪的用途。

表 3-1　水准仪分级及主要用途

水准仪系列型号	DS05	DS1	DS3	DS10
每公里往返测高差中数偶然中误差/mm	≤0.5	≤1	≤3	≤10
主要用途	国家一等水准测量及地震监测	国家二等水准测量及其他精密水准测量	国家三、四等水准测量及一般工程水准测量	一般工程水准测量

图 3-3 为 S3 型微倾式水准仪的外形及各部件的名称，主要由望远镜、水准器和基座三大部分构成。

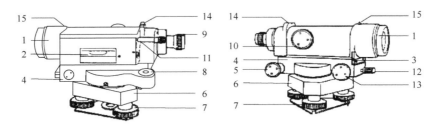

图 3-3　S3 型水准仪

1. 望远镜物镜；2. 水准管；3. 簧片；4. 支架；5. 微倾螺旋；6. 基座；7. 脚螺旋；8. 圆水准器；9. 望远镜目镜；10. 物镜调焦螺旋；11. 气泡观察镜；12. 制动螺旋；13. 微动螺旋；14. 缺口；15. 准星

3.2.1　望　远　镜

仪器上的望远镜主要用于照准目标和读数，由物镜、目镜、调焦透镜、十字丝分划板、物镜调焦螺旋和目镜调焦螺旋组成，如图 3-4 所示。物镜和目镜一般采用复合透镜组，调焦透镜位于物镜和目镜之间，且为凹透镜。

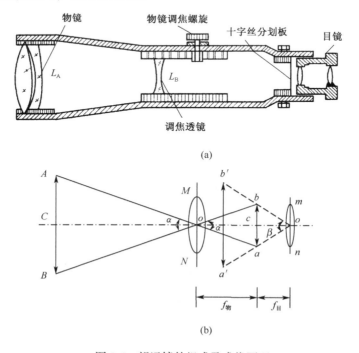

图 3-4　望远镜的组成及成像原理

当目标所发光线经过物镜及调焦透镜的折射后，将在十字丝平面上呈一倒立的实像，然后再由目镜放大呈倒立的虚像或正立的虚像(目镜中采用了转像装置)。该虚像对观测者眼睛的视角 β 与原目标视角 α 之比，称为望远镜的放大倍率：$\nu = \beta / \alpha$。对于测量型望远镜而言，其放大倍率 ν 一般均在 20 倍以上。

望远镜的对光是通过物镜调焦螺旋改变调焦透镜在望远镜镜筒内的位置来实现的。在十字丝分划板上竖直的一条长线称为竖丝；与之垂直的长线称为横丝或中丝，它是用来在水准尺上读数的。在中丝的上下还对称地刻有两条与竖丝垂直的短横线，称为视距丝，它是用来测定距离的。

当目标成像不在十字丝平面内时，观测者的眼睛做上下(或左右)移动时，就会发现目标像与十字丝之间有相对移动，我们把这种现象称为"视差"。清除视差的方法为：首先对目镜进行调焦，使十字丝十分清晰，然后转动物镜调焦螺旋，使目标成像达到十分清晰，此时再上下(或左右)移动眼睛，如果目标像与十字丝之间无相对运动，则视差已清除。否则，应重新进行目镜、物镜调焦，直至目标像与十字丝无相对运动为止。

3.2.2　水　准　器

水准器是一种整平仪器的装置，可分为管水准器、圆水准器及符合水准器 3 种。管水准器用来指示视准轴(物镜光心与十字丝交点的连线)是否水平，圆水准器用来指示仪器竖轴是否竖直。

1. 圆水准器

圆水准器是由金属圆柱形的盒子与玻璃盖构成。玻璃盖的内表面是圆球面，其半径一般为 0.5~2m，盒内装有乙醇或乙醚，玻璃盖的中央有一个小圆圈，其圆心即是圆水准器的零点。连接零点与球面球心的直线称为圆水准轴。当圆水准器气泡的中心与水准器的零点重合时，则圆水准轴处于竖直状态。圆水准器在构造上保持圆水准轴与其外壳下表面垂直，因此，当圆水准轴竖直时，则外壳下表面处于水平位置，如图 3-5 所示。

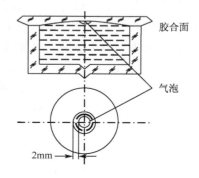

由于圆水准器内表面的圆弧半径较小，以圆水准器来确定水平(或垂直)位置的精度较低。因此，在实际应用中，一般仅将圆水准器用作概略整平。精度要求较高的整平工作，则用管水准器或符合水准器来进行。

图 3-5　圆水准器

2. 管水准器

管水准器由玻璃管构成，其纵剖面的内表面为一定半径(一般为 8~100m)的圆弧，如图 3-6(a)所示。与圆水准器一样，管内装有乙醇或乙醚，在注满后加热，使液体膨胀而排出一部分，然后再将玻璃管开口的一端封闭，待液体冷却后，管内即形成一个水准气泡。

在水准管的表面刻有 2mm 间隔的分划线，如图 3-6(b)所示，且其分划线以水准管的圆弧中心点 O 为对称点，O 点亦称为水准管的零点。过零点与圆弧纵向相切的切线 LL' 称为水准管轴。当气泡的中心与水准管的零点重合时，称为气泡居中。

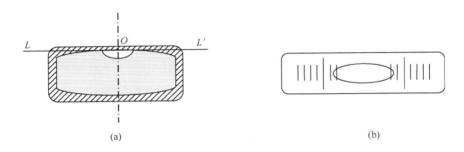

(a)   (b)

图 3-6　管水准器

管水准器上一小格(2mm 的圆弧)所对的圆心角 τ 称为水准管的分划值。分划值与水准管的圆弧半径 R 有如下关系：

$$\tau = \frac{2}{R}\rho \tag{3-7}$$

式中，τ 为 2mm 圆弧所对的圆心角(″)；R 为水准管圆弧的半径(mm)；$\rho = 206265″$。

水准管圆弧半径越大，分划值越小，则水准管灵敏度就越高，也就是仪器置平精度越高。然而，管水准器的灵敏度越高，气泡越不易稳定，使气泡居中所用的时间越长。所以，管水准器的灵敏度应同仪器其他部件及工作要求相适应。

3. 符合水准器

为了提高水准管气泡的居中精度，可采用符合水准器。符合水准器是在水准器上方装一组棱镜，并借助棱镜组的折光原理，将水准气泡两端的影像传递到望远镜目镜旁边的小窗中，可使观测者不必移动位置，即可在该小窗内看到水准管气泡两端的两个半影像，如图 3-7 所示。如果两个半影像呈现图中 1 的影像称为气泡符合，即为气泡居中；如果呈现图中 2 的影像，则说明气泡不居中，可旋转微倾螺旋，使其呈现图中 1 的影像。

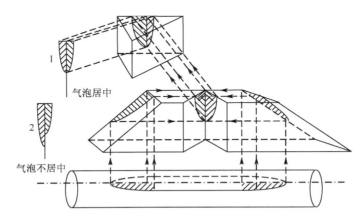

1

气泡居中

2

气泡不居中

图 3-7　符合水准器

3.2.3　水　准　尺

水准尺是水准测量的主要工具，在水准测量作业时与水准仪配合使用，缺一不可。水准尺又分为普通水准尺和精密水准尺。水准尺由伸缩性小、不易弯曲、质轻且坚硬的木材制成。

水准尺的构造式样有直尺、折尺和塔尺。直尺长为 3m，折尺长为 4m，塔尺长为 5m。

用于三、四等水准测量的水准尺一般为区格式双面(黑红面)直尺，称为双面水准尺，如图 3-8 所示。

双面水准尺有两个显著的特点：①尺面基本分划为 1cm。黑白相间的一面为黑面尺，红白相间的一面为红面尺；在每分米处用倒写的数字加以注记，以便观测时呈现正像数字。②必须成对使用。为了避免在观测读数时产生印象错误和各站的计算检核，每对双面尺的黑面底部起点读数均为零，而红面底部起点读数则分别为 4687mm 和 4787mm。切不可将两根 4687 或两根 4787 的水准尺配对使用。

当无双面尺时，也可以使用长 3m 且具有厘米分划的单面水准尺。为了使水准尺能够竖直，一般均在水准尺上装有圆水准器，当圆水准器的气泡居中时，则表示水准尺已处于铅垂位置。

用于一、二等水准测量的铟钢水准尺，其分划是漆在铟钢尺带之上，铟钢尺带是以一定的拉力引张在木质尺身的沟槽之中，使铟钢尺带的长度不受木质尺身伸缩变形的影响。

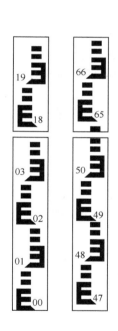

图 3-8　双面水准尺

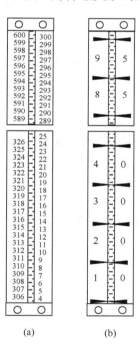

(a)　　　　(b)

图 3-9　铟钢水准尺

铟钢水准尺的分划值有 10mm 和 5mm 两种。分划值为 10mm 的铟钢水准尺如图 3-9(a)所示，它有两排分划，尺面右边的一排分划注记是从 0～300cm，称为基本分划，而左边的一排分划注记则是 300～600cm，称为辅助分划。同一高度的基本分划与辅助分划读数之差称为基辅差，通常又称尺常数，在水准测量作业中常用于检核读数的正确性。

分划值为 5mm 的铟钢水准尺如图 3-9(b)所示。在它上面有两排分划，但两排分划彼此错开 5mm，实际上左边为单数分划，右边为双数分划，即单数分划和双数分划各占一排，而无辅助分划。在木质尺面右边注记的是整米数，左边注记的是分米数。整个注记为 0.1～5.9m，实际分格值为 5mm。分划注记比实际大了一倍。因此，用此类水准尺进行水准测量时，所测

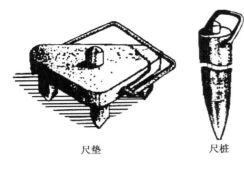

尺垫　　　　　尺桩

图 3-10　尺垫及尺桩

高差必须除以 2 才是实际高差。

3.2.4　尺垫及尺桩

在进行水准测量时,为了减少水准尺的下沉,保证观测数据质量,每根水准尺均附有一个尺垫(或尺桩),如图 3-10 所示。在进行水准测量时,应先将尺垫(或尺桩)牢固地踏入地下,然后再将水准尺直立于尺垫(或尺桩)上的半球形顶部。尺垫用于一般地区的水准测量,而尺桩则用于土质松软地区的水准测量。

3.3　普通水准仪的使用

在使用水准仪进行测量时,其基本操作步骤为安置水准仪、粗平、瞄准、精平和读数。

1. 安置水准仪

为测定两点之间的高差,首先应在两点之间的测站上打开三脚架并按观测者的身高调节三脚架的高度,然后在三脚架头基本水平的条件下,再将仪器安置于脚架头上。安置时应一手握住仪器,另一手立即将三脚架中心的连接螺旋旋入仪器基座的中心螺孔中,适度旋紧,使其固定于三脚架头上。

将三脚架其中两条腿基本固定,然后一手扶住脚架顶部,另一手握住另一条腿并进行前后(或左右)移动,使圆水准器基本居中。

2. 粗平

粗平的目的是利用圆水准器的气泡居中,使仪器竖轴竖直。粗平的操作步骤如图 3-11 所示。图中①、②、③分别为 3 个脚螺旋,中间为圆水准器。阴影小圆圈为气泡所处位置。

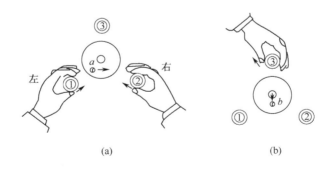

(a)　　　　　　　　　　(b)

图 3-11　圆水准器粗平

首先用双手分别以相对方向(图中箭头所示方向)转动脚螺旋①、②,使圆气泡移动到①、②两个脚螺旋连线方向的中间位置,然后再转动脚螺旋③,使气泡居中。整平时,气泡移动方向始终与左手大拇指运动的方向一致。

3. 瞄准

先将望远镜对向明亮处,转动目镜调焦螺旋使十字丝清晰;松开制动螺旋,旋转望远镜并利用照准器瞄准标尺；拧紧制动螺旋，转动物镜调焦螺旋并看清水准尺；利用水平微动螺旋，使十字丝竖丝瞄准尺边或中央，若此时望远镜内的水准尺成像不清晰，则可再转动物镜调焦螺旋使成像完全清晰，并应消除视差。

4. 精平

在读取水准尺上数字之前，应转动微倾螺旋使管水准器气泡居中，以保证视线精确水平(自动安平水准仪省去了这一步骤)。因为气泡运动的惯性作用，所以转动微倾螺旋的速度不宜过快，特别是在符合水准器的两端气泡影像将要对齐时更应注意。只有在气泡已经稳定且又居中的情况下才能起到精平仪器的目的。

5. 读数

在仪器精平后方可在水准尺上进行读数。为了保证读数的准确无误，并提高读数的速度，可以首先看好尺上的大数，然后再将全部数据报出。普通水准测量只读四位数字，即米、分米、厘米及毫米，并以毫米为单位，如图 3-12 所示。

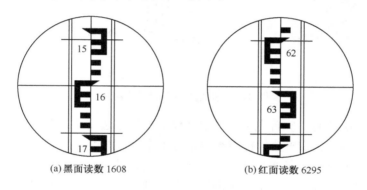

(a) 黑面读数 1608　　　　　　　　(b) 红面读数 6295

图 3-12　水准仪读数

若使用带有光学测微器装置的水准仪和铟钢水准尺，则在仪器精平后，其十字丝的横丝一般不在水准尺的某一个整分划线上，这时则应转动测微螺旋，使视线上下移动，并使十字丝的楔形丝正好夹住某一整分划线，则水平视线在水准尺上的全部读数应为分划线读数与测微读数之和。图 3-13 为 N3 水准仪读数视场图，其读数为 14365(即 1.4365m)。图 3-14 所示为 S1 型水准仪的视场图。

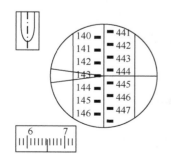

图 3-13　N3 水准仪视场图

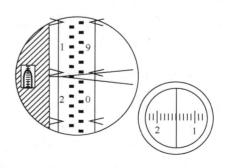

图 3-14　S1 型水准仪视场图

3.4 激光水准仪及数字水准仪

3.4.1 激光水准仪

在普通水准仪的基础上，安置一个能够进行发射激光的装置，这种以激光束来代替望远镜水平视线的水准仪称为激光水准仪，如图 3-15(a)所示。

图 3-15(b)绘出了激光水准仪的光路示意图，从氦氖激光器发射的激光束经棱镜转向聚光镜组，并通过针孔光栏到达分光镜后，再经分光镜折向望远镜系统的调焦镜和物镜射出激光束，最后在标尺上形成明亮的红色水平线，由立尺者直接读取标尺读数。

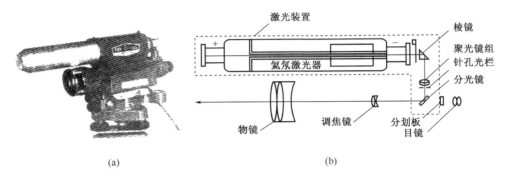

(a)   (b)

图 3-15　激光水准仪及其光路图

在使用激光水准仪时，应首先按普通水准仪的操作方法安置仪器，整平仪器，并瞄准目标。然后接通电源调整工作电流，待激光器正常工作后，即可获得一条可见的红色激光束。

激光水准仪不但可以和普通水准仪一样测定高差，进行水准线路测量；而且还可以利用可见视准轴进行迅速扫描，进行平面水准测量；特别是在施工测量和建筑物施工放样时，使用激光水准仪显得极其方便，可使测量精度及工作效率得到大幅度提高。

3.4.2 自动安平水准仪

1. 自动安平水准仪特点

自动安平水准仪与普通水准仪相比，其特点为：没有管水准器和微倾螺旋，其望远镜同支架连成一体；在观测时，仪器只需根据圆水准器粗平，虽然望远镜的视准轴还有微小的倾斜，但是它可借助补偿装置使十字丝读出相当于视准轴水平时的水准尺读数。所以，自动安平水准仪不但操作较为方便，而且也有利于提高观测的速度和精度。

2. 自动安平水准仪的基本原理

在自动安平水准仪望远镜的光路系统中，设置了一种利用地球重力作用的补偿器，它可以改变光路，当视准轴略有倾斜时在十字丝中心仍能接受到水平光线。如图 3-16 所示，在望远镜的光路中，其补偿器由一个屋脊棱镜 B(起着三次全反射作用)和两个直角棱镜 C(各起一次全反射作用)构成。屋脊棱镜和望远镜的镜筒固定在一起，同望远镜一起转动；直角棱镜和重锤固连在一起，并用金属簧片悬吊于仪器内，在重力作用下可改变其与屋脊棱镜的位置关系。当视准轴水平时，光线通过补偿器时不改变原来的方向，其十字丝在水准尺上的读数为

a，如图 3-16(a)所示。当望远镜同视准轴倾斜了一个小角度 α 时，如图 3-16(b)所示，若仍按视准轴方向读数为 a'，而实际上从水准尺上发出的光线(图中用实线表示)通过望远镜物镜光心不改变其方向，因而与视准轴相交为 α 角；当通过补偿器后水平光线折了一个 β 角，而仍然到达十字丝中心，即视准轴虽有微小的倾斜，但仍可读得相当于其水平时的读数。

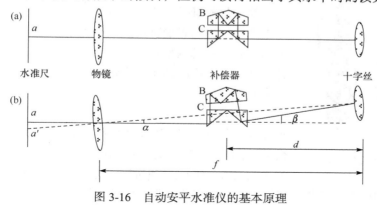

图 3-16 自动安平水准仪的基本原理

自动安平水准仪的基本原理就是在设计补偿器时，应满足下列条件：

$$f \cdot \alpha = d \cdot \beta$$

式中，f 为物镜焦距；d 为补偿器中心至十字丝的距离。

因此，自动安平水准仪的工作原理是：首先通过圆水准器气泡居中，使水准仪纵轴大致铅垂，视准轴大致水平；然后再通过补偿器使瞄准水准尺时的视准轴严格水平。

3. 自动安平水准仪的使用

自动安平水准仪的使用同一般水准仪的操作大致相同，其不同之处在于读数时无须"精平"操作。此类水准仪圆水准器的灵敏度为 8′/2mm～10′/2mm，补偿器的补偿范围可达 ±15′，因此，当圆水准气泡居中后，其补偿器可自动将视线水平，即可在水准尺上读数。

自动安平水准仪的补偿器相当于一个重摆，只有在自由悬挂时才能起到补偿作用。如果由于仪器故障或操作不当，例如，圆水准气泡未按规定要求整平或圆水准气泡未校正好等使补偿器超出补偿范围而搁住，这样其观测结果将是错误的。因此，这类仪器通常设有补偿器检查按钮，利用它能够轻触补偿摆，并在目镜中观察水准尺分划像与十字丝是否有相对浮动。因为有阻尼器对自由悬挂的重摆在起作用，所以这种阻尼浮动将在 1～2 秒内静止下来，说明补偿器处于正常状态。否则，应检查原因，使其恢复正常功能。

自动安平水准仪在使用时，首先应转动脚螺旋使圆水准器的气泡居中，并用瞄准器将仪器望远镜对准水准尺；然后转动目镜调焦螺旋，使十字丝达到最清晰，再旋转物镜调焦螺旋，并使水准尺上分划像清晰，清除视差；最后用水平微动螺旋使十字丝的纵丝靠近尺上的读数分划，并根据横丝在水准尺上进行读数。

3.4.3 数字水准仪

数字水准仪(digital levels)是一种新型智能化的水准仪，也称信息水准仪。数字水准仪的测量原理是将编码了的水准尺影像进行一维图像处理，并利用传感器来代替观测者的眼睛，从望远镜中获得水准尺上"刻画"的测量信息，再由微处理器自动计算出水准尺上的读数及仪器至标尺之间的水平距离。所测数据可在仪器显示屏上显示，并存储在内置的 PCMCIA 卡上；也可通过标准的 RS232C 接口向计算机或相关数据采集器中传输。

数字水准仪的构造主要由光学系统、机械系统和电子信息处理系统组成。其中光学系统

和机械系统的工作原理与普通水准仪基本相同。所以，数字水准仪也可和普通水准仪一样，直接瞄准水准尺进行光学读数。进行数字化测量时，应使用刻有二进制条形码的专用水准尺。该水准尺的编码影像可通过一个光束处理系统自动进行处理、计算，并显示其测量结果。在具体测量时，仪器视线自动安平补偿器和物、像的调焦对光均可由仪器内置的电子设备自动监控来实现。

图 3-17 所示为德国蔡司(Zeiss)公司生产的 DiNillT 型数字水准仪及条码准尺。该仪器高程测量精度(每公里往返测高差中数的中误差)为 0.3～1.0mm，其测距精度为 $0.5 \times 10^{-6} \sim 1.0 \times 10^{-6}$，测程为 1.5～100m。通过键盘面板和相关操作程序使用仪器，

图 3-17　数字水准仪及水准尺

测量时可以利用屏幕菜单技术来引导作业员操作仪器，并可显示测量成果及仪器系统的状态。

3.5　水准路线测量

3.5.1　水准路线的布设

普通水准测量的主要目的是为了满足地形测图、航测外业及一般工程的勘测及施工的基础控制测量需要，也可作为小区域的高程基本控制。根据测区具体的自然地理状况，水准线路一般可布设成以下几种形式：①附合水准路线。从某一高级水准点出发，并沿各待定高程点进行水准测量，最后附合到另一高级水准点而构成的水准路线，如图 3-18(a)所示。这样的布设形式可以进行观测成果的检核。②闭合水准路线。从某一高级水准点出发，并沿各待定高程点进行水准测量，最后再闭合到原水准点上所组成的环形路线，如图 3-18(b)所示。闭合水准路线亦可进行观测成果的检核，但它却无法对起点高程进行检核。③支水准路线。从某一高级水准点出发，并沿各待定高程点进行水准测量，但其路线既不附合又不闭合，如图 3-18(c)所示。为了进行观测成果的检核和提高观测成果精度，支水准路线必须进行往返观测。

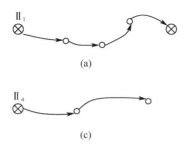

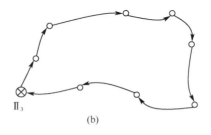

图 3-18　水准路线图

以上 3 种水准测量路线一般仅适用于等外水准测量。在国家等级水准测量中，为了提高水准点的高程精度及其可靠性，还应增加检核条件，通常采用结点水准路线(图 3-19)和水准网(图 3-20)。

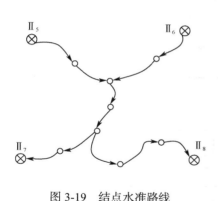

图 3-19　结点水准路线

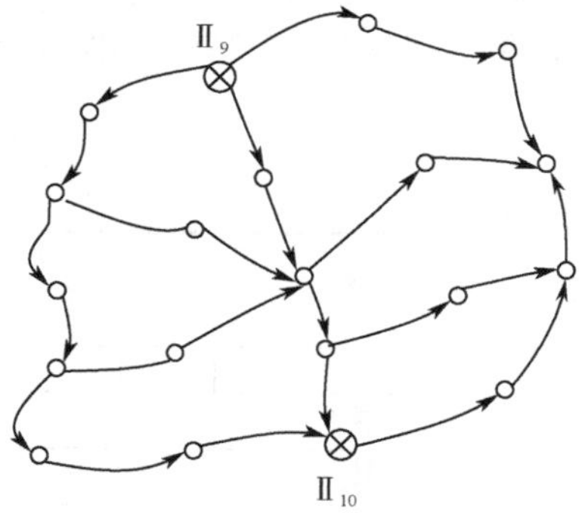

图 3-20　水准网

3.5.2　水准路线选点与埋石

水准路线在图上设计完成以后，应在野外实地确定水准点的具体位置，该项工作称为选点。选点时应注意选择有利于水准观测的路线，而且水准点应选择在土质坚硬、地下水位低、观测便利、使用方便且安全、便于长期保存的位置。

用水准测量方法测定的具有一定精度的高程控制点称为水准点，而水准点的标定工作就称为埋石。水准点按使用时间长短可分为永久性水准点和临时性水准点。永久性水准点一般用混凝土预制而成，如图 3-21(a)所示，也可选择在建筑物墙脚埋设墙脚水准标志，如图 3-21(b)所示，水准标石中心如图 3-21(c)所示。

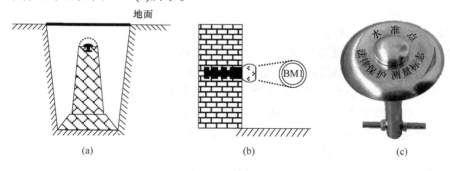

(a)　　　　　　　　(b)　　　　　　　　(c)

图 3-21　水准标石

水准点埋设完成后，应绘制水准点与附近地形的关系图，并注明水准点的编号及高程，称为点之记，以便日后寻找水准点位置。

3.5.3　水准测量外业施测

1. 等外水准测量

国家等级以外的水准测量称为等外水准测量，其具体施测步骤为：首先将水准尺立于已知高程的水准点上作为后视，再将水准仪安置于施测路线的适当位置并读取后视读数，然后在施测路线前进方向上量取与后视距离大致相等的距离放尺垫，竖立水准尺并读取前视读数。记录员根据前、后视读数在相应的手簿中计算测站高差。

第一测站结束后，可通知后尺向前移动，同时将仪器迁至第二测站。此时，第一测站的前视变为第二测站的后视。同第一测站一样进行第二测站的工作。依次沿水准路线逐站进行观测直至终点。表3-2为等外水准测量的手簿记录与高差计算。

表 3-2   水准测量手簿

测自 A 至 B		2006 年 5 月 16 日		观测×××		记录×××	
测站	点号	水准尺读数		高差 h	高程 H	备注
		后视	前视			
1	A	1.347			446.215	
	转点 1		1.631	−0.284		
2	转点 1	0.306				
	转点 2		2.624	−2.318		
3	转点 2	0.830				
	转点 3		1.516	−0.686		
4	转点 3	1.528				
	转点 4		0.504	+1.024		
5	转点 4	2.368				
	B		0.694	+1.674	445.625	

2. 三、四等水准测量

国家三、四等水准测量的精度要求高于等外水准测量,因此,除了对所使用仪器的技术参数有具体规定外,也对观测程序、视线长度及读数要求等给出了具体指标,如表3-3所示。用于三、四等水准测量的水准尺,一般为木质的黑红面双面标尺,表3-3中的黑红面读数差就是指一根标尺的两面读数在去掉常数之后所容许的差值。

三等水准测量应沿路线进行往返观测,而四等水准测量在两端有高等级水准点或为闭合环时只需要单程测量。每一测段的往返观测的测站数应为偶数,否则应加入标尺零点差改正。若由往测转向返测时,两根水准尺必须互换位置,并重新整置仪器。

检测间歇点最好位于水准点上,否则应选择两个稳固可靠的固定点作为间歇点。起测前,再对间歇点进行检测,其检测结果应符合表3-3中的限差要求。

三、四等水准测量在一个测站上的观测程序为:
(1) 照准后视标尺的黑面,读取视距丝和中丝读数;
(2) 照准前视标尺的黑面,读取视距丝和中丝读数;
(3) 照准前视标尺的红面,读取中丝读数;
(4) 照准后视标尺的红面,读取中丝读数。

表 3-3   三、四等水准测量限差

等级	仪器类型	标准视线长度/m	前后视距差/m	前后视距差累计/m	黑红面读数差/mm	黑红面所测高差之差/mm	检测间歇点高差之差/mm
三等	S3	65	3.0	6.0	2.0	3.0	3.0
四等	S3	80	5.0	10.0	3.0	5.0	5.0

这样的观测程序称为后—前—前—后(黑、黑、红、红)。
四等水准测量每站观测程序也可为后—后—前—前(黑、红、黑、红)。但无论采用何种程

序，视距丝及中丝的读数均应在管水准气泡居中时读取。

四等水准测量的观测记录及计算示例见表 3-4。表内括号中的号码为观测读数和计算顺序。(1)～(8)为观测读数，其余均为计算所得。

3. 测站上的计算与检核

(1) 高差计算与检核：表3-4 中，

$$(9)=(4)+K-(7) \tag{3-8}$$
$$(10)=(3)+K-(8) \tag{3-9}$$
$$(11)=(10)-(9) \tag{3-10}$$

式中，(10)和(9)分别为后视及前视标尺的黑红面读数之差，而(11)则是黑红面所测高差之差；K 为后视和前视标尺红黑面零点的差数。在表 3-4 的示例中，5 号尺的 $K=4787$，6 号尺的 $K=4687$。

表3-4　三、四等水准测量观测手簿

测自　　　　至　　　　　　　　　　　　　　　　　　　　　　　　　　2001 年 8 月 2 日

时刻始 8 时 05 分　　　　　　　　　　　　　　　　　　　　　　　　　　　　天气:晴

末　　时　　分　　　　　　　　　　　　　　　　　　　　　　　　　　　　成像:清晰

测站编号	后尺	上丝	前尺	上丝	方向及尺号	标准读数		K+黑−红	高差中数	备注
		下丝		下丝						
	后距		前距			黑面	红面			
	视距差 d		∑d							
	(1)	(5)			后	(3)	(8)	(10)		
	(2)	(6)			前	(4)	(7)	(9)		
	(12)	(13)			后−前	(16)	(17)	(11)		
	(14)	(15)								
1	1571	0739			后 5	1384	6171	0		
	1197	0363			前 6	0551	5239	−1		
	374	376			后−前	+0833	+0932	+1	+0832.5	
	−0.2	−0.2								
2	2121	2196			后 6	1934	6621	0		
	1747	1821			前 5	2008	6796	−1		
	374	375			后−前	−0074	−0175	+1	−0074.5	
	−0.1	−0.3								
3	1914	2055			后 5	1726	6513	0		
	1539	1678			前 6	1866	6554	−1		
	375	377			后−前	−0140	−0041	+1	−0140.5	
	−0.2	−0.5								
4	1965	2141			后 6	1832	6519	0		
	1700	1874			前 5	2007	6793	+1		
	265	267			后−前	−0175	−0274	−1	−0140.5	
	−0.2	−0.7								

测站编号	后尺	上丝	前尺	上丝	方向及尺号	标准读数		K+黑-红	高差中数	备注
		下丝		下丝		黑面	红面			
	后距		前距							
	视距差 d		$\sum d$							
5	0089		0124		后 5	0054	4842	−1		
	0020		0050		前 6	0087	4775	−1		
	69		74		后—前	−0033	+0067	0	−0033.0	
	−0.5		−1.2							

表 3-4 中(16)为黑面计算的高差，(17)为红面计算的高差。但因为两根尺子的黑红面零点差不同，所以(16)并不等于(17)，其值应相差 100。故可用(11)做一次计算检核，即

$$(11) = (16) + 100 - (17) \tag{3-11}$$

(2) 视距计算：表 3-4 中，

$$(12) = (1) - (2) \tag{3-12}$$

$$(13) = (5) - (6) \tag{3-13}$$

$$(14) = (12) - (13) \tag{3-14}$$

$$(15) = 本站的(14) + 前一站的(15)$$

式中，(12)为后视距离；(13)为前视距离；(14)为前后视距之差；(15)为前后视距累积差。

4. 观测结束后的计算与检核

(1) 高差部分：

$$\sum(3) - \sum(4) = \sum(16) = h_{黑} \tag{3-15}$$

$$\sum\{(3) + K\} - \sum(8) = \sum(10) \tag{3-16}$$

$$\sum(8) - \sum(7) = \sum(17) = h_{红} \tag{3-17}$$

$$\sum\{(4) + K\} - \sum(7) = \sum(9) \tag{3-18}$$

$$h_{中} = (h_{黑} + h_{红})/2 \tag{3-19}$$

式中，$h_{黑}$、$h_{红}$ 分别为一测段黑面、红面所得高差；$h_{中}$ 则为该测段高差中数。

(2) 视距部分：

末站的(15)=$\sum(12) - \sum(13)$，总视距为 $\sum(12) + \sum(13)$。

若测站上有超出限差规定的观测成果，在本站检查发现后应立即重测。若在迁站后才发现，则应从水准点或间歇点开始重测。

3.5.4　单一水准路线测量内业计算

1. 单一水准测量数据处理概述

水准测量数据处理的目的是为了检验水准路线测量外业数据的质量，消除或削弱水准测量观测数据中的系统性误差，并对水准测量数据中的偶然误差进行平差处理，消除水准测量闭合差，获取平差值，以达到计算待定点高程及对结果进行精度评定的目的。

2. 单一附合或闭合水准路线平差计算

1) 数据预处理与略图绘制

根据《水准测量规范》及技术设计书要求对水准测量外业观测手簿进行检查与校核，确保观测手簿中的记录及计算数据无错误，并满足相应限差要求。在此基础上绘制水准路线观测略图，并将起算数据及外业整合数据抄录于计算表格或标注于观测略图中。为了计算形象直观和避免观测略图出现理解偏差，观测略图一般按比例绘制，若其位置数据未知时亦可近似按比例绘制，但相对位置及方位关系必须正确，并在略图中标绘出已知点和待定点。通常，已知点用⊗、待定点用○表示，同时注明点号或点名，用箭头表示观测路线的方向，必要时也可标出已知点高程和观测数据，如图 3-22 所示。

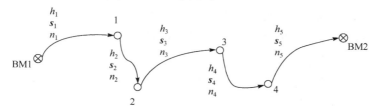

图 3-22 单一附合水准路线观测略图
h 表示两点间高差、*s* 表示两点间距离、*n* 表示两点间测站数

2) 高程闭合差计算

计算单一附合路线或单一闭合路线高差闭合差 *f*，并与设计水准测量路线的相应等级限差比较，如四等水准测量高差闭合差要求小于 $40\sqrt{L}$(mm)，其中 L 为观测路线长度，以千米为单位；或高差闭合差要求小于 $12\sqrt{N}$(mm)，其中 N 为观测路线测站的总数。如果不超过限差要求，可以继续下面的计算；若超限，查明原因，分情况处理，必要时返工有问题的测段。

闭合水准路线高差闭合差的计算公式为

$$f = \sum_{i=1}^{n} h_i \tag{3-20}$$

附合水准路线高差闭合差的计算公式为

$$f = \sum_{i=1}^{n} h_i - (H_{BM2} - H_{BM1}) \tag{3-21}$$

3) 各测段观测高差改正数计算

若观测过程中获得了视距数据，则可计算路线总长度及各测段路线长度，并按路线长度计算各测段高差改正数；若没有获取视距数据，则可以计算水准路线测站总数及各测段的测站数，并按测站数计算各测段高差改正数。改正数取位应与观测高差的有效小数位相同或多取一位有效小数位，改正数之和应与路线高差闭合差绝对值相等，符号相反，若存在四舍五入凑整误差时，则可采用强制分配方法进行。按距离加权平均计算改正数的公式为

$$v_i = \frac{-f}{\sum S_i} S_i \tag{3-22}$$

按测站数加权平均计算改正数的公式为

$$v_i = \frac{-f}{\sum n_i} n_i \tag{3-23}$$

4) 计算改正之后的高差

将各测段观测高差加上其相应的高差改正数，即可获得改正之后的高差，改正之后高差保留与改正数相同的有效小数位，其单位一般为米。

$$\hat{h}_i = h_i + v_i \tag{3-24}$$

5) 待定点高程计算

按测量或计算方向，逐点计算出每个待定点高程的平差值，直到路线末端的已知点，且计算值应与已知点的高程值相等。

$$H_i = H_{\mathrm{BM1}} + \sum_{j=1}^{i} h_j \tag{3-25}$$

例 3-1 某附合水准路线观测结果如图 3-23 所示，距离与高差单位为 m，已知 BM1、BM2 的高程分别为 434.234m、438.637m，试计算其他待定水准点的高程。

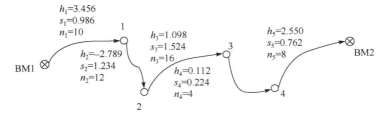

图 3-23 单一附合水准路线观测略图及观测数据

解 按距离加权平均方式计算高差改正数，计算结果见表 3-5。

表 3-5 水准路线平差计算

测段起止点	测段观测高差/m	测段路线长度/km	测段观测测站数/个	改正数/mm	改正后高差/m	高程/m
BM1						434.234
	3.456	0.986	10	−5	3.451	
1						437.685
	−2.789	1.234	12	−6	−2.795	
2						434.890
	1.098	1.524	16	−8	1.090	
3						435.980
	0.112	0.224	4	−1	0.111	
4						436.091
	2.550	0.762	8	−4	2.546	
BM2						438.637

其中，闭合差为 24mm，观测路线总长为 4.730km，总测站数为 50 个。

3.6 水准测量误差分析

在水准测量时，由于受到仪器误差、观测误差和外界因素的影响，必将使观测结果产生误差。为了减小这些误差对观测结果的影响，提高水准测量精度，则应从水准测量仪器及方法出发，分析各种误差源及其对观测成果的影响规律，并寻求消除或削弱这些误差的方法或措施。

3.6.1 仪 器 误 差

1. 视准轴与管水准轴不平行误差

在水准测量前，仪器虽然已经过检验校正，但无法做到视准轴与管水准轴严格平行。视准轴与管水准轴在竖直面内投影所形成的夹角称为 i(在水平面内投影所形成的夹角称为交叉误差 i_w)。由于 i 角的影响，在水准气泡居中时，视准轴并不水平，这样必然给水准尺上的读数带来误差。如图 3-24 所示，δ_1 和 δ_2 分别为 i 角在后、前水准尺上的读数误差；S_1 和 S_2 分别为后视和前视的距离。若不顾及地球曲率和大气折光的影响，则 A、B 两点的高差为

$$h_{AB} = (a_0 - b_0) = (a - \delta_1) - (b - \delta_2)$$

由于 i 角很小，则有 $\delta_1 = \dfrac{i}{\rho} S_1, \delta_2 = \dfrac{i}{\rho} S_2$。故

$$h_{AB} = (a - b) + (S_2 - S_1)\frac{i}{\rho} \tag{3-26}$$

对于一个测段则有

$$\sum h = \sum (a - b) - \frac{i}{\rho} \sum (S_1 - S_2) \tag{3-27}$$

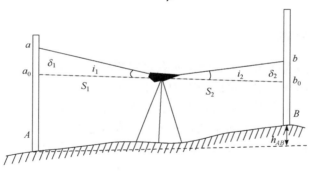

图 3-24 i 角对读数的影响

由此可见，若使 $S_1 = S_2$，则可在每一站的高差中消除 i 角误差的影响。实际上，要求后、前视的距离完全相等是非常困难的，也是不必要的。所以，可根据不同等级的精度要求，对每一测段的前后视距累积差规定一个限值，即可忽略 i 角对所测高差的影响。故水准测量对前后视距差及前后视距累积差做出了限制。

2. 水准尺误差

水准尺的刻画不准确、尺长变化及尺弯曲等因素，均将直接影响水准测量结果的精度。因此，水准尺必须经过检验合格后方可使用。对于水准尺的零点差，则可在一个测段中采用偶数站来消除。如图 3-25 所示，若 2 号水准尺因尺底磨损使得读数增大，设其磨损量为 δ，则每一测站的高差应为

$$H_1 = a_1 - (b_1 - \delta) = a_1 - b_1 + \delta \tag{3-28}$$

$$H_2 = (a_2 - \delta) - b_2 = a_2 - b_2 - \delta \tag{3-29}$$

$$H_3 = a_3 - (b_3 - \delta) = a_3 - b_3 + \delta \qquad (3-30)$$
$$H_4 = (a_4 - \delta) - b_4 = a_4 - b_4 - \delta \qquad (3-31)$$

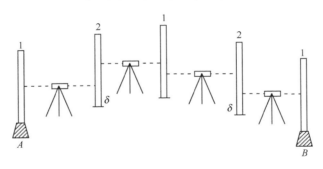

图 3-25 零点差的影响

由此可见，在各测站所测高差中，δ 的值以正、负交替出现。因此，只要每测段设成偶数测站，即可消除水准标尺零点差的影响。

3.6.2 观测误差

水准测量观测误差主要有管水准器气泡居中误差、水准尺数字估读误差、调焦误差及水准尺倾斜误差。

1. 管水准器气泡居中误差

水准测量原理就是利用水平视线测定两点之间的高差。若水准仪不存在 i 角误差，当管水准器气泡居中时，即认为望远镜的视准轴处于水平位置。其实不然，在观察气泡居中的瞬间，还不能认为视准轴是水平的。这是因为我们在衡量气泡是否居中时，是用眼睛观察的，一般情况下不可能准确辨别气泡居中位置；另外，在停止转动微倾螺旋后仍在运动着的气泡在居中的瞬间还受惯性力的推动和管内液体与管内壁摩擦阻力的作用，从而使管水准器气泡产生居中误差。因此，在进行中丝读数前，应减小气泡居中误差的影响。

一般认为管水准器的气泡居中误差为其分划值的 1/10。若采用符合水准器，其误差可在原基础上减小一半，即 $m_{居中} = \dfrac{\tau''}{2 \times 10 \rho''} S$，若水准器格值 $\tau = 20''$，视线长度 $S = 100\text{m}$，则 $m_{居中} = 0.5\text{mm}$。

2. 水准尺数字估读误差

水准测量观测读数时是用十字丝中丝在厘米间隔内估读毫米数，而厘米分划又是通过望远镜将视角放大后的像，所以毫米读数的准确程度与望远镜放大倍率、视线长度及十字丝的粗细有关。尤其视线长度对读数误差影响最大，所以《水准测量规范》对各级水准测量的视线长度做了明确的规定，作业时必须严格执行。

3. 调焦误差

在水准测量时，若前、后尺视距不等，则必须在一个测站上要对望远镜进行调焦，从而使在前、后尺上读数时 i 角大小不一致，进而引起读数误差。为了避免调焦误差对读数的影响，在水准测量时应尽可能使前、后视距相等。

4. 水准尺倾斜误差

在水准测量时，若水准尺竖立不直，必将使水准尺上的读数增大，从而影响水准测量的读数精度。水准尺上的读数越大，其误差也越大。因为在水准测量作业中，前后尺的读数大小一般不等，两水准尺的倾斜程度也不相同，所以，该误差很难利用观测程序进行消除。但水准尺倾斜误差对观测读数影响是系统性的(无论前尺或后尺均使读数增大)，在高差中会抵消一部分。为了进一步消除或削弱水准尺倾斜误差，可在水准尺上安装圆水准器，确保标尺竖直。

3.6.3 外界条件的影响

水准测量一般应在大气条件比较稳定的情况下进行，但即便如此，还是会受到以下误差的影响。

1. 水准仪和水准尺的升沉误差

在水准测量过程中，由于仪器和水准尺自身的重量会发生下沉现象，而受土地的弹性作用又会使仪器和标尺产生上升。二者的影响是综合性的，但一般情况下，总体表现为下沉。

若仪器下沉量是时间的线性函数，如图 3-26 所示，第一次后视黑面读数为 a_1，当仪器转向前视读数时仪器下沉了一个 Δ，其前视黑面读数为 b_1，则高差 $h=a_1-b_1$ 中必然包含误差 Δ。为了减小这种误差影响，在红面读数时先读取前视 b_2，当仪器转向后视读取红面读数 a_2 时，仪器又下沉了一个 Δ。

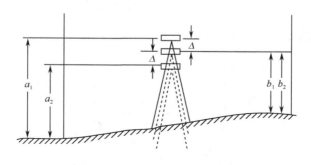

图 3-26　仪器下沉误差

由此可见，黑面读数的高差为 $h_{黑}=a_1-(b_1+\Delta)=a_1-b_1-\Delta$；红面读数的高差为 $h_{红}=(a_2+\Delta)-b_2=a_2-b_2+\Delta$。则

$$h=\frac{1}{2}(h_{黑}+h_{红})=\frac{1}{2}[(a_1-b_1)+(a_2-b_2)] \tag{3-32}$$

所以，在一站的高差中数中消除了 Δ 的影响。但在实际测量中，仪器变动量不可能是时间的线性函数，因此，采用"后—前—前—后"的作业模式只能削弱该项误差对观测成果的影响，但不能完全消除。

水准尺的下沉对观测读数的影响表现在两个方面：一是同仪器下沉的影响类似，其影响规律和应采取的削弱措施与其一样；二是在仪器转站时，转点处的水准尺因下沉而使其在相邻两测站中不同高，则必然造成往测高差增大，返测高差减小。其削弱的办法是将尺垫踩实，转站时可将转点上的水准尺从尺垫上取下，以减小下沉量，并采取往返观测，取往返测高差中数来削弱其影响。

2. 大气折光的影响

大气折光误差是由于大气密度的不均匀，使视线在大气中穿过时发生折射成为曲线而产生的读数误差。一般情况下，视线离地面越近，其折射也就越大。故在等级水准测量中，规定中丝读数应大于 0.3m，以便消除或削弱大气折光的影响。

3. 日照及风力引起的误差

这种误差是综合性的，比较复杂。如日照将造成仪器各部分受热不均而使轴线关系变化，风大时则难以使仪器精平，它们都会给观测成果带来误差。因此，在观测时应尽量选择好的天气，并给仪器打伞遮光以消除或削弱其影响。

上述各项误差来源，均是以其单独影响来进行分析讨论的，但实际情况则是综合性的影响，这些误差必将会相互抵消一部分。因此，在作业中只要按规定实施，熟练操作，这些误差均可减小，从而满足施测精度的要求。

3.7 水准仪的检验与校正

根据水准测量的基本原理，必须要求水准仪能提供一条水平视线，从而对水准仪的构造提出了一些基本条件。作业之前必须对水准仪进行检验，看其是否满足所提的基本条件，并对某些不符合条件加以校正，使其符合基本条件，以保证水准测量的质量。

3.7.1 水准仪应满足的基本条件

水准仪的基本轴线如图 3-27 所示。

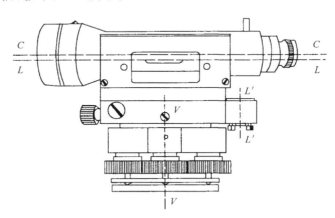

图 3-27　水准仪的基本轴线

1. 水准仪应满足的主要条件

水准仪应满足的主要条件是：①管水准轴应与望远镜的视准轴平行；②望远镜视准轴位置不受调焦的影响。

若不满足条件①时，在管水准器气泡居中后(水准管轴水平)，视准轴却不水平，则不符合水准测量原理的要求。

条件②是为了满足条件①而提出的。如果望远镜在调焦时视准轴位置发生了变化，就不可能使不同位置的多条视线都能够与一条固定不变的水准管轴平行。而望远镜调焦在水准测量中不可避免，因此必须提出此项要求。

2. 水准仪应满足的次要条件

水准仪应满足的次要条件是：①圆水准器的水准轴应同水准仪的旋转轴平行；②十字丝的横丝应当垂直于仪器的旋转轴。

条件①的目的在于能迅速地安置好仪器，以提高作业效率。

条件②的目的是当仪器旋转轴铅垂时，在水准尺上读数时不必严格用十字丝的交点而可用交点附近的横丝。

3.7.2 检验与校正

上述两个主要条件在于装置望远镜的透镜组及十字丝的位置是否正确，其中移动调焦透镜机械结构的质量非常关键，因此一般由仪器制造商保证。用于国家三、四等及等外水准测量的仪器，应经常对主要条件和次要条件进行检验。

在对水准仪进行检验、校正时，应按下述顺序进行，以保证前面的检校项目不受后面检校项目的影响。

1. 圆水准轴应与仪器旋转轴平行的检验与校正

1) 检验原理

仪器的旋转轴与圆水准器的水准轴一般为空间两条不相交的直线，为了使问题简单一些，仅取两个脚螺旋的连线方向进行讨论，其结论对两轴在任意情况下均成立。

在图 3-28 中，V 为仪器旋转轴，L 为圆水准器的水准轴，若它们互不平行而有一交角 α，那么当气泡居中时，此时水准轴 L 是竖直的，仪器旋转轴 V 则与竖直位置偏差 α 角，如图 3-28(a) 所示。将仪器旋转 180°，如图 3-28(b) 所示，由于仪器旋转时是以 V 为旋转轴，即 V 的空间位置不变。仪器旋转后，在重力的作用下，气泡仍处于最高处，而圆水准器的水准轴将在 L 处。由图 3-28(b) 可见，水准轴 L 与竖直线之间的夹角为 2α。此时，水准器的气泡不再居中而偏到一边，气泡偏移的弧长所对的圆心角为 2α。

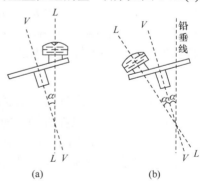

2) 检验方法

首先利用脚螺旋将圆水准器的气泡居中，然后将仪器旋转 180°。若气泡仍处于居中位置，则表明该项条件满足。若气泡发生偏离，则表明条件不满足。由检验原理可知，气泡偏移的弧长为仪器旋转轴和水准轴的交角的两倍。

图 3-28 圆水准器检验

3) 校正

当仪器旋转轴与水准轴不平行时，则应进行校正。校正时可利用装在圆水准器下面的 3 个校正螺丝来实现，如图 3-29 所示。操作时，按整平圆水准器那样，分别调整 3 个校正螺丝使气泡向居中位置移动，其移动量为偏离弧长的一半。如果操作得当，则经过校正之后，水准轴 L 将同仪器旋转轴 V 平行，如图 3-30(a)所示。如果此时用脚螺旋将仪器整平，则仪器旋转轴 V 将处于竖直状态，如图 3-30(b)所示。在实际操作时，受到各种因素的影响(如转动校正螺丝时转动了仪器，气泡移动量估计不准确等)，其校正工作要反复进行多次，直到仪器整平后并旋转仪器至任何位置。气泡始终居中，校正工作才算结束。

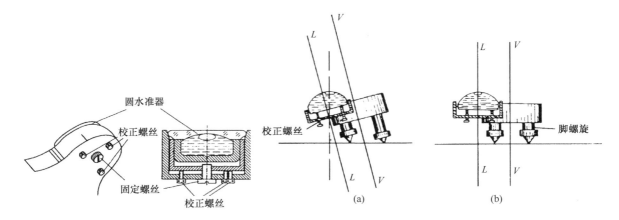

图 3-29　圆水准器校正螺丝　　　　　图 3-30　圆水准器的校正

2. 十字丝横丝与仪器旋转轴垂直的检验与校正

1) 检验原理

若十字丝横丝是与仪器旋转轴垂直的，则通过十字丝横丝必然可做一个与仪器旋转轴垂直的平面。当仪器旋转轴竖直旋转时，该平面将处于水平位置且不发生变化。

由此可见，如果有一个点，它在垂直于仪器旋转轴且通过十字丝横丝的平面上，则当仪器绕竖轴旋转时，该点将始终在这个平面上。

对于微倾水准仪而言，虽其视准轴并不一定垂直于仪器的旋转轴，但它同垂直于仪器旋转轴的平面偏差角不会太大。因此，可以认为视准轴与仪器旋转轴垂直。若以此出发，十字丝横丝与视准轴构成的平面垂直于仪器旋转轴，则条件得到满足；否则，若此平面不垂直于仪器旋转轴，则条件就不满足。

2) 检验方法

首先用十字丝横丝的一端照准一点 A，如图 3-31(a)所示，然后利用水平微动螺旋缓慢转动望远镜，观察 A 点在视场中的移动轨迹。若 A 点始终处于横丝之上，则说明十字丝的横丝是同仪器旋转轴垂直的；若 A 点离开了横丝，如图 3-31(b)所示，则说明横丝没有与仪器旋转轴垂直，而是图中虚线的位置同仪器旋转轴垂直。

3) 校正

若经过检验，条件不满足时，则应进行校正。放松固定十字丝环的校正螺钉，使整个十字丝环转动，并使横丝与图 3-31(b)所示的虚线重合或靠近即可。因为该虚线只是 A 点在视场中移动的轨迹，并无实际的划线，所以转动十字丝环向 A 点时，转动量可凭估计进行。校正之后再进行检验，直至满足条件为止。

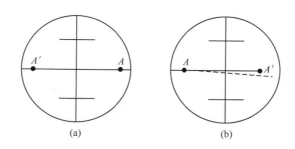

图 3-31　横丝的检验

3. 望远镜视准轴与管水准轴平行的检验与校正

望远镜的视准轴与管水准轴均为空间直线，若它们相互平行，则无论是在包含视准轴的竖面上的投影还是在水平面上的投影都是平行的。对于竖面上的投影是否平行的检验称为 i 角检验，水平面上的投影是否平行的检验称为交叉误差检验(交叉误差只有在精密水准测量中才检校，在此不讲)。

对于水准测量，主要是 i 角的检验。若 $i=0$，则管水准轴水平后，视准轴也是水平的，满足了水准测量原理的基本要求。

1) 检验原理

在地面上选两个固定点 A、B，用水准仪测出含有 i 角影响的两次高差 h'_{AB} 和 h''_{AB}。若第一次测量高差时仪器所在位置的后前视距差 $(S'_A - S'_B)$ 等于第二次仪器位置的前后视距差 $(S''_B - S''_A)$，则 i 角在 h'_{AB} 和 h''_{AB} 中的影响正好是绝对值相等、而正负符号相反。因此，若 $h'_{AB} = h''_{AB}$，则说明 h'_{AB} 和 h''_{AB} 中都没有误差，即 $i=0$；反之，若 $h'_{AB} \neq h''_{AB}$，则它们的和可以消除 i 角的影响，它们的差即是 i 角影响的两倍。

2) 检验

在比较平坦的地方选定适当距离的两个点 A、B，并将尺桩钉入地面，或用尺垫代替。安置水准仪于 A、B 两点的中间，使前后视距相等，如图 3-32(a)所示。

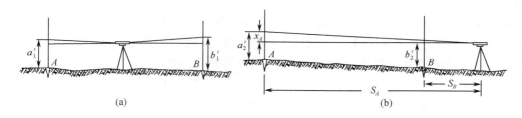

图 3-32　i 角的检校

首先测量 A、B 两点间不受 i 角影响的高差 h_{AB}，然后再将水准仪安置于两点中的任一点附近，例如在 B 点附近，如图 3-32(b)所示。此时因前后视距不等，必将在测得的高差 h'_{AB} 中含有 i 角的影响。且 i 角的大小为

$$i = \frac{h'_{AB} - h_{AB}}{S_A - S_B} \cdot \rho \tag{3-33}$$

《水准测量规范》规定，用于一、二等水准测量的仪器 i 角不得大于 $15''$，用于三、四等水准测量的仪器 i 角不得大于 $20''$，否则应进行校正。

由于 A 点距仪器最远，i 角对该点上的读数影响最大，其影响值为

$$X_A = \frac{i}{\rho} \cdot S_A \tag{3-34}$$

3) 校正

在计算出 X_A 值之后，即可对水准仪 i 角进行校正。校正工作应在检验的基础上连续进行，即不必移动 B 点一端的仪器，先计算出在 A 点标尺上的正确读数 a_2：

$$a_2 = a_2' - X_A \tag{3-35}$$

再用微倾螺旋使读数对准 a_2，此时的管水准器气泡将不居中，可调节管水准器一端的上下两个校正螺钉使气泡居中。

在实际调整时，应先将图 3-33 中的左(或右)边螺钉略松一下，使水准管能上下活动，然后再校正上下两个螺钉。校正好后再将左(或右)边的螺钉旋紧。检验校正应反复进行，直到符合要求为止。

图 3-33 水准管校正螺钉

3.7.3 自动安平水准仪补偿器性能检验

1. 检验原理

自动安平水准仪补偿器的作用在于可使视准轴在倾斜允许(补偿器允许)范围内，仍能在十字丝上读得与视线水平时同样的读数。检验补偿器性能时，可有意将仪器的竖轴倾斜一定量，测定两点间的高差，并使其与正确高差进行比较。

检验的一般方法是将仪器安置在 A、B 两点连线的中点上，若后视读数时视准轴向下倾斜，则将望远镜转向前视时，由于仪器竖轴是倾斜的，此时视准轴必然向上倾斜。如果补偿器的补偿性能正常，无论视线下倾(后视)或上倾(前视)都可读得水平视线的读数，测得的高差亦是 A、B 两点间的正常高差。如果补偿器的性能不正常，则因为前后视的倾斜方向不一致，视线倾斜产生的读数误差将不可能在高差计算中抵消。所以，所测高差同正确高差存在着明显差异。

2. 检验方法

在平坦的地方选定 A、B 两点，AB 长约 100m，在 A，B 两点上钉入尺桩或放置尺垫，将水准仪安置于两点连线的中点上，并使任意两脚螺旋(第 1，2 个脚螺旋)中心连线与 AB 连线方向垂直。其具体操作步骤为：①用圆水准器将仪器置平，并测出 A、B 两点间的正确高差 h_{AB}；②升高第 3 个脚螺旋，使仪器向上(或向下)倾斜，并测出 A、B 两点间的高差 $h_{AB上}$；③降低第 3 个脚螺旋，使仪器向下(或向上)倾斜，并测出 A、B 点间的高差 $h_{AB下}$；④升高第 3 个脚螺旋，重新使仪器圆水准居中；⑤升高第 1 个脚螺旋，使后视时望远镜向左(或向右)倾斜，并测出 A、B 两点间的高差 $h_{AB左}$；⑥降低第 1 个脚螺旋，使后视时望远镜向右(或向左)倾斜，并测出 A、B 两点间的高差 $h_{AB右}$。

无论上、下、左、右倾斜，仪器的倾斜角度均可由圆水准器气泡的位置来确定，并将 $h_{AB上}$、$h_{AB下}$、$h_{AB左}$ 及 $h_{AB右}$ 与 h_{AB} 进行比较，视其差值来确定补偿器性能。对于等外水准测量，其差值应小于 5mm。

习　题

1. 试述水准测量原理。

2. 解释下列名词：

转点；视线高程；视准轴；水准管轴；水准管分划值；望远镜放大倍数

3. 在水准测量中，当圆水准器气泡居中时，为什么水准管气泡不一定居中？

4. 什么叫视差？它是如何产生的？怎样进行消除？

5. 水准测量中可能产生哪些误差？在观测中如何采取适当措施，使其减少或消除对测量成果的影响？

6. 如图 1 所示，由水准点 A 测到 B 点的往测高差 $h_{往}$ ＝+1.688m，再从 B 点返测到 A 点，各站的水准尺读数示于图中，试填表 1 并计算 B 点高程。

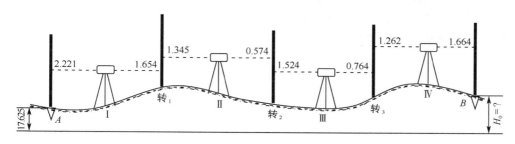

图 1

表 1　水准测量手簿

测站	点号	后视读数/m	前视读数/m	高差		高程/m	备注
				+	−		
校核计算							

7. 选择题：

(1) 采用微倾式水准仪进行水准测量时，在每次读数前必须(　　)。

A. 重新利用脚螺旋整平仪器

B. 转动微倾螺旋使管水准器的气泡居中

C. 转动脚螺旋使管水准器的气泡居中

D. 重新使圆水准器和管水准器的气泡居中

(2) 在水准测量中，已知后视点的高程 H_A ＝410.000m，后视尺读数为 1.510m，前视尺读数为 1.110m，则视线高程为(　　)，B 点的高程为(　　)。

A. 409.600m　　　　　B. 411.110m　　　　　C. 410.400m　　　　　D. 411.510m

(3) 水准仪应满足的几何条件中，最主要的条件是(　　)。

A. 视准轴应平行于水准管轴　　　　　　　　B. 圆水准器轴应平行于竖轴

C. 横丝应垂直于竖轴 D. 视准轴应垂直于水准管轴

(4) 在水准测量时，要求前后视距离差应在一定范围内，其目的是(   )。

A. 消除水准尺倾斜误差 B. 消除水准尺下沉误差

C. 消除水准尺视差 D. 消除视准轴不平行于水准管轴的误差

(5) 地面上 A、B 两点下列说法正确的是(   )。

A. 不管高程基准面如何选择，A、B 两点的相对高程和绝对高程不变

B. 不管高程基准面如何选择，A、B 两点的绝对高程不变

C. 不管高程基准面如何选择，A、B 两点的相对高程不变

D. 当 A 点绝对高程大于 B 点绝对高程时，则 $h_{AB} > 0$

(6) 水准测量的原理是(   )。

A. 利用水准仪测量地面点位的高程

B. 利用水平视线测量地面两点的高程

C. 利用水平视线测量地面两点间的高差

D. 利用水准仪测量地面两点间的高差

第4章　角　度　测　量

角度测量是确定地面点位置的基本测量工作之一。角度测量分为水平角测量和垂直角测量。水平角测量的主要目的是确定地面点的平面位置，垂直角测量主要是确定地面两点间的高差，或将地面斜距改化成水平距离。

4.1　角度测量原理

4.1.1　水平角测量原理

所谓水平角，就是相交的两条直线在水平面内的投影形成的夹角，取值范围为 $0°\sim360°$。如图 4-1 所示，设 A、B、O 为地面上的任意 3 个点，通过 OA、OB 各作一个竖直面，其与水平面 P 的交线分别为 oa 和 ob。则直线 oa 和 ob 的交角，即为地面上 O 点至 A、B 两目标方向线在水平面 P 上投影形成的夹角 β，称为水平角。也就是说，地面上一点至两目标的方向线间所夹的水平角，即为过这两方向线所作两竖直面间的二面角。

利用经纬仪测量水平角时，首先应使仪器中心精确地安置在该角的顶点之上，同时还应具有一个能够放置水平的度盘，并且使度盘中心与角顶点 O 在同一铅垂线上。经纬仪上望远镜不但能绕仪器中心的竖轴做水平旋转，而且可绕仪器的横轴做竖直旋转，以照准同一竖直面内不同高度的目标。当仪器望远镜随仪器照准部绕竖轴旋转时，水平度盘则固定不动，这样当望远镜照准不同方向的目标时，即可在水平度盘上得到不同的方向读数。若取两方向读数之差，即为所测的水平角 β：

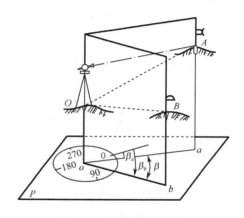

图 4-1　水平角测量原理

$$\beta = \beta_b - \beta_a \tag{4-1}$$

4.1.2　垂直角测量原理

垂直角是同一垂直面内目标方向与一特定方向之间的夹角。其中目标方向与水平方向间的夹角称为高度角，也称垂直角，一般用 α 表示。当视线上倾时，所构成的仰角为正，当视线下倾时，所构成的俯角为负。角度取值范围为 $0°\sim90°$。另一种是目标方向同天顶方向(或铅垂线方向)所构成的角，称为天顶距，一般可用 Z 表示。天顶距的取值范围为 $0°\sim180°$，恒取正值，如图 4-2 所示。

根据垂直角的基本概念，测定垂直角也与测定水平

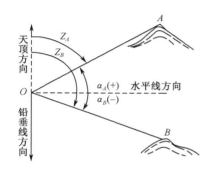

图 4-2　垂直角测量原理

角一样，其角度值也是度盘上两个方向读数之差，所不同的是两个方向中必须有一个是水平方向。对于任何注记形式的竖直度盘，在视线水平时，其度盘读数应为一定值，正常情况下应是90°的整倍数。因此，在垂直角观测时，只需照准目标直接读取度盘读数，即可计算出垂直角。

4.2 光学经纬仪

经纬仪的种类繁多，若按其原理和读数系统则可分为光学经纬仪和电子经纬仪。若按其精度高低又可分若干等级，我国经纬仪系列标准划分为DJ07、DJ1、DJ2及DJ6等级别。

4.2.1 光学经纬仪的基本构造

由角度测量原理可知，要测出可靠的水平角和竖直角，经纬仪必须满足以下条件：①仪器能使水平度盘和竖直度盘分别整置于水平位置和铅垂位置；②能够精确照准任何方向的目标；③仪器的旋转轴应与过测站点的铅垂线一致；④水平度盘应水平，竖直度盘应铅垂，并能测出目标的水平方向值和竖角。

1. 主要部件及其作用

各种光学经纬仪的构造基本相同，如图4-3所示。从图4-3(b)中可直观地看出DJ6级光学经纬仪主要由基座、度盘及照准部三大部分构成。

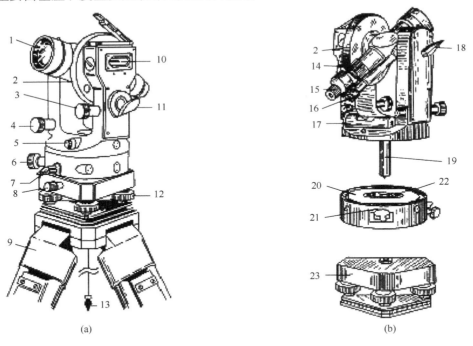

(a)   (b)

图4-3　DJ6级光学经纬仪

1. 物镜；2. 竖直度盘；3. 竖盘指标水准管微动螺旋；4. 望远镜微动螺旋；5. 光学对中器；6. 水平微动螺旋；7. 水平制动扳手；8. 轴座连接螺旋；9. 三脚架；10. 竖盘指标水准管；11. 反光镜；12. 脚螺旋；13. 锤球；14. 物镜调焦螺旋；15. 目镜调焦螺旋；16. 读数显微镜；17. 照准部水准管；18. 望远镜制动扳手；19. 竖轴；20. 水平度盘；21. 复测器扳手；22. 度盘轴套；23. 基座

1) 基座

基座是用于支撑整个仪器的底座，可用中心连接螺旋将基座及整个仪器固定在三脚架上，在连接螺旋的下方可悬挂锤球，使仪器中心和测站点在同一铅垂线上。亦可利用光学对中器将仪器中心和测站点处于同一铅垂线上。基座上的 3 个脚螺旋用以整平仪器。在使用经纬仪时，应拧紧基座连接螺旋，切勿松动，以免仪器脱落。

2) 水平度盘及竖直度盘

光学经纬仪的水平度盘和竖直度盘用玻璃制成，在度盘平面的圆周边缘刻有等间隔的分划线。两相邻分划线间距所对应的圆心角称为度盘格值，也称度盘的最小分格值。一般情况下，J6、J2 光学经纬仪的度盘格值分别为 1° 和 20′。对于不足一个分格值的角值可采用光学测微器测定。

3) 照准部

照准部是经纬仪基座以上能绕竖轴旋转的整体，包括水平轴、支架、望远镜、读数设备、竖盘及水准器等。

照准部的旋转可使望远镜照准不同方向上的目标。如图 4-4 所示，照准部旋转时所围绕的几何轴线称为竖轴(垂直轴或纵轴)VV。观测过程中要求竖轴应同过测站点的铅垂线一致，照准部的旋转保持圆滑平稳。望远镜、竖直度盘及仪器的横轴连成一体，组装于支架上，望远镜绕其俯仰纵转的几何轴线称为横轴 HH，亦称水平轴。基座上的 3 个脚螺旋可使照准部水准管的气泡居中，即水准管轴 LL 水平，以保证竖轴铅垂而水平度盘水平。望远镜视准轴 CC 绕横轴旋转时，竖盘也随之旋转。控制这种转动的部件就是望远镜的制动和微动螺旋。整个照准部在水平方向上的旋转，则是由水平制动和微动螺旋控制。读数显微镜则是用来读取水平度盘和竖直度盘的读数。

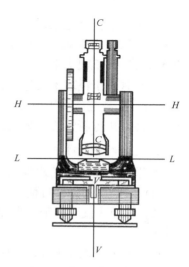

图 4-4　经纬仪的主要轴线

为了控制照准部与水平度盘的相对运动，在经纬仪上还配置有复测装置或度盘位置变换轮，可使度盘转动，以便设定起始目标方向上的水平度盘读数。

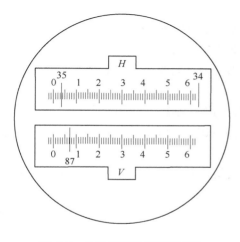

图 4-5　分微尺测微器读数方法

2. 读数设备及读数方法

J6 级光学经纬仪的读数设备一般采用分微尺测微器。这种读数方法的主要设备有读数窗上的分微尺及读数显微镜。光线可通过反光镜照亮度盘和读数窗，再经读数显微镜即可得到同时被放大了的水平度盘(H)、竖直度盘(V)及分微尺影像，如图 4-5 所示。

成像后分微尺的全长正好与度盘分划的最小间隔相等，即 1°。分微尺被细分成 60 等分，故最小分划值为 1′，并可估读至 0.1′(即 6″)。读数时，以测微尺的 0 分划线为指标线，先读取被分微尺覆盖的度盘分划注记，即为度数；再读取指标线到度盘分划线之间的数值，即分、秒值，两者之和即为度盘读数。例如，图 4-5 中的读数为：水平度盘 35°03′30″，竖盘 87°07′12″。

4.2.2　光学经纬仪的使用

在进行角度测量时，应先将经纬仪安置在测站上，然后才能进行观测。光学经纬仪的使用包括对中、整平、调焦、照准和读数等。

1. 对中

对中就是将仪器中心安置于通过测站点的铅垂线上，即仪器纵轴与过测站点的铅垂线保持一致，这是测量水平角的基本条件。对中方法可分为用锤球对中和用光学对中器对中。

1) 锤球对中

在测站上，首先张开三脚架，目估对中且使脚架头基本水平，将连接螺旋置于架头中心并悬挂锤球，调整锤球线长度，平移并踩紧脚架腿使锤球大致对准地面点。然后用连接螺旋将经纬仪连接于架头上，少许移动仪器，使锤球尖对准地面点位中心，再将连接螺旋拧紧即可。操作时由于锤球不易稳定，可根据锤球摆动中心度量，直至摆动中心偏移量小于规定限差为止(一般规定应小于 3mm)。如果偏离过大，且仪器在架头上平移仍无法满足要求时，则应按上述方法重新整置三脚架，直至符合要求为止。

2) 光学对中器对中

光学对中器对中的步骤如下：
(1) 张开三脚架，目估对中且使三脚架头基本水平，高度适中。
(2) 将经纬仪固定于三脚架上，调整对中器的目镜焦距，并使对中器的圆圈标志及测站点影像清晰。
(3) 转动仪器脚螺旋，并使测站影像位于圆圈中心。
(4) 伸缩脚架腿，使圆水准器气泡居中；然后旋转脚螺旋，利用管水准器精平仪器。
(5) 观察对中情况，若偏离不大时，则可稍松连接螺旋，并将仪器在架头上平移，使圆圈套住测站点位，精确对中。若偏离过大，则应重新整置三脚架，直到满足对中要求为止(一般规定不大于 1mm)。

2. 整平

整平的目的就是使仪器的水平度盘位于水平位置或使仪器的竖轴位于铅垂方向。

整平过程分为两步进行，首先利用脚螺旋使圆水准器气泡居中，即粗平，其方法与水准仪整平相同；然后再用脚螺旋使照准部的管水准器在相互垂直的两个方向上气泡都居中，即精确整平。精确整平的步骤如图 4-6 所示。

首先旋转仪器使照准部管水准器与任意两个脚螺旋的连线平行，并用两手同时相对或相反转动脚螺旋(①和②)使气泡居中。然后，再将仪器旋转 90°，使管水准器与前两个脚螺旋连线垂直，转动第三个脚螺旋(③)，使气泡居中。

如果管水准器位置正确，如此反复进行数次即可达到精确整平的目的，即管水准器转到任何方向时，水准气泡居中或偏离小于 1 格。

3. 调焦

调焦是调节望远镜使十字丝及物像清晰的过程，包括目镜调焦和物镜调焦，其目的是消

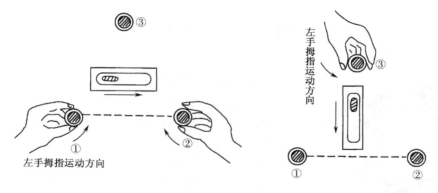

图 4-6　仪器的精平

除视差现象。经纬仪调焦方法与水准仪调焦方法基本相同，因此可参照水准仪的调焦过程。

4. 照准

照准是用十字丝中心部位正对目标。松开水平制动螺旋和望远镜竖直制动螺旋，将望远镜对准明亮背景(或天空)，调节目镜使十字丝清晰。再用望远镜制动、微动螺旋和水平制动、微动螺旋精确照准目标，并旋转调焦螺旋使目标清晰。测量水平角时，尽量用十字丝的纵丝对准目标底部，如图 4-7(a)所示；测量竖直角时，则应用横丝切准目标顶部，如图 4-7(b)所示。

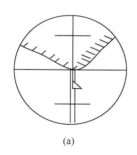　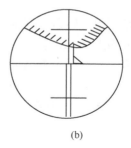

(a)　　　　　　　　　　(b)

图 4-7　照准方法

5. 读数

读数时，首先应调节反光镜使读数窗明亮，并旋转显微镜调焦螺旋使刻画数字清晰。然后在认清度盘刻画形式和读数方法的基础上，读取度盘读数。若分微尺上最小分划值为 1′，则估读的读数应为 0.1′ 的整倍数，即 6″ 的整倍数。若在进行竖角测量时，则读数前必须注意调节竖盘指标水准管的微动螺旋，使指标水准管的气泡居中。

4.3　电子经纬仪

随着科学技术的发展，20 世纪 60 年代出现了电子经纬仪。电子经纬仪的轴系、望远镜及制动、微动构件与光学经纬仪基本相同，它与光学经纬仪的根本区别在于用微处理器控制电子测角系统取代了光学读数系统，并能自动显示测量数据。本节将重点介绍电子经纬仪的测角系统。电子经纬仪测角系统有编码度盘测角系统和光栅度盘测角系统。

4.3.1 编码度盘测角系统

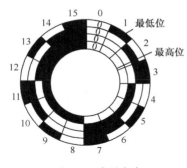

图 4-8 编码度盘

编码法是直接将度盘按二进制制成多道环码,采用光电的方法或电磁感应的方法读取其编码,并根据其编码直接换算成角度值。图 4-8 所示为一个二进制编码度盘。设度盘的整个圆周被均匀地分成 16 个区间,从里向外共有四道环(称为码道),图 4-8 所示被称为四码道度盘。每个区间码道的白色部分为透光区(即导电区),黑色部分为不透光区(即非导电区),且各区间由码道构成的状态是不相同的。假设透光(或导电)为 "0",不透光(或不导电)为 "1",则各区间的状态,如表 4-1 所示。依据两个区间的不同状态,即可测出两区间的夹角。

表 4-1　四码逆编码度盘编码表

区间	编码	区间	编码	区间	编码	区间	编码
0	0000	4	0100	8	1000	12	1100
1	0001	5	0101	9	1001	13	1101
2	0010	6	0110	10	1010	14	1110
3	0011	7	0111	11	1011	15	1111

　　电子测角就是利用传感器来判别并获取望远镜照准方向所在度盘位置信息。如图 4-9 所示,度盘上面部分为发光二极管,并位于度盘半径方向的一条直线上,而度盘下面的相应位置上是光电二极管。若在码道的透光区,发光二极管的光信号可以通过,而使光电二极管接收到该信号,并输出 "0"。若在码道的不透光区,光电二极管则接收不到这个信号,并输出 "1"。图 4-9 中的输出状态为 1001。

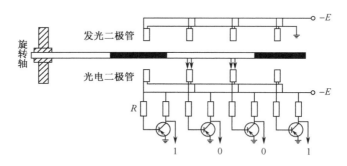

图 4-9　编码度盘光电读数原理

　　采用此类编码度盘得到的角度分辨率 δ 是与区间数 s 直接相关,而区间数 s 又取决于码道数 n。因此,它们之间的关系为

$$s = 2^n$$

$$\delta = \frac{360°}{s} \tag{4-2}$$

由此可见，图 4-8 所示的编码度盘的角度分辨率为 22.5°，因此，为了提高编码度盘的角度分辨率，则必须增加码道数。例如，要使编码度盘能直接分辨 2″ 的角度，则需要的码道数应为 20 条。由于受到光电器件尺寸的限制，单靠增加码道数来提高度盘的分辨率几乎是不可实现的。针对这一具体问题，人们可以采用较少的码道数来获取角度的"粗值"，然后再进行细分来提高测角系统的分辨率。

4.3.2　光栅度盘测角系统

若在光学玻璃度盘的径向方向上均匀地刻制明暗相间的等角距细线条，即可构成光栅度盘。

如图 4-10(a)所示，在玻璃圆盘的径向方向上按一定密度均匀地刻画有交替透明和不透明的辐射状条纹，条纹与间隙的宽度均为 a，这就构成了光栅度盘。

如图 4-10(b)所示，若将两块密度相同的光栅重叠，并使它们的刻画相互倾斜一个微小的角度 θ，即可出现明暗相间的条纹，也称莫尔条纹。两光栅之间的夹角越大，条纹越粗，即相邻明条纹(或暗条纹)之间的间隔越大。条纹亮度按正弦周期性变化。

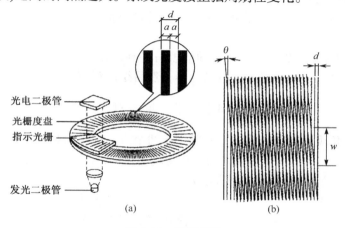

图 4-10　光栅度盘

设 d 是光栅度盘相对于固定光栅的移动量，w 是莫尔条纹在径向上的移动量，两光栅之间的夹角为 θ，则其关系式为

$$\tan\theta = \frac{d}{w} \tag{4-3}$$

由式(4-3)可见，只要两光栅之间的夹角较小，则极小的光栅移动量即可产生较大的条纹移动量。

在图 4-10(a)中，光栅度盘下面是一个发光二极管，上面是一个与光栅度盘形成莫尔条纹的指示光栅，指示光栅上面为光电二极管。若发光二极管、指示光栅和光电二极管的位置固定，当度盘随照准部转动时，由发光二极管发出的光信号通过莫尔条纹落在光电二极管上。当度盘每转动一条光栅时，则莫尔条纹就会移动一周期，同时通过莫尔条纹的光信号强度也就变化一周期，所以，光电管输出的电流就变化一周期。

在照准目标的过程中，仪器接收元件即可累计出条纹的移动量，从而测出光栅的移动量，并经转换后即可得到角度值。

由于光栅度盘上没有绝对度数，只是累计移动光栅的条数的计数，故称为增量式光栅度盘。与编码度盘相比较，增量法光栅度盘所测得角值是照准部所旋转过的角值，因此，增量法亦称相对测角法。

4.4 水平角测量

在角度观测中，为了消除仪器本身的一些误差，需要利用盘左和盘右位置进行观测。盘左又称正镜，就是观测者照准目标时，竖盘在望远镜的左侧；盘右又称倒镜，就是观测者照准目标时，竖盘在望远镜的右侧。

4.4.1 观测前的准备

到达测站后，应按顺序做以下准备工作：

(1) 架设仪器(包括对中、整平)。

(2) 寻找观测目标。根据观测计划图中本站应观测的方向，依次从望远镜中找到应测目标，并记下目标附近较明显的特征或背景，以便正式观测时能迅速准确地找到目标并照准。

(3) 选择零方向。找到所有应测目标后，应选择其中背景明亮、清晰、距离适中、易于照准的目标作为零方向。目的是为了保证零方向上的观测精度，尽量避免因零方向观测误差过大而返工。

(4) 做好记录准备。首先在正式观测前应填写好测站名称、观测日期、观测者及记录者姓名、仪器等级及编号、天气状况和点位名称等，然后绘出观测方向略图。

4.4.2 测 回 法

测回法是水平角观测的方法之一，一般用于两个方向的单角观测。观测方法如图 4-11 所示。A、B 为观测目标，O 为测站点，欲测水平角 β，其施测方法为：

(1) 用盘左位置照准目标 A，读取读数 a_1。

(2) 松开照准部制动螺旋，顺时针旋转望远镜照准目标 B，读取读数 b_1，则盘左位置所得半测回角值为

$$\beta_左 = b_1 - a_1 \tag{4-4}$$

(3) 倒转望远镜呈盘右位置，照准目标 B，读取读数 b_2。

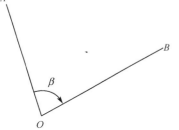

图 4-11 测回法观测水平角

(4) 松开照准部制动螺旋，逆时针旋转望远镜照准 A，读取读数 a_2，则盘右位置所得半测回角值为

$$\beta_右 = b_2 - a_2 \tag{4-5}$$

用盘左、盘右两个位置观测水平角，可以抵消仪器误差对测角的影响，同时也可作为观测过程中有无粗差的检核。

对于 DJ6 级经纬仪，如果 $\beta_左$ 与 $\beta_右$ 的差值不大于 $40''$ 时，则可取盘左、盘右的平均值作为一测回的观测结果。

$$\beta = \frac{1}{2}(\beta_左 + \beta_右) \tag{4-6}$$

当测角精度要求较高时，还可以观测几个测回，其观测记录实例见表 4-2。为了减少度盘刻画不均匀误差的影响，各测回间应利用经纬仪上度盘变换轮变换度盘位置 $180°/n(n$ 为测回数)，如观测 3 测回，则各测回的零方向读数应按 60°递增，即分别设置成略大于 0°、60°和 120°。

表 4-2　测回法观测手簿

测站	竖盘位置	目标	水平度盘读数			半测回角值			一测回角值			各测回平均角值	备注
			°	′	″	°	′	″	°	′	″		
第一测回 O	左	A	0	24	18	73	28	18	73	28	24	73°28′28″	
		B	73	52	36								
	右	A	180	23	54	73	28	30					
		B	253	52	24								
第二测回 O	左	A	90	20	00	73	28	42	73	28	33		
		B	163	48	42								
	右	A	270	19	48	73	28	24					
		B	343	48	12								

4.4.3　方向观测法

方向观测法也称方向法，它是水平角观测的一种常用方法。当测站上需要观测的方向数大于 2 个时，则应采用方向法观测。若方向数大于 3 个时，每半测回均应从一个选定的零方向开始观测，依次观测完应测目标后，还应再次观测零方向(归零)，称为全圆方向法观测。

1. 观测步骤

(1) 安置经纬仪于测站点 O 上，如图 4-12 所示。在盘左位置，设置度盘读数略大于 0°，观测所选定的零方向 A，并读取水平度盘读数 a (0°02′12″)，记入到表 4-3 的第 4 列中。

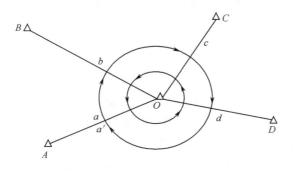

图 4-12　方向观测法

(2) 顺时针方向转动照准部，依次照准 B、C、D 各点，并分别读取水平度盘读数，同样记入到表 4-3 的第 4 列中。

表 4-3　方向观测法观测手簿

测站	测回数	目标	水平度盘读数		2C=左−(右 ±180°)	平均读数 =[左+(右 ±180°)]/2	归零后的 方向值	各测回归 零方向值 的平均值	备注
			盘左读数	盘右读数					
1	2	3	4	5	6	7	8	9	
0	1	A	0°02′12″	180°02′00″	+12″	(0°02′10″) 0°02′06″	0°00′00″	0°00′00″	
		B	37°44′06″	217°44′06″	0″	37°44′05″	37°41′55″	37°42′00″	
		C	110°29′04″	290°28′52″	+12″	110°28′58″	110°26′48″	110°26′52″	
		D	150°14′51″	330°14′43″	+8″	150°14′47″	150°12′37″	150°12′33″	
		A	0°02′18″	180°02′08″	+10″	0°02′13″			
	2	A	90°03′30″	270°03′22″	+8″	(90°03′24″) 90°03′26″	0°00′00″		
		B	127°45′30″	307°45′28″	+2″	127°45′29″	37°42′05″		
		C	200°30′24″	20°30′18″	+6″	200°30′21″	110°26′57″		
		D	240°15′57″	60°15′49″	+8″	240°15′53″	150°12′29″		
		A	90°03′25″	270°03′18″	+7″	90°03′22″			

(3) 为了进行检核，应顺时针转动照准部再次照准 A，读取归零读数 a′(0°02′18″)，仍记入到第 4 列中。a 与 a′之差的绝对值称为上半测回归零差，其数值不应超过表 4-4 中的规定，否则应重测。以上全部操作过程称为上半测回。

表 4-4　水平角方向观测法技术规定

仪器级别	半测回归零差/(″)	一测回内 2C 互差/(″)	同一方向值各测回互差/(″)
J2	12	18	12
J6	18		24

(4) 倒转望远镜，用盘右位置逆时针方向依次照准 A、D、C、B，再回到 A 点，并将读数记入到表 4-3 中的第 5 列，为下半测回。上下半测回合起来为一测回。表 4-3 为两个测回方向观测法手簿的记录计算示例。若要观测多个测回时，则各测回仍按 180°/n 的角度间隔变换水平度盘的起始位置。

2. 计算步骤

(1) 两倍视准轴误差值(2C)：

$$2C = L - (R \pm 180°) \tag{4-7}$$

式中，L 为盘左读数；R 为盘右读数；±180°则是顾及同一方向盘右读数与盘左读数相差±180°。

将 2C 值填入到表 4-3 中第 6 列。2C 值的稳定性是衡量观测结果质量的重要指标。若一测回内 2C 值互差超限，则应在原度盘位置上重测。若 2C 值互差没有超限，则可取同一方向盘左、右读数的平均值 $\frac{1}{2}[L+(R \pm 180°)]$，并填入第 7 列。

(2) 归零后方向值：由于零方向有始末两个方向值，可取中数作为零方向的最终方向值，并填入该列上方同时加以括号。再将其他各方向的平均值减去零方向最终方向值，即得到其他方向归零方向值，填入第 8 列。此时零方向归零后方向值为零。

(3) 各测回归零平均方向值：若观测了多个测回，则应比较同一方向在不同测回中的方向观测值之差值，如果差值超出规定则应重测；若合格，就计算各测回同一方向值的平均值，填入第 9 列。

4.5 竖直角测量

4.5.1 竖盘的构造

经纬仪竖盘装置包括竖直(垂直)度盘、竖盘指标水准管及指标水准管的微动螺旋。竖直度盘被固定于横轴的一端，横轴过竖盘中心且垂直于其平面。当望远镜绕横轴转动时，竖盘也随着转动。分微尺的零分划线即是竖盘读数的指标线，可看成与竖盘指标水准管固定在一起。当指标水准管的气泡居中时，则指标也处于正确位置，以此才能读取竖盘的正确读数。当望远镜上下转动以照准不同高度的目标时，竖盘将随之转动而指标线不动，这样可读得不同位置的竖盘读数，以计算不同高度目标的竖直角值。

由于竖盘注记形式很多，故由竖盘读数来计算竖角的公式也不相同，但其原理基本相同。

用竖盘测定的角都称为竖直角，简称竖角。竖角有两种表示形式，都是在竖直面内由目标方向与一特定方向所构成的角度。一种为目标方向与水平方向间的夹角称为高度角，一般用 α 表示。视线上倾所构成的仰角为正高度角，视线下倾所构成的俯角为负高度角，其角值大小为 $0°\sim90°$。图 4-13(a)所示为盘左时情况，当视线上倾时读出的就是高度角读数，图 4-13(b)所示则为盘右时的情况。另一种是目标方向与天顶方向(即铅垂线的反方向)所构成的角，称为天顶距，一般用符号 Z 表示。天顶距的大小为 $0°\sim180°$，没有负值，大地测量与天文测量中常用这种表示法。图 4-14(a)所示是盘左时的情况，其读数即为天顶距读数；图 4-14(b)所示为盘右时的情况。

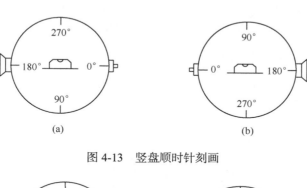

图 4-13　竖盘顺时针刻画

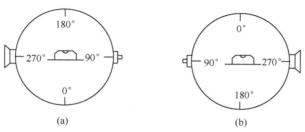

图 4-14　竖盘逆时针刻画

4.5.2 竖角(高度角)的计算

竖角是在竖直面内目标方向与水平方向的夹角。在竖角观测中，照准目标时的竖盘读数并非竖角，应根据盘左、盘右的读数来计算竖角。但由于竖盘注记形式不同，其竖角的计算公式也不一样，应根据竖盘的具体注记形式推导其相应的计算公式。

以仰角为例，只需将所使用仪器望远镜大致放在水平位置观察一下读数，再将望远镜逐渐上倾并观察读数是增加还是减少，即可得出计算公式。

当望远镜视线上倾，竖盘读数增加时，则竖角 $\alpha =$(照准目标时读数)－(视线水平时读数)；当望远镜视线上倾，竖盘读数减少时，则竖角 $\alpha =$(视线水平时读数)－(照准目标时读数)。

由图 4-15 可知，竖盘为顺时针注记，当望远镜视线上倾时，盘左读数减少，盘右读数增加。盘左、盘右水平视线的读数分别为 90°和 270°。

根据上列计算公式可得出此种竖盘的计算式为

$$\alpha_{左} = 90° - L$$

$$\alpha_{右} = R - 270°$$

式中，L 为盘左时照准目标读数；R 为盘右时照准目标读数。

因为竖盘读数 L 和 R 均含有误差，所以 $\alpha_{左}$ 与 $\alpha_{右}$ 一般不相等。故竖角应取

$$\alpha = \frac{1}{2}(\alpha_{左} + \alpha_{右})$$

或

$$\alpha = \frac{1}{2}[(R-L)-180°] \tag{4-8}$$

当竖盘为逆时针注记时，同理可得竖角计算公式为

$$\alpha = \frac{1}{2}[(R-L)+180°] \tag{4-9}$$

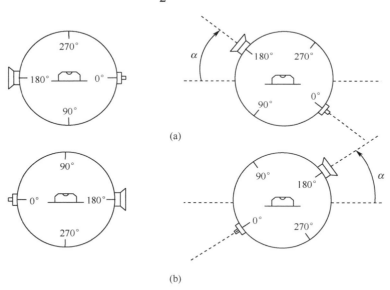

(a)

(b)

图 4-15　竖角计算

4.5.3　指标差的计算

当竖角计算式(4-8)和式(4-9)中都是在视线水平时，其望远镜读数是 90°的整倍数。但实际情况是这个条件有时是不满足的。这样，上面所推导出的竖角计算公式是否适用就必须加以分析。这是由于指标偏移正确位置的缘故，从而使视线水平时的读数大了或小了一个数值引

起的，因此称该偏移值为指标差，一般用 x 表示。

若指标偏移方向与竖盘注记方向一致时，则使读数增大一个 x 值，并取正值；反之，指标偏移方向与竖盘注记方向相反时，则使读数减少了一个 x 值，并取负值。

如图 4-16 所示，当盘左视线水平且指标水准管气泡居中时，指标所指并非 90°，而是 $90°+x$，这样，在盘左位置照准目标的读数中也增大了一个 x，若仍用 $\alpha_{左}=90°-L$，则 $\alpha_{左}$ 将比正确值小了一个 x。因此，应该用 $\alpha=(90°+x)-L$ 来计算竖角。同样，盘右时应用 $\alpha=R-(270°-x)$ 来计算竖角。若将两式相加取中数，则得

$$\alpha = \frac{1}{2}\{[(90°+x)-L]+[R-(270°+x)]\} = \frac{1}{2}[(R-L)-180°] \tag{4-10}$$

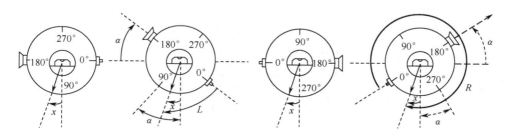

图 4-16　指标差的计算方法

这与式(4-8)完全相同，也就是说，用盘左盘右两次读数来计算竖角，其角值将不受指标差的影响。若将两式相减，则得

$$x = \frac{1}{2}[(L+R)-360°] \tag{4-11}$$

式(4-11)即为指标差的计算公式。

4.5.4　竖角的观测

竖角观测值一般用于三角高程测量和斜距化平距的计算中，竖角观测的方法有中丝法和三丝法。

1. 中丝法

中丝法的步骤为：

(1) 在测站上安置好仪器，并量取仪器高 i。

(2) 以盘左位置照准目标，使十字丝的中丝切于目标的某一位置(若为标尺，则读取中丝读数；若为觇标某部位，则应量取中丝照准部位到地面点高，即目标高 V)。

(3) 转动竖盘水准管微动螺旋，使其气泡居中，读取竖盘读数 L。

(4) 用同样方法，以盘右位置照准目标，读取竖盘读数 R。

2. 三丝法

竖角观测时，可按盘左及盘右依次用上、中、下三根横丝照准目标进行读数，这种观测方法称三丝法。由于上下丝同中丝之间所夹的视角均为 17′，所以由上、下丝观测值算得的指标差分别约为+17′和−17′。记录观测数据时，盘左按上、中、下三丝读数次序，盘右则按下、中、上丝读数次序记录。各按三丝所测得的 L 与 R 分别计算出相应的竖角，最后取平均值作

为该竖角的角值。

竖盘指标差对每台仪器在同一段时间内的变化较小，因此也可视为定值。当用仪器对各个方向以盘左盘右位置观测竖角后，则同一测回观测结果的指标差应该相等。然而，由于仪器误差、观测误差和外界条件的影响，计算出的指标差会发生变化。通常《水准测量规范》规定了指标差的变化范围，如 J6 经纬仪指标差变化的容许值为 25″。如果超限，则应进行重测。竖角观测记录计算示例如表 4-5 所示。

表 4-5　竖角观测记录

测站点	仪器高/m	觇点	觇标高/m	竖盘位置	竖盘读数	指标差	半测回竖角	一测回竖角	照准觇标位置
					° ′ ″	″	° ′ ″	° ′ ″	
No.4	1.43	九峰山	4.1	左	59 20 30	15	30 39 30	30 39 45	觇标顶
				右	300 40 00		30 40 00		
		葛岭	4.4	左	71 44 12	12	18 15 48	18 16 00	觇标顶
				右	288 16 12		18 16 12		
		王家湾	3.82	左	124 03 42	18	−34 03 42	−34 03 24	觇标顶
				右	235 56 54		−34 03 06		

在竖盘读数时必须使指标水准管气泡居中。只有当水准管气泡居中时，指标才处于正确位置。然而每次读数时都必须使竖盘指标水准管气泡严格居中是十分费时的，因此有的仪器其竖盘指标采用自动归零装置。所谓自动归零装置，就是在仪器有微量倾斜时，它可自动调整光路使读数为水准管气泡居中时的正确读数。正常情况下，此时的指标差为零。

4.6　角度测量误差分析

角度测量的误差来源多种多样，它们对角度观测值的影响又各不相同，在此将介绍几种主要误差。

4.6.1　仪器误差

仪器误差大致可分两类：一类是制造方面的误差，如度盘偏心误差、度盘刻画误差、水平度盘与竖轴不垂直等；另一类则是校正不完善造成的误差，如竖轴与照准部水准管轴不完全垂直，视准轴与横轴的残余误差。这些误差有的可采用适当的观测方法消除或削弱其影响，有的误差本身很小，对角度观测值影响可以忽略。

1. 仪器制造不完善引起的误差

1) 水平度盘偏心差

度盘偏心是指度盘分划线的中心 O' 与照准部旋转中心 O 不重合所致。如图 4-17 所示，若无度盘偏心，则 O' 与 O 必须重合，当照准目标时，正确的读数为 M。但由于存在度盘偏心，则实际度盘读数为 M'，比正确读数小了 δ。

作 $OC\perp O'M$，因为 MM' 一般较小，所以 $MM'\approx OC$。由图 4-17 可见：

$$OC = OO'\sin\angle OO'C$$

故 $$\delta = \frac{OO'}{R} \cdot \rho \sin \angle OO'C$$

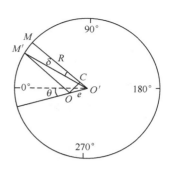

图 4-17　水平度盘偏心

若令偏心距 OO' 为 e，从 OO' 顺时针旋转至 0°分划线的角度为 θ，又 $\angle OO'C$ 恰为正确读数 M 加 θ，故

$$\delta = \frac{e}{R} \rho \sin(M + \theta) \qquad (4-12)$$

式中，R 为水平度盘分划的半径。

因为 δ 很小，在实际计算时可用实际读数 M' 代替 M。所以，正确读数 $M = M' + \delta$。

由式(4-12)可知，在度盘不同位置读数将有不同的读数改正数 δ。

因为 $\sin(M + \theta) = -\sin(180° + M + \theta)$，所以在度盘相差 180°的两处(即对径分划)读数中的 δ，其绝对值相同而符号相反，故取它们的平均值将能消除度盘偏心的影响。由此可见，对于采用双指标读数的经纬仪(如 J2 经纬仪)，或采用盘左、盘右方向读数的中数，可基本消除水平度盘偏心误差对水平方向观测值的影响。

2) 水平度盘刻画误差

水平度盘刻画不均匀所产生的误差称为水平度盘刻画误差，它一般很小，且呈周期性变化，因此，它可通过变换各测回零方向的度盘位置来削弱其影响。

3) 单指标经纬仪竖盘偏心差

在竖角读数中，盘左、盘右读数相差不足 180°，因此，它不能通过取盘左、盘右读数的中数加以消除。对于 J6 级经纬仪而言，其影响并不明显，在地形测量中可不必考虑。如果有明显的偏心存在(仪器经剧烈震动)，则观测不同高度目标的竖角时，其指标差之差易于超限，且呈规律性变化，此时应交仪器维修人员检校。

4) 竖轴与水平度盘垂直误差

此类误差一般极小，在普通测量中，对角度观测值的影响一般可不考虑。

2. 仪器检校不完善引起的误差

仪器经过检验后，通常只能在一定程度上满足某些几何条件，达到《水准测量规范》要求，而不可能检校彻底。因此，经检校后的仪器仍然有残存误差，并且影响角度观测值的精度。

(1) 视准轴误差(视准轴与水平轴相互垂直的残存误差)和横轴误差(横轴与竖轴相互垂直的残存误差)，在观测过程中，可以通过盘左、盘右取中数的方法消除其对水平观测方向值的影响。

(2) 竖轴误差(竖轴与照准部管水准轴相互垂直的残存误差)则不能通过盘左、盘右观测值取中数的方法消除其对水平方向观测值的影响，应使仪器保持精平状态，特别是当竖角 α 较大时，更应精确整平仪器，以便削弱其影响。

4.6.2　对中误差及目标偏心误差

1. 仪器对中误差

对中误差是指仪器安置好后，其竖轴与过测站点中心的铅垂线并不严格重合(亦称测站偏

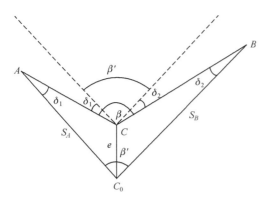

图 4-18 仪器偏心

心)。其对水平角观测的影响如图 4-18 所示，C 为测站标志中心，$\angle ACB = \beta$；C_0 为仪器实际对中位置，测得 $\angle AC_0B = \beta'$；$CC_0 = e$ 为对中误差，S_A、S_B 分别为测站至目标 A、B 的距离，δ_1、δ_2 分别为对中误差 e 对观测目标 A、B 水平方向值产生的影响。则

$$\beta = \beta' + (\delta_1 + \delta_2)$$

故对中误差引起的水平角误差为

$$\Delta\beta = \beta - \beta' = \delta_1 + \delta_2 \tag{4-13}$$

由于 δ_1(或 δ_2)较小，故有

$$\delta_i = \frac{e}{S_j} \cdot \rho$$

式中，$i = 1, 2$；$j = A, B$。

由此可见，当 S 一定时，e 越长，则 δ 越大；当 e 一定时，S 越长，则 δ 越小；当 e 的长度不变时，则 e 与 S 方向正交的情况下 δ 取得最大值，e 与 S 方向一致时 δ 为零。故当 $\angle ACC_0 = \angle BCC_0 = 90°$ 时，$(\delta_1 + \delta_2)$ 的值最大。

例 4-1 在图根控制测量中，若 $S_1 = S_2 = 200\mathrm{m}$，$e = 3\mathrm{mm}$ 时，则

$$\delta_{最大} = \frac{3}{200 \times 1000} \times 206265 \approx 3('')$$

故

$$\Delta\beta_{最大} = \delta_1 + \delta_2 = 6('')$$

该误差相当于 J6 经纬仪的估读误差。但对于只有几十米长的短边而言，当 e 与目标方向正交时，其误差是不容忽视的。

2. 目标偏心误差

目标偏心误差是指照准点上竖立的花杆不垂直或没有立在点位中心而使观测方向偏离点位中心产生的误差。如图 4-19 所示，O 为测站点，A、B 分别为目标点标志的实际中心，A'、B' 分别为观测照准目标中心，e_1、e_2 分别为目标 A、B 的偏心误差，β 为理论角值，β' 为实际观测角值，S_A、S_B 分别为目标 A、B 到测站点的距离，δ_1、δ_2 分别为 A、B 目标偏心对水平观测方向值的影响。由于 δ 较小，故有 $\delta = \frac{e}{S} \cdot \rho''$。

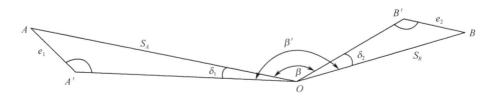

图 4-19 目标偏心

由此可见，此类误差的影响与对中误差的影响基本相同。当目标偏心越大，距离越小，且偏心方向与测站方向的夹角呈 90° 时，则对观测方向值的影响最大。因此，当观测边较短时，应特别注意将目标竖直并立于点位中心，而且观测时应尽量照准目标底部。

4.6.3　照准误差与读数误差

1. 照准误差

照准误差是指望远镜瞄准目标的精确程度。在方向观测中，影响照准精度的因素有望远镜放大倍率及物镜孔径等仪器参数，也有人眼的分辨能力，照准目标形状、大小、颜色、背景、目标影像的亮度、清晰度及通视状况等，其中望远镜放大倍率及人眼的分辨能力是影响照准精度的主要因素，故照准误差为 $\pm 10''/V$，其中 $10''$ 为人眼的鉴别角，V 为望远镜放大倍率。一般 J6 级经纬仪 $V = 25$，则其照准误差为 $\pm 0.4''$。再考虑其他因素的影响，照准误差一般要达 2～3 倍，因此，在一般情况下，其照准误差为 $\pm 1''$。

2. 读数误差

读数误差是衡量仪器读数准确程度的概念。读数误差主要取决于仪器的读数设备，一般将仪器最小估读数作为读数误差的极限。J6 经纬仪误差的极限为 $6''$。当照准条件不佳、显微镜调焦不好或观测者技术不熟练时，其读数误差将会大于 $6''$，但应小于 $18''$。

4.6.4　外界条件的影响

外界条件的影响主要是指各种外界条件的变化对角度观测值精度的影响。外界条件的影响较多，如大风使仪器不稳定，大气透明度会影响照准精度，地面热辐射会使大气剧烈波动，使目标模糊甚至产生飘移，湿度变化会影响仪器的正常状态，视线贴近地面或通过建筑物旁、冒烟的烟囱上方、接近水面的上空等还会产生不规则的折光，地面坚实与否影响仪器的稳定程度等。这些影响是非常复杂的，要想完全避免是不可能的。但因为这些影响因素大多与时间有关，所以，在角度观测时应注意选择有利观测时段，操作不但要轻，而且要稳，并尽量缩短一测回的观测时间，避开不利条件，减少外界条件变化对观测产生的影响。

4.6.5　角度测量的注意事项

用经纬仪进行角度测量时，为了避免因操作不当而产生的错误，在角度测量时应注意以下几点。

(1) 仪器高度应安置合适，脚架要踩实。在角度观测时，不得用手扶脚架或碰动脚架，旋转照准部或使用其他螺旋时，不得用力过猛。制动螺旋制动后不得旋转仪器。

(2) 仪器对中应准确，特别是在边长较短或测角精度要求较高时，更应严格对中。

(3) 仪器整平应准确，特别是当观测的两个目标高差较大时，更应严格整平仪器。

(4) 在照准目标时，应尽量瞄准目标底部。

(5) 观测时应按一定的程序进行，记录清楚。

(6) 在一个测回的观测中，不得调整照准部的水准管。若气泡偏离中央较大时，则应再次对中整平仪器，重新观测。

4.7　经纬仪的检验与校正

为了保证外业观测角度满足规定的精度要求，作业开始前必须对经纬仪进行检验与校正，使其轴线之间满足角度测量要求。

4.7.1 经纬仪应满足的几何条件

如图 4-20 所示，经纬仪的主要轴线有：VV 为仪器的旋转轴(也称竖轴)；HH 为望远镜的旋转轴(也称横轴)；CC 为望远镜的视准轴；LL 为照准部水准管轴。

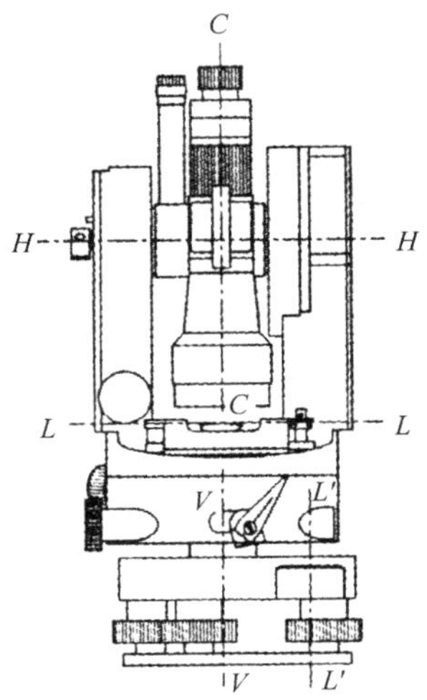

图 4-20　经纬仪主要轴线

由经纬仪测角原理可知，经纬仪主要轴线和平面之间必须满足以下几何条件：

(1) 照准部水准管轴应与竖轴垂直，即 $LL \perp VV$。

(2) 视准轴应与横轴垂直，即 $CC \perp HH$。

(3) 横轴应与竖轴垂直，即 $HH \perp VV$。

(4) 十字丝纵丝应与横轴垂直。

(5) 竖盘指标差应在规定的限差范围内。

4.7.2 经纬仪的检验与校正

在对经纬仪进行检验校正前，应检查一下度盘及照准部旋转是否平滑自如、各螺旋及望远镜运转是否灵活有效、望远镜视场中有无灰尘或斑点、罗盘及测微尺分划是否清晰、仪器附件是否齐全，然后方可逐项进行检校。

由于经纬仪在使用或搬运过程中常常会受到振动使其轴系之间关系发生变动，从而导致仪器轴系间不满足角度测量的基本条件。因此，必须对其进行检验校正。

1. 照准部水准管轴与竖轴垂直的检验和校正

检验时先将仪器粗略整平，并使管水准器同任意两个脚螺旋的连线平行，旋转脚螺旋使管水准器气泡居中，旋转 90°后用第 3 个脚螺旋使管水准器气泡居中。然后将照准部旋转 180°，若气泡仍然居中，则说明此项条件满足，否则应进行校正。

检验原理如图 4-21 所示。当水准管轴与竖轴不垂直时，假设倾斜了一个 α 角，则管水准器气泡居中时竖轴也倾斜了一个 α 角，如图 4-21(a)所示。

当照准部旋转 180°后，仪器竖轴方向并未改变，如图 4-21(b)所示，然而水准管轴则与水平线形成了 2α 的夹角。

因为校正的目的是使水准管轴与竖轴垂直，所以，校正时应将 LL 向水平线方向转动一个 α 角，则可使 $LL \perp VV$。具体操作是用校正针拨动水准管一端的校正螺钉，使气泡向中间位置移动偏移量的一半，如图 4-21(c)所示。再用脚螺旋使气泡居中即可，如图 4-21(d)所示。为了保证竖轴竖直，此项检验与校正必须反复进行，直至满足条件为止。

2. 十字丝纵丝与横轴垂直的检验与校正

整平仪器，用十字丝纵丝照准一清晰小点，使望远镜绕横轴上下转动，如果该点始终在纵丝上移动，则说明条件满足，否则应进行校正。如图 4-22 所示，当 A 点移动到纵丝另一端时偏到了 A' 处。校正时，打开十字丝环保护盖，如图 4-23 所示，松开 4 个校正螺丝 E，转动十字丝环，使十字丝纵丝移动偏离量的一半($\Delta/2$)即可。

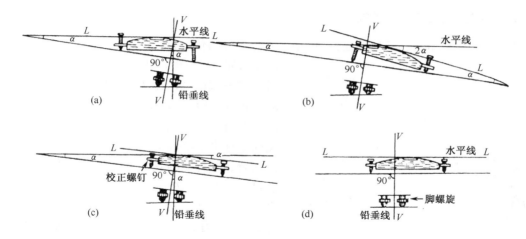

图 4-21　水准管检校原理

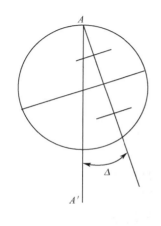

图 4-22　十字丝检验

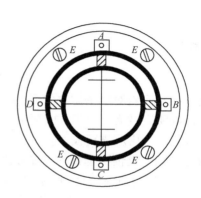

图 4-23　十字丝校正环

3. 视准轴与横轴垂直的检验与校正

在横轴水平的情况下，若视准轴与横轴垂直，则望远镜绕横轴旋转时，其视准轴所扫过的平面应是一个与横轴正交的铅垂面。若视准轴不垂直于横轴，此时望远镜绕横轴旋转时，视准轴的轨迹将是一个圆锥面。用该仪器观测同一铅垂面内不同高度的目标时，必然有不同的水平度盘读数，从而产生误差。这种因视准轴不垂直于横轴所产生的误差称为照准差，通常用 C 来表示，它虽对一测回的水平角观测值没有影响，但 C 值过大不便于记簿、计算，因此应对其进行校正。

校正时，先整平仪器，在视线水平位置选一目标 P，用盘左、盘右照准 P 读取度盘读数，并取其读数差即得 2 倍的 C 值：$2C = L - R \pm 180°$。则水平度盘的盘右位置的正确读数应为

$$R + C = \frac{1}{2}(L + R \pm 180°)$$

此时则应转动照准部微动螺旋，并使水平度盘读数为其正确读数，则视准轴必然偏离了目标 P，这时可将十字环的上、下螺钉略松，然后对左、右两个校正螺钉一松一紧，移动十字丝环，使其交点对准目标 P，再将上、下螺钉旋紧即可。

4. 横轴与竖轴垂直的检验校正

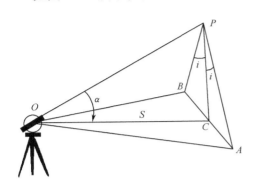

图 4-24　横轴与竖轴检校

如图 4-24 所示，在距离墙面约 30m 处安置好经纬仪，首先用盘左位置照准墙面上一点 P(要求仰角 $\alpha > 30°$)，将照准部水平制动螺旋制动后，放平望远镜，在墙面上标出十字丝交点所对的位置 A。然后纵转望远镜，再用盘右位置照准 P 点，并将水平制动螺旋制动后，放平望远镜，在墙面上标出十字丝交点所在的位置 B。若 A、B 两点重合，则证明横轴与竖轴垂直。否则，条件不满足，此时 A、B 两点必然左、右对称于 P 点的垂直投影点 C，过 PC 的照准面为一铅垂面，且 $\angle APC = \angle BPC = i$。可以看出，$i$ 角即为水平轴的倾斜角，设仪器至墙面的距离为 S，目标 P 的竖角为 α，则有

$$\tan i = \frac{AC}{PC} = \frac{AC}{S \cdot \tan \alpha}$$

因 i 角较小，故

$$i'' = \frac{AC}{S \cdot \tan \alpha} \cdot \rho$$

由于横轴倾斜对水平位置的目标不产生影响。当目标越高，则其影响越大，即视准面偏离竖直面的距离越大。对于 J2 经纬仪，i 角不超过 $\pm 15''$；对于 J6 经纬仪，i 角不超过 $\pm 20''$ 时可不校正，否则应进行校正。

因为横轴与竖轴不垂直的主要原因在于横轴两端的支架不同高，所以校正时，应先用盘右位置照准 C 点，并制动水平制动螺旋，然后转动望远镜使十字丝中心与 P 点同高，此时十字丝中心偏离于 P 点的一侧。这时打开横轴支架护板，调整偏心板以升降支架一端的高度，直至十字丝中心照准 P 点为止。最后适当拧紧校正螺丝，装上横轴支架护板。

5. 竖盘指标差的检验与校正

在竖角测量中，虽然指标差的大小对竖角并无影响，但当指标差过大时，即不利于心算，又易于算错，因此也应予以校正。

此项检验是为了保证经纬仪在竖盘指标水准管气泡居中时，竖盘指标线处于正确位置。在安置好经纬仪后，用盘左、盘右位置来观测同一目标点，分别于竖盘指标水准管气泡居中时读取盘左、盘右读数 L、R。计算指标差 X 值，当 X 值超出 $\pm 1'$ 的范围时，则应进行校正。

在保持经纬仪位置不动的情况下，仍以盘右照准目标，并转动竖盘指标水准管的微倾螺旋，使竖盘读数处于正确位置 $R - X$ 处，此时气泡已不再居中。然后用拨针拨动竖盘指标水准管的校正螺丝，并使气泡居中。该项检校也应反复进行，直至 X 值满足《水准测量规范》要求。

6. 光学对中器的检验与校正

此项检验是为了使光学对中器的垂线与仪器旋转轴竖轴重合，从而达到仪器精确对中的目的。

若光学对中器的条件不满足时，如图 4-25 所示，此时若将光学对中器绕竖轴旋转，则光学垂线的轨迹将出现如图 4-26 所示的情形。其中图 4-26(a)为光学垂线同竖轴交叉的情形，

图 4-26(b)为两者平行但不重合情形。

　　检校过程是：整平仪器后，第一步在地面上放置一个平板，并在该平板上标出一点 A，使光学对中器分划板中心与 A 点重合。然后旋转仪器 180°，若分划板中心仍与 A 点重合，则可进行第二步检验；若分划板中心处于另一点 B 处，则仍应进行第一步校正，使分划板中心与 AB 连线的中心重合。第二步，改变 A 点至光学对中器的距离，如图 4-26 所示的 A' 处，并进行与第一步相同的检验。若在光学对中器旋转 180° 后，分划板中心仍与 A' 重合，则表明条件已满足；若分划板中心处于另一点 B' 处，则应校正，并使分划板中心与 $A'B'$ 连线的中心重合。

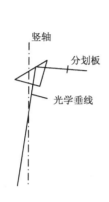

图 4-25　光学垂线示意图

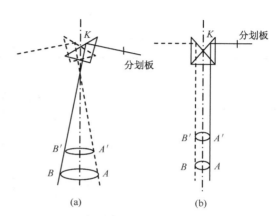

图 4-26　光学对中器的检验

　　应该指出，当转向直角棱镜上的有效转向点 K 不在竖轴上时(图 4-26)，则上述的第二步的校正必然破坏第一步的校正工作。检验校正工作的这两步必须反复进行，直至满足要求。

　　当然，光学对中器上可以校正的部件是因仪器类型而异，有的校正转向直角棱镜，有的校正分划板，而有的则是两者均应校正，校正时视具体情况进行。

　　经纬仪的各项检验均须反复进行，直至满足要求。但检校的顺序应按上述次序进行，否则，后一项检校将可能破坏前一项检校的结果。

习　　题

　　1. 什么叫水平角？在同一个竖直面内不同高度的点在水平度盘上的读数是否一样？

　　2. 经纬仪上有哪些制动与微动螺旋？它们各起什么作用？如何正确使用制动和微动螺旋？

　　3. 经纬仪上的度盘变换手轮或复测扳手轮有什么作用？

　　4. 测量水平角时，对中、整平的目的是什么？怎样进行？

　　5. 利用 DJ6 型光学经纬仪用测回法测量水平角 β，其观测数据记在表 1 中，试计算水平角值。并说明盘左与盘右角值之差是否符合要求。

　　6. 试根据表 2 全圆测回法的观测数据，完成其所有计算工作。

　　7. 什么叫竖直角？

　　8. 经纬仪有哪些主要轴线？各轴线间应满足什么条件？

　　9. 经纬仪的检验主要有哪几项？

　　10. 什么是竖盘指标差？如何检验校正？

　　11. 分析水平角观测时产生误差的原因和观测时应采取的措施。

表 1 水平角观测手簿(测回法)

测回	测站	目标	竖盘位置	读数 ° ′ ″	半测回角值 ° ′ ″	一测回角值 ° ′ ″	平均角值 ° ′ ″	备注
1	O	A	左	00 01 06				
		B		78 49 54				
		A	右	180 01 36				
		B		258 50 06				
2	O	A	左	90 08 12				
		B		168 57 06				
		A	右	270 08 30				
		B		348 57 12				

表 2 水平角观测手簿(方向观测法)

测回	测站	目标	读数		2C	平均方向值 $\frac{左+右\pm180°}{2}$	归零后的 方向值	各测回归 零平均方 向值	角值
			盘左 ° ′ ″	盘右 ° ′ ″	° ′ ″	° ′ ″	° ′ ″	° ′ ″	° ′ ″
1	O	A	00 02 36	180 02 30					
		B	70 23 36	250 23 36					
		C	228 19 24	48 19 36					
		D	254 17 54	74 17 54					
		A	00 02 30	180 02 36					
2	O	A	90 03 12	270 03 18					
		B	160 24 06	340 23 54					
		C	318 20 00	138 19 54					
		D	344 18 30	164 18 24					
		A	90 03 18	270 03 12					

第5章 距离测量

距离是指两点之间的直线长度，距离测量是测量的基本工作之一。水平面上两点之间的距离称为水平距离(简称平距)，不同高度上两点之间的距离称为倾斜距离(简称斜距)。

距离测量按使用的仪器和工具的不同，主要分为钢尺量距、视距测量、电磁波测距及卫星测距等。本章主要介绍前三种方法。

5.1 钢尺量距

5.1.1 量距工具

钢尺也称钢卷尺，如图5-1所示。图5-1(a)为一般钢卷尺，其宽为1.5cm，长度一般为30～50m。图5-1(b)为有皮盒的钢尺，其长度一般有20m、30m、50m等几种。钢尺的分划也有几种，有适用于一般量距的厘米分划尺；也有以厘米为基本分划，但在尺端第一分米内有毫米分划；也有全部以毫米为基本分划。后两种适用于较精密的距离丈量。钢尺的各分米以及米级的分划线上均有数字注记，按零点位置分为端点尺(图5-2)和刻画尺(图5-3)两种，其中刻画尺可取得较高的丈量精度。对于较精密的钢尺，在制造时就规定了拉力及温度，如在尺前端刻有"30m，20℃，10kg"字样，表明钢尺检定时的温度为20℃，拉力为10kg，在此条件下钢尺长度为30m。钢尺出厂时一般均经过检定，并得出了该尺尺长的方程式。钢尺在使用一个时期后应重新进行检定，这是因为钢尺用久了会发生变形的缘故。

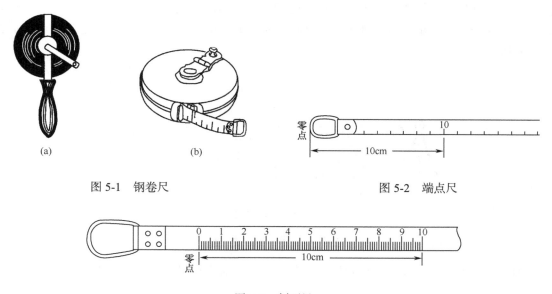

图 5-1 钢卷尺   图 5-2 端点尺

图 5-3 刻画尺

一般钢尺量距的最高精度可达1/10000，且因为其在短距离丈量中使用方便，所以常在一般测量中使用。

钢尺量距中的辅助工具有测钎、花杆、锤球、弹簧秤和温度计等。测钎是用直径 5mm 左右的粗铁丝磨尖制成，长约 30cm，用来标记所量尺段的起止点，并可查记尺段数。花杆长一般为 3m，杆上涂有 20cm 红白相间的油漆，用于标定直线。弹簧秤和温度计分别用于控制拉力和测定温度。

5.1.2　直　线　定　线

当地面两点之间的距离较长或地面起伏较大时，需分段进行量测。为使所测线段在一条直线上，则需将每一尺段首尾的标杆定在待测直线上，这一工作称为直线定线。一般量距可采用目视定线，精密量距时则应用经纬仪进行定线。

若定线精度要求不高时，一般采用目测定线法。若欲量 A、B 两点间的距离，先在 A、B 两点上立好花杆，定线者应在 A 点(或 B 点)后 1～2m 处瞄准并指挥另一个人左右移动花杆，直到 3 个花杆在一条直线上，然后将花杆插下。直线定线一般由远到近。

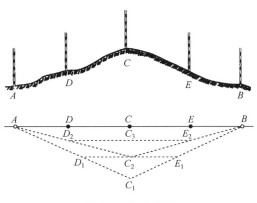

图 5-4　直线定线

当直线两端点不通视时，则可采用逐渐趋近法进行定线。如图 5-4 所示，A、B 两点为山冈所阻不能直接通视时，可在山顶找一点 C，先由 C_iB 确定出 E_i，由 C_iA 确定出 D_i，再由 D_iE_i 确定 C_{i+1}，……逐渐趋近，直至 A、D、C、E、B 在一条直线为止。

若定线精度要求较高时，则应采用仪器定线。如图 5-5 所示，在直线的 A 端安置经纬仪，照准 B 点标杆底部，固定照准部，松开望远镜制动螺旋，俯仰望远镜，在 AB 方向的照准面内按略小于尺段长度的各节点上打下木桩，并按经纬仪十字丝中心指挥另一人在木桩顶面画十字，表示节点位置。如果目标较远看不清定线或节点低洼看不见定线时，则可将经纬仪搬到已确定的节点上设站，并注意对中，然后按上述方法继续定线。

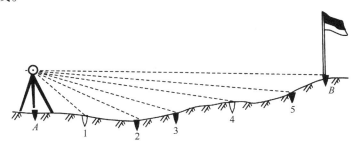

图 5-5　经纬仪定线

5.1.3　距　离　丈　量

钢尺量距可分为直接量距和间接量距两种方法，而直接量距又可分为整尺法和半尺法。

1. 整尺法

整尺法采用目测定线，如图 5-6 所示。丈量时，后拉尺员持钢尺零点一端，前拉尺员持钢尺末端并带一束测钎沿定线方向丈量，用适当的拉力拉紧钢尺，保持钢尺基本水平。当后拉尺员将钢尺零点对准起点(或测钎)后，前拉尺员对准钢尺末端插入测钎。量完一尺段后，后拉尺员应将插在地上的测钎拔起。因此，后拉尺员手中的测钎数即为量距的整尺段数 n。最后不足一个整尺段的距离称为余长。则 A、B 两点间的水平距离为

$$D_{AB} = n \cdot 尺段长 + 余长$$

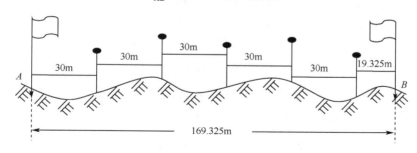

图 5-6　整尺法量距

为了避免错误和提高丈量精度，一般应进行往返丈量。往返丈量的距离之差与其距离全长之比，即为距离丈量的相对误差。一般用相对误差来表示距离丈量成果的精度。其值应满足限差要求，在此基础上取往返丈量的平均数作为最终丈量结果。

例如，一线段往测长为 288.788m，返测长为 288.688m，则其相对误差为

$$\frac{288.788 - 288.688}{288.788} \approx \frac{1}{2800}$$

相对误差一般应化为分子为 1，且分母为 10 的整数倍数的形式。一般要求相对误差不大于 1/2000，所以上面的丈量结果符合规定，则其最终成果是(288.788+288.688)/2=288.738m。若相对误差超过限差要求时，则应重测一次，并取不超限的两次进行计算。

若在倾斜地面丈量时，则可将钢尺的一端抬高使尺子水平丈量。一般使尺子零端靠近地面，这样易于对准端点位置，尺子另一端用锤球线紧靠钢尺某一分划，松开锤球线，使其自由下垂，其尖端在地面上击出的印子即为某分划线在水平的投影位置。

2. 半尺法

半尺法适用于较精密的距离丈量。丈量之前，应先用经纬仪定线，在结点上打上木桩，并在木桩顶端刻画十字线作为丈量的标志。丈量使用的钢尺应进行检定，得出尺长方程式。丈量时使用弹簧秤加以标准拉力，如图 5-7 所示，每一尺段两端同时读数 3 次，每次读数应使钢尺移动 10cm 左右，一般 3 次读数互差应为 2～3mm，并由 3 次读数取平均值作为尺段最后结果。若 3 次丈量互差超限，则应进行 4 次丈量。一般每尺段均应测量温度及相邻桩顶之间高差，以便进行温度改正和倾斜改正，最后计算出改正后的各尺段水平距离及全长水平距离。半尺法量距精度一般均在 1/10000 以上。

图 5-7　半尺法量距丈量

5.1.4 钢尺检定

因为钢尺的制造误差及长期使用会产生变形等原因，钢尺的名义长度与实际长度会不一致，所以，在精密量距前应由专门计量单位对钢尺进行检定。钢尺检定时应保持恒温。钢尺检定常使用平台法，即将钢尺放在长度为30m(或50m)的水泥平台上，并在平台两端安装施加拉力的支架，给钢尺施加标准拉力(100N)，然后用标准尺量测被检定的钢尺，则可得到在标准温度及拉力下的实际长度，最后给出尺长随温度变化的函数式，称为尺长方程式。

$$l_t = l_0 + \Delta l + \alpha(t - t_0)l_0 \tag{5-1}$$

式中，l_t 为温度 t 时的钢尺实际长度；l_0 为钢尺名义长度；Δl 为钢尺的尺长改正数；α 为钢尺的膨胀系数；t 为量距时的温度；t_0 为钢尺检定时的温度。

5.2 钢尺量距成果化算

为了保证钢尺量距成果的质量，在野外丈量工作完成后，应认真检查量距记录是否符合各项限差规定、是否齐全、计算有无错误等。在确认原始记录合格后，方可进行各项计算。

距离丈量的目的是要获得地面两点之间的水平距离，因为所使用钢尺本身的尺长误差，温度也不一定是标准温度，各尺段及所丈量的两点也不一定水平。所以，必须对丈量的结果进行尺长改正、温度改正和倾斜改正，才能化算为准确的水平距离。

5.2.1 尺长改正

每根钢尺在作业前都要经过检定并求得尺长方程式。因此，每根钢尺的尺长改正数 Δl 是已知的。如果丈量的距离为 D'，则该段距离的尺长改正数 ΔD_l 应为

$$\Delta D_l = \frac{\Delta l}{l_0} \times D' \tag{5-2}$$

5.2.2 温度改正

尺长方程式中的尺长改正数是在标准温度下所得的数值，但具体丈量时其实际温度一般与标准温度不同，因此作业时的温度与标准温度的差值对尺长的影响数值就是温度改正。若设 t 为丈量时的平均温度，则丈量全长 D' 的温度改正数 ΔD_t 应为

$$\Delta D_t = D'(t - 20) \times \alpha \tag{5-3}$$

式中，α 为钢尺膨胀系数，$\alpha = 1.25 \times 10^{-5}$。

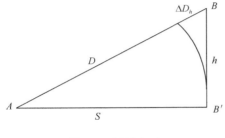

图 5-8　倾斜改正

5.2.3 倾斜改正

在用半尺法进行距离丈量时，各尺段两端点通常不在一个水平面上，若在倾斜较均匀的地面上进行丈量，则丈量的必然是斜距。因此，要将所丈量的斜距化为平距，则必须进行倾斜改正(ΔD_h)。

如图 5-8 所示，S 为水平距离，h 为 A、B 两点的高差，D 为 A、B 两点间的斜距，则倾斜改正应为

$$\Delta D_h = S - D = (D_2 - h_2)^{1/2} - D$$

$$= D\left[\left(1 - \frac{h^2}{D^2}\right)^{1/2} - 1\right]$$

将 $\left(1 - \dfrac{h^2}{D^2}\right)^{1/2}$ 展成级数形式，则有

$$\Delta D = \left[\left(1 - \frac{h^2}{2D^2} - \frac{1}{8}\cdot\frac{h^4}{D^4} - \cdots\right) - 1\right]$$

$$= -\frac{h^2}{2D} - \frac{1}{8}\cdot\frac{h^4}{D^3} - \cdots$$

一般情况下，h 与 D 相比总是很小，则式中二次项以上的各项均可忽略不计。故倾斜距离改正数应为

$$\Delta D_h = -\frac{h^2}{2D} \tag{5-4}$$

由此可见，倾斜改正数恒为负值，若采用半尺法丈量，则每尺段的倾斜改正数累加起来就是全长倾斜改正数。

因此，可根据测得地面两点的距离 D'，再加上上述的三项改正数，即可得到地面两点间的水平距离 S 为

$$S = D' + \Delta D_l + \Delta D_t + \Delta D_h \tag{5-5}$$

5.2.4　距离改正算例

例 5-1　若用钢尺对 AB 边采用整尺法进行往返丈量，其结果为 $D_{往} = 289.32\text{m}$，$D_{返} = 289.36\text{m}$，往测丈量时的平均温度 $t_{往} = 15℃$，返测丈量时的平均温度 $t_{返} = 10℃$，则该尺的尺长方程式为

$$l_t = 30\text{m} + 0.005\text{m} + 30 \times 1.25 \times 10^{-5}(t - 20)\text{m}$$

试求 AB 边的水平距离及相对误差。

解　因为整尺法丈量得到的是水平距离观测值，所以不需进行倾斜改正，只需进行尺长和温度改正。其计算见表 5-1。

表 5-1　钢尺量距计算表

边长	方向	距离 D'/m	温度 t/℃	ΔD_t / mm	ΔD_l / mm	水平距离/m	往返测距中数	相对精度
AB	往测	280.460	15	−17	+47	280.490	280.455	$\dfrac{1}{4000}$
	返测	280.380	18	−7	+47	280.420		

例 5-2　若某地 A、B 两点间距离采用半尺法丈量，其丈量结果见表 5-2，试求 A、B 两点间的水平距离及相对精度。设所使用钢尺的尺长方程式为

$$l_t = 30\text{m} + 0.005\text{m} + 30 \times 1.25 \times 10^{-5}(t - 20)\text{m}$$

解　半尺法需进行 3 次丈量，且其观测值一般为斜距，其具体计算见表 5-2。

表 5-2　钢尺量距计算表(半尺法)

线段	尺段	距离 D/m	温度 $/℃$	尺长改正 $\Delta D_l/mm$	温度改正 $\Delta D_t/mm$	高差 h/mm	倾斜改正 $\Delta D_h/mm$	水平距离 S/m	备注
A	A～1	29.390	10	+4.9	−3.5	+860	−12.6	29.379	
	1～2	23.390	11	+3.9	−2.5	+1280	−35.0	23.356	
	2～3	27.682	11	+4.6	−3.0	−140	−0.4	27.683	尺长方程为 $30+0.005+1.2\times10^{-5}\times30(t-20)$ 以上为往测
	3～4	28.538	12	+4.8	−2.7	−1030	−18.6	28.522	
	4～B	17.899	13	+3.0	−1.5	−940	−24.7	17.876	
							Σ	126.816	
B	B～1	25.300	13	+4.2	−2.1	+860	−14.6	25.288	以上为返测相对精度 $\dfrac{126.836-126.816}{126}\approx\dfrac{1}{5470}$ 平均值 $S_{AB}=\dfrac{126.816+126.839}{2}$ $=126.828m$
	1～2	23.922	13	+4.0	−2.0	+1140	−27.2	23.897	
	2～3	25.070	11	+4.2	−2.7	+130	−0.3	25.071	
	3～4	28.581	10	+4.8	−3.4	−1100	−21.2	28.561	
	4～A	24.050	10	+4.0	−2.9	−1180	−28.9	24.022	
A							Σ	126.839	

5.3　视 距 测 量

用有视距装置的仪器和标尺，根据光学和三角测量的原理，测定测站到目标点水平距离的方法，称为视距测量。

按视距测量的精度，视距测量可分为精密视距测量和普通视距测量；按视距装置又可分为定角视距测量、定长视距测量和自动归算视距测量。在目前电磁波测距普及的情况下，主要使用的是普通视距(定角视距)测量。普通视距测量与钢尺量距测量相比，具有速度快、劳动强度小和受地形条件限制小等优点。但其测距精度较低，相对精度一般为 1/300，在地形测图中有着广泛的应用。

5.3.1　视线水平时的视距公式

1. 水平视距原理及视距计算公式

现以测量上常用的内调焦望远镜为例来介绍视距测量。图 5-9 所示为内调焦望远镜视距测量的原理图。

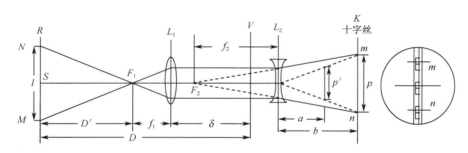

图 5-9　内调焦望远镜视距测量原理

图 5-9 中，R 为视距尺；L_1 为望远镜物镜中心，其焦距为 f_1；L_2 为调焦透镜中心，其焦距为 f_2；V 为仪器中心，即竖轴中心；K 为十字丝分划板中心；b 为十字丝分划板与调焦透镜中心 L_2 之间的距离；δ 为仪器中心与物镜中心 L_1 之间的距离。

当望远镜照准视距尺时，移动 L_2 可使视距尺的像落于十字丝平面上，此时通过上、下视距丝 m 和 n 即可读取视距尺上 M、N 两个读数。M、N 的差数称为尺间隔 l：

$$l = N - M$$

由图可知，待测距离 D 为

$$D = D' + f_1 + \delta \tag{5-6}$$

由物镜(凸透镜)成像原理可得

$$\frac{D'}{f_1} = \frac{l}{p'} \tag{5-7}$$

式中，p' 为经过 L_1 后的像长。

由调焦透镜(凹透镜)成像原理可得

$$\frac{p}{p'} = \frac{b}{a} \tag{5-8}$$

式中，p 为 p' 经过凸透镜 L_2 后的像长；a 为物距；b 为像距。

由凹透镜成像公式可得

$$\frac{1}{b} - \frac{1}{a} = \frac{1}{f_2}, \frac{b}{a} = \frac{f_2 - b}{f_2}$$

将上式代入式(5-8)，可得

$$\frac{1}{p'} = \frac{f_2 - b}{f_2 p}$$

再将其式代入式(5-7)可得

$$D' = \frac{f_1(f_2 - b)}{f_2 p} \cdot l \tag{5-9}$$

设望远镜对无穷远目标调焦时，像距为 b_∞。将 $b = b_\infty + \Delta b$ 代入式(5-9)和式(5-6)得

$$D = \frac{f_1(f_2 - b_\infty)}{f_2 p} \cdot l - \frac{\Delta b f_1}{f_2 p} \cdot l + f_1 + \delta$$

若令

$$k = \frac{f_1(f_2 - b_\infty)}{f_2 p}, \quad c = \frac{-\Delta b f_1}{f_2 p} l + f_1 + \delta$$

则有

$$D = kl + c$$

式中，k 为视距乘常数，一般设计值为 100；c 为视距加常数，其值较小，一般可以忽略不计。故

$$D = kl = 100l \tag{5-10}$$

2. 水平视距高差计算

由图 5-10 可见，视线水平时的高差计算公式为

$$h = i - s$$

式中，i 为仪器高，即仪器横轴至桩顶面的距离；s 为目标高，即十字丝中丝在标尺上的读数。

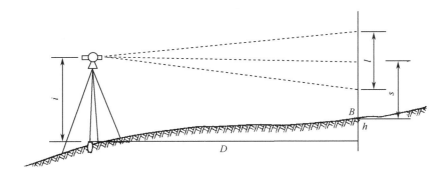

图 5-10　视线水平时高差测量

5.3.2　视线倾斜时的视距测量

1. 倾斜视距原理及倾斜视距的平距计算公式

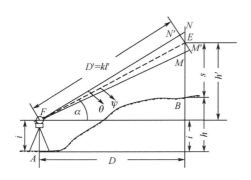

图 5-11　视线倾斜时的视距测量

　　水平视距仅适用于平坦地区，而在丘陵地区测量时，视准轴往往是倾斜的，因此，水平视距方法不再适用。如图 5-11 所示，当地面起伏较大时，望远镜只有倾斜才能照准视距尺，此时视线不再垂直于视距尺。因此需要将 B 点视距尺的尺间隔 l，即 M、N 读数差，换算成垂直于视线的尺间隔 l'，即图中 M'、N' 的读数差。先求出斜距 D'，然后再求出水平距离 D。

　　设视线竖直角为 α，因为十字丝的上、下丝间距较小，其视线夹角约为 $34'$，所以可以将 $\angle EM'M$ 及 $\angle EN'N$ 近似看成直角，则 $\angle MEM' = \angle NEN' = \alpha$。从图 5-11 中可得

$$M'E + EN' = (ME + EN)\cos\alpha$$

$$l' = l\cos\alpha$$

$$D' = kl' = kl\cos\alpha$$

水平距离 D 为

$$D = D'\cos\alpha = kl\cos^2\alpha \tag{5-11}$$

2. 倾斜视距的高差计算公式

由图 5-11 可以看出，其初算高差 h' 为

$$h' = D'\sin\alpha = kl\cos\alpha\sin\alpha = \frac{1}{2}kl\sin2\alpha$$

则 A、B 两点高差为

$$h = h' + i - s = \frac{1}{2}kl\sin2\alpha + i - s \tag{5-12}$$

5.3.3　视距常数的测定

为了保证视距测量结果的精度，在视距测量前必须对仪器的视距常数进行测定。仪器出

厂时一般虽均经过鉴定，其结果都注记在仪器说明书中，通常 $k = 100$，$c = 0$（内对光望远镜）。但由于仪器经过较长期的使用和运输，其视距常数也可能发生变化，所以测量前仍需进行测定。

测定视距常数时，可在平坦地区选择一段直线，且沿直线在距离仪器 25m、50m、100m、150m、200m 的地方分别打下木桩，其编号分别为 B_1、B_2、…、B_n，并依次在 B_n 桩上竖立视距尺。在视线水平时，以盘左、盘右位置分别用上、下丝在标尺上读数，测得尺间隔 l_n。然后进行返测，并将每一段尺间隔平均值除以该段距离 D_n，即可求出 k_n 值，再取其平均值，即为仪器的乘常数 k。

5.4 电磁波测距

距离测量若采用钢尺直接丈量，虽然可以满足精度要求，但工效低，劳动强度大，受地形条件限制，有时甚至无法进行丈量。若采用视距法测量，虽测量简便，受地形条件限制少，但测程较短，精度较低。电磁波测距的应用，大大改善了作业条件，克服了前两种方法的不足，扩大了测程，提高了测距精度和工作效率。

5.4.1 电磁波测距的基本原理

电磁波测距的基本原理是通过测定电磁波在待测两点的距离上往返一次的传播时间 t，根据电磁波在大气中的传播速度 c，计算出两点间的距离。

若欲测 A、B 两点之间的距离 D，如图 5-12 所示，将仪器安置于 A 点上，反射镜安置于 B 点上。从 A 点发射电磁波到 B 点，再被反射回来到 A 点，则其距离可按下式计算：

$$D = \frac{1}{2} c \cdot t \tag{5-13}$$

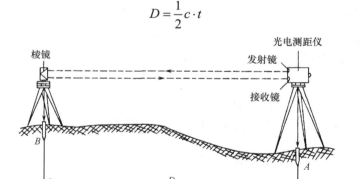

图 5-12 电磁波测距

以电磁波为载波来传输测距信号的测距仪器称为电磁波测距仪。电磁波测距仪的种类较多，也有不同的分类方法。

按所采用的载波可以分为：①微波测距仪，采用微波段的无线电波为载波。②光电测距仪，以光波为载波的测距仪。若以激光为载波，则称为激光测距仪；若以红外光线为载波，则称为红外测距仪。

微波测距仪和激光测距仪常用于远程测距，其测程可达数千米，一般多用于大地测量；而红外测距仪常用于中、短程测距，一般用于小面积控制测量、地形测量及各种工程测量。

按测距原理可分为：①脉冲式测距仪，是直接通过测定光脉冲在整个测线上往返传播的时间，从而求出测段距离。②相位式测距仪，是根据测相电路来测定调制光在整个测线上往返传播所产生的相位差，间接测定传播时间，从而求出距离。其测距精度高。

短程红外光电测距仪(测程小于 5km)即是相位式测距仪,它是以砷化镓(GaAs)发光二极管为光源。该类仪器轻便灵巧,多用于地形测量、地籍测量和建筑工程测量。

按测距仪的结构不同可分为分离式(单测距式)、组合式(测距仪同经纬仪组合)测距仪。

按测程可分为短程测距仪(测程小于 3km)、中程测距仪(测程为 3～15km)、远程测距仪(测程大于 15km)。

按测距精度可分为 Ⅰ 级, $m_D \leqslant 5mm$; Ⅱ 级, $5mm < m_D \leqslant 10mm$; Ⅲ 级, $10mm < m_D \leqslant 20mm$, 其中 m_D 为 1km 的测距中误差。测距仪标称精度一般标示为 $a+b \times 10^{-6} \times D$; a 为固定误差,单位为毫米; b 为与测程 D(以千米为单位)成正比的误差。

5.4.2 电磁波测距仪的种类及标称精度

1. 电磁波测距仪的种类

电磁波测距仪若按测距原理进行分类,可分为脉冲式、相位式及脉冲-相位式测距仪;若按载波的不同可分为微波测距仪、激光测距仪和红外测距仪等;若按其结构又可分为分离式测距仪和组合式测距仪;若按其测程的远近又可分为短程测距仪、中程测距仪和远程测距仪;若按其测距的精度则可分为 $5mm+5 \times 10^{-6} \times s$ 、 $2mm+2 \times 10^{-6} \times s$ 和 $1mm+1 \times 10^{-6} \times s$ 等几种。

2. 测距仪的标称精度

测距仪的标称精度为其出厂时所标定的精度,一般表示为

$$a+b \times 10^{-6} \times s$$

式中, a 为固定误差,单位为 mm; b 为比例误差; s 为所测的边长,单位为 km。

测距中误差为 $$m_s = \pm(a+b \times 10^{-6} \times s)$$

例如,某测距仪的标称精度为 $1mm+1 \times 10^{-6} \times s$,若用该仪器来测量 5km 的边长,其所测边长的中误差应为

$$m_s = \pm(1mm + 1 \times 10^{-6} \times 5) = \pm 6(mm)$$

下面主要介绍脉冲式光电测距仪和相位式光电测距仪。

5.4.3 脉冲式光电测距仪

脉冲式光电测距仪是通过直接测定光脉冲在测线上往返传播的时间 t,并按式(5-13)求得距离。

脉冲式光电测距仪工作原理如图 5-13 所示。仪器基本工作过程为:首先由光脉冲发射器发出一束光脉冲,经发射光学系统后射向被测目标,同时由仪器内的取样棱镜取出一小部分光脉冲送入接收光学系统,再由光电接收器转换成电脉冲(称主波脉冲),并作为计时的起点。从目标反射回来的光脉冲通过接收光学系统后,亦被光电接收器接收并转换成电脉冲(称回波脉冲),作为计时的终点。因此,主波脉冲与回波脉冲之间的时间间隔即为光脉冲在测线上往返传播的时间 t。

为了测定往返传播时间 t,将主波脉冲与回波脉冲先后(相隔时间 t)送入“门”电路,分别来控制“电子门”的“开门”与“关门”,并由时标振荡器不断产生具有一定时间间隔 T 的电脉冲(称时标脉冲)。在测距之前,“电子门”是关闭的,时标脉冲不能通过“电子门”而进入计数系统。测距时,光脉冲发射的同一瞬间,主波脉冲就把“电子门”打开,时标脉冲就一

个一个地通过"电子门"进入计数系统。当从目标反射回来的光脉冲到达测距仪时，则回波脉冲立即把"电子门"关闭，时标脉冲即停止进入计数系统。由于每进入计数系统的一个时标脉冲就要经过时间 T，所以，若在"开门"与"关门"之间有 n 个时标脉冲进入计数系统，则主波脉冲和回波脉冲之间的时间间隔 $t = nT$。

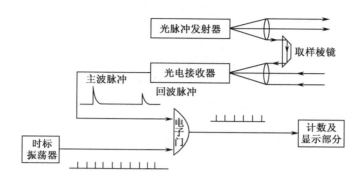

图 5-13　脉冲式光电测距原理

由式(5-13)即可求得待测距离 $D = \dfrac{1}{2} c \cdot nT$。

令 $l = \dfrac{1}{2} cT$，表示在一个时间间隔 T 内光脉冲往返所走的一个单位距离，则

$$D = nl \tag{5-14}$$

由式(5-14)可以看出，当计数系统每记录一个时标脉冲，就相当于记下一个单位距离 l。因为测距仪中 l 值是预先设定的，所以计数系统在记录下通过"电子门"的时标脉冲个数 n 之后，即可直接显示出待测距离 D。

目前脉冲式测距仪一般用固体激光器发射出高频的光脉冲，可直接利用被测目标对光脉冲产生的漫反射进行测距，即为无棱镜测距，可在地形测量中，实现无人跑尺测量，从而减轻劳动强度，提高作业效率。

5.4.4　相位式光电测距仪

1. 相位式光电测距的基本原理

相位式光电测距是通过测量调制光在测线上往返传播所产生的相位移，测定调制波长的相对值来求出距离 D。

如图 5-14 所示，光源发出的光经过调制后，形成光强随高频信号变化的调制光并射向测线另一端的反射镜，经反射镜反射后被接收器所接收，然后由相位统计将发射信号(参考信号)与接收信号(测距信号)进行相位比较，以获得调制光在被测距离上往返传播所产生的相位变化量 φ。调制波在往、返测程上的波形如图 5-15 所示，其调制光波在往返测程上的相位变化值为

$$\varphi = N \cdot 2\pi + \Delta\varphi = 2\pi\left(N + \frac{\Delta\varphi}{2\pi}\right) \tag{5-15}$$

则对应的距离为

$$D = \frac{\lambda}{2}(N + \Delta N) \tag{5-16}$$

式中，λ 为调制光波的波长；N 为相位变化的整数或调制光波的整波长数；$\Delta N = \Delta\varphi / 2\pi$，$\Delta\varphi$

为不是一个整周期的相位变化尾数。

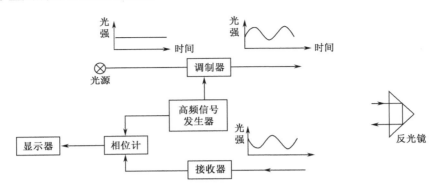

图 5-14　相位测距仪工作原理

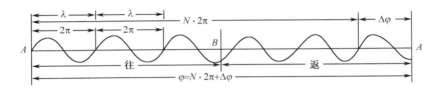

图 5-15　相位法测距原理

若令
$$u=\frac{\lambda}{2}$$

则
$$D=u(N+\Delta N) \tag{5-17}$$

式(5-17)即为相位法测距的基本公式，其实质相当于用一把长度为 u 的尺子来丈量待测距离。

在相位式测距仪中，一般只能测出 $\Delta\varphi$，而无法测出其整周数 N，因此，将会使待测距离产生多值问题。

2. N 值的确定

由式(5-17)可见，当测尺大于待测距离 D 时，则 $N=0$，此时即可求出待测距离，即 $D=u\dfrac{\Delta\varphi}{2\pi}=u\Delta N$。由此可见，为了增大单值解的测程，就必须采用较长测尺 u，即采用较低的调制频率 f。

根据 $u=\dfrac{\lambda}{2}=\dfrac{c}{2f}$，取 $c=3\times10^5$km/s，可求出与测尺长度相应的测尺频率，其结果见表 5-3。因为仪器的测相误差对测距误差的影响将随测尺长度的增加而增大(表 5-3)。所以，为了解决增大测程和提高测距精度之间的矛盾，即可采用一组测尺共同测距，以短测尺(精测尺)提高精度，以长测尺(粗测尺)增大测程，从而可解决"多值性"问题。

表 5-3　测尺频率、长度及误差关系

测尺频率/kHz	15×10^3	1.5×10^3	150	15	1.5
测尺长度/m	10	100	1×10^3	10×10^3	100×10^3
精度/cm	1	10	1000	10000	100000

设某仪器采用了两把测尺进行测距，其中 $u_1=10m$，$u_2=1000m(f_1=15MHz、f_2=150kHz)$。若用 u_2 粗测尺在 1km 长度范围内测量，则 $N=0$，可准确测得"百米"和"十米"的数值，而第三位"米"的固定位存在测相误差而为近似值。再用 u_1 精测尺在 N_1 未知的情况下可以准确测得 10m 以下的余长，即"米"和"分米"的数值。同样因存在测相误差，第三位的"厘米"为近似值。对同一距离，利用 u_1 和 u_2 两把测尺便可测得 1km 以内的距离，其准确度可达厘米。

例如，在某段距离上，用 u_1 测得 $\Delta N_1 = 0.889$，即以 10m 为单位的 0.889，实际距离为 8.89m，用 u_2 测得 $\Delta N_2 = 0.809$，即以 1000m 为单位的 0.809，实际距离为 809m。则该段距离的实际长度 $D = 808.89m$。

由此可见，为了增加测距仪的测程，必须增加测尺把数，即增大粗测尺的长度。

5.4.5　距　离　测　量

测距时，首先将测距仪和反射镜分别安置在测线两端，然后接通电源，照准反射镜，开始测距。为了避免粗差并减少照准误差影响，可进行若干个测回的观测。一测回的含义是指照准目标一次，读数 2~4 次。一测回内读数次数可根据仪器读数出现的离散程度和大气透明度做适当增减。根据不同精度要求及测量规范的规定确定其测回数。往、返测回数应各占总测回数的一半，精度要求不高时，只做单向观测。

在将测距读数记入手簿后，接着应读取竖盘读数，也记入手簿相应的栏目内。测距时还应测定大气温度和气压值，并在观测完毕后按气温和气压进行气象改正，按其竖直角进行倾斜改正，最后求出水平距离。

测距时应避免各种不利因素而影响测距精度，如应避开发热物体的上空或附近，安置测距仪的测站应避开电磁场干扰，距离高压线应在 5m 以外，测距时其视线背景不得有反光物体等。另外，不得将仪器照准头对准太阳，以免损坏仪器。

5.4.6　测距边改正计算

1. 加常数改正

仪器加常数产生的原因是：发光管的发射面、接收面与仪器中心不一致，反光镜的等效反射面与反光镜中心不一致，内光路产生相位延迟及电子元件的相位延迟。因此，测距仪所测得的距离与实际距离不一致，如图 5-16 所示。仪器的加常数一般在仪器出厂时已预置在仪器内，但仪器在搬运过程中的震动、电子元件的老化，均会使加常数发生变化。该常数要经过仪器检测来测定，并依此对所测距离进行改正。必须注意不同型号的仪器，其反光镜的常数是不相同的。

2. 乘常数改正

仪器的测尺长度与其振荡频率有关，当仪器使用过一段时间后，晶体会不断变化，从而导致测距仪的晶体频率与设计频率产生偏移，进而产生与测量距离成正比的系统误差。其比例因子称为乘常数。

若晶振有 15Hz 的误差，则会产生 1×10^{-6} 系统误差，即在 1km 的距离上产生 1mm 的误差，其误差影响与距离的长度成正比。该项误差也应通过检测求定，并在所测距离中加以改正。

目前使用的测距仪都具有设置仪器常数的功能，测距前预先设置常数，在测距过程中自动进行改正。若测距前未设置常数，则可按下式计算改正数：

$$\Delta D = k + RD$$

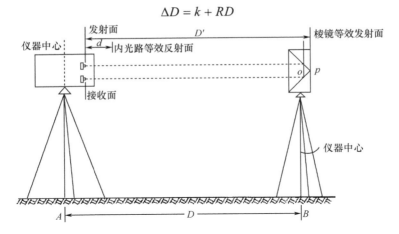

图 5-16　测距仪加常数

式中，k 为仪器加常数；R 为仪器乘常数。

3. 气象改正

由于光的传播速度受大气状态(温度 t，气压 p，湿度 e)的影响，而仪器在制造时只能选取某个大气状态(假设大气状态)来定出调制光的波长，但在实际测距时的大气状态一般不可能与假定状态相同，因而测尺长度发生变化，测距成果会含有系统误差。所以，在测距的同时应测定大气状态参数，并利用仪器生产厂家提供的气象改正公式计算距离改正值。

如某类型的测距仪气象改正公式为

$$\Delta D_0 = 28.2 - \frac{0.029p}{1 + 0.0037t} \tag{5-18}$$

式中，p 为观测时的气压(MPa)；t 为观测时的温度(℃)；ΔD_0 为每 100m 时的改正值。

4. 倾斜改正

由测距仪测得的距离观测值经加常数、乘常数和气象改正后，则可得到改正后的倾斜距离 D_α，再经倾斜改正即可得到其水平距离。

若已知测线两端点之间的高差 h，则可按下式计算其改正数

$$\Delta D_h = -\frac{h^2}{2D_\alpha} - \frac{h^4}{8D_\alpha^3} \tag{5-19}$$

水平距离 $$S = D_\alpha + \Delta D_h \tag{5-20}$$

若测得测线的竖角，可按下式直接计算水平距离：

$$S = D_\alpha \cdot \cos\alpha \tag{5-21}$$

5.5　光电测距的归算

在光电测距时，测距仪与反射棱镜之间一般均存在着高差，其测得的距离为斜距，可通过经纬仪测定仪器和棱镜之间的垂直角，并量取仪器高和目标高，则可将斜距归算为两点间的平距和高差。

5.5.1　短距离的平距及高差计算

斜距化算为平距和高差的计算公式同距离的远近有关，若从一般工程测量和地形测量的精度来看，当距离在 300m 以下时，可作为"短距离"处理，当距离在 300m 以上时，则应按"远距离"处理。

在"短距离"测量中，地球曲率对平距和高差的影响微小，此时可将"距离三角形"(斜距、平距及垂距所构成的三角形)作为直角三角形处理；高程起算面及过 A、B 两点的水准面可当作平面来处理，此时通过 A、B 两点的铅垂线可认为是平行的，如图 5-17 所示。

若在测站 A 点来观测 B 点，测得斜距 S，垂直角 α 或天顶角 Z，并量取仪器高 i 和目标高 l。则可得计算两点间的水平距离 D 和垂距 V 的计算公式为

$$D = S \times \cos\alpha = S \times \sin Z \qquad (5\text{-}22)$$

$$V = S \times \sin\alpha = S \times \cos Z \qquad (5\text{-}23)$$

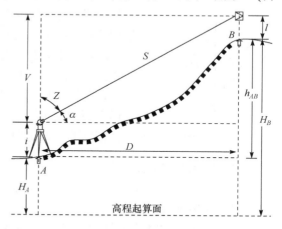

图 5-17　短距离的平距及高差计算

根据测定的斜距和垂直角来计算垂距，并量取仪器高和目标高，从而计算两点间高差，称为三角高程测量。其高差计算公式为

$$\begin{cases} h_{AB} = V + i - l \\ h_{AB} = S \times \sin\alpha + i - l \\ h_{AB} = S \times \cos Z + i - l \end{cases} \qquad (5\text{-}24)$$

根据 A 点高程 H_A 和 A、B 两点的高差 h_{AB}，则可计算 B 点的高程为

$$H_B = H_A + h_{AB} \qquad (5\text{-}25)$$

5.5.2　距离测量的高差归算

由于距离测量是在地面上进行的，而测站与目标离大地水准面均有一段距离，如图 5-18 所示。测距时的视线平均高程 H_m 为测站 A 和目标 B 点高程的平均值，这样测得地面两点间水平距离为视线平均高程面上的距离 D。设将 D 归算至大地水准面上的长度为 D_0。则

$$\frac{D}{D_0} = \frac{R + H_m}{R}$$

设高程归算引起的距离改正值 $\Delta D = D - D_0$，则

$$\Delta D = D_0 \frac{H_m}{R} \approx D \frac{H_m}{R} \qquad (5\text{-}26)$$

式中，R 为地球平均曲率半径。

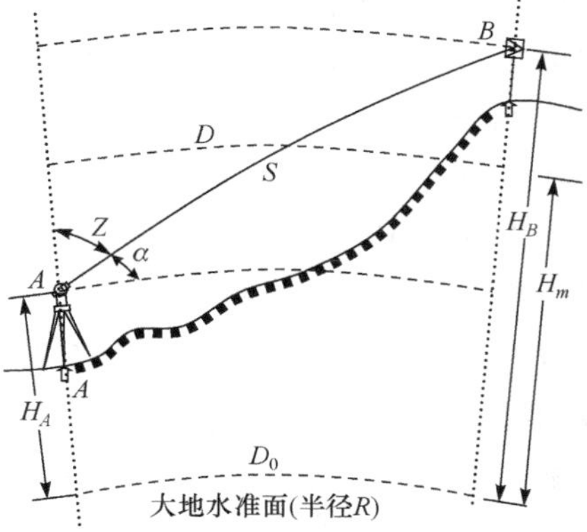

图 5-18　距离的高程归算

5.6 直线定向

确定地面两点的位置，不仅需要测量两点间的距离，还应确定该直线的方向。应选择一个标准方向，并依据直线与标准方向之间的关系来确定该直线方向。在测量学中常用的标准

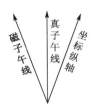

图 5-19 三北方向线

方向有：①真子午线方向。真子午线是过地面某点的真子午面与地球表面的交线，真子午线方向是过地球上某点的真子午线的切线方向。真子午线北端所指方向为正北方向，可以用天文测量的方法或用陀螺经纬仪方法测定。②磁子午线方向。磁子午线方向是过地球某点的磁子午线的切线方向，它可以用罗盘仪测定。磁针静止时所指的方向即为磁子午线方向，其北端所指方向为磁北方向。③坐标纵轴方向。我国地图常采用高斯平面直角坐标系，用 3°带或 6°带投影的中央子午线作为坐标纵轴。在该带内的直线定向，就是用该带的坐标纵轴方向作为标准方向。坐标纵轴北端所指方向为坐标北方向。

若需要建立独立坐标系时，则可用独立坐标系坐标纵轴方向作为标准方向。

测量上常将上述方向线绘在地图图廓线的下方，称为三北方向线，如图 5-19 所示。

5.6.1 直线定向的方法

测量中常用方位角表示直线方向，它由标准方向的北端起，顺时针方向到某直线的水平夹角，称为该直线的方位角(图 5-20)。方位角取值范围为 0°～360°。

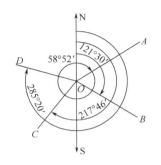

图 5-20 方位角

标准方向为真子午线方向，其方位角称为真方位角，或称大地方位角，用 A 表示；若标准方向为磁子午线方向，其方位角称为磁方位角，用 A_m 表示；若标准方向为坐标纵轴方向，其方位角称为坐标方位角，用 α 表示。

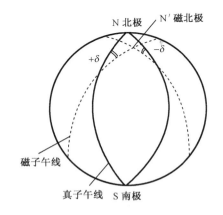

图 5-21 磁偏角 δ

1. 真方位角和磁方位角之间的关系

因为地球磁极与地球旋转轴的南北极不重合，所以过地面上某点的真子午线与磁子午线不重合。两者之间的夹角称为磁偏角，用 δ 表示。如图 5-21 所示，若磁子午线北端偏于真子午线以东为东偏 $(+\delta)$，偏于真子午线以西称为西偏 $(-\delta)$。地球上不同地点的磁偏角也不同。直线的真方位角与磁偏角之间可用下式换算：

$$A = A_m + \delta \tag{5-27}$$

地球的磁极是不断变化的，磁北极以每年约 10km 的速度向地理北极移动。由于磁极的变化，磁偏角也在变化。地球上磁偏角的大小不是固定不变的，而是因地而异的。另外，罗盘仪还会受到地磁场及磁暴、磁力异常的影响。所以磁方位角一

般用于精度要求较低、定向困难的地区(如林区)测量等。在大地测量中主要用真方位角。

2. 真方位角和坐标方位角

地面上不同经度的子午线都会收敛于两极,所以真子午线方向除了在赤道上的各点外,彼此都不平行。地面上过两点的子午线方向的夹角,称为子午线收敛角,用γ表示,如图 5-22(a) 所示。设 A、B 为同纬度上的两点,其距离为 l,过 A、B 两点分别作子午线切线交于地轴 P 点,AP、BP 为子午线方向,γ 为子午线收敛角。若 A、B 相距不太远时,子午线收敛角 γ 可用下式计算:

$$\gamma = \frac{l}{BP} \rho$$

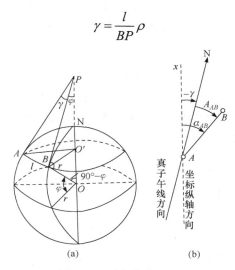

图 5-22 子午线收敛角

在直角三角形 BOP 中,$BP = R / \tan\varphi$,代入上式得

$$\gamma = \frac{l\rho}{R} \tan\varphi \tag{5-28}$$

在扇形 $AO'B$ 中,

$$l = \frac{r \cdot \Delta L}{\rho} \cdot r = R\cos\varphi$$

式中,ΔL 为经差。

从式(5-28)中可知,纬度越低,子午线收敛角越小,在赤道上为零;纬度越高,子午线收敛角越大。

因为存在着子午线收敛角,所以离开各投影带中央子午线的各点坐标轴方向与子午线方向不重合,如图 5-22(b)所示。当坐标轴方向位于真子午线方向以东时,γ 取 "+",反之取 "–"。真方位角和坐标方位角之间可用下式换算:

$$A_{AB} = \alpha_{AB} + \gamma$$

3. 象限角

除方位角外,地面直线的定向也可用象限角来表示。过直线一端的基本方向线的北端或南端,依顺时针(或逆时针)方向量至该直线的锐角,称为象限角,通常用 R 表示。如图 5-23 所示,象限角的

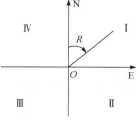

图 5-23 象限角

取值范围为 0°～90°。因为象限角可以从基线的北端或南端向东或向西量度，所以，在用象限角确定直线方向时，除了写出角度大小外，还应注明该直线所在象限名称：北东(NE)、南东(SE)、南西(SW)、北西(NW)等。如某直线在第一象限，且角度为 30°，用象限角表示为"NE-30°"。

5.6.2 正、反坐标方位角及其推算

测量中任何直线都有一定的方向。如图 5-24 所示的直线 AB，A 点为起点，B 点为终点。过起点 A 的坐标纵轴的北方向与直线 AB 的夹角 α_{AB}，称为直线 AB 的正方位角。过终点 B 的坐标纵轴北方向，与直线 BA 的夹角 α_{BA}，称为直线 AB 的反方位角。正、反方位角相差 180°。

$$\alpha_{AB} = \alpha_{BA} \pm 180°$$

由于地面两点的真(磁)子午线不平行，存在子午线收敛角和磁偏角，则真(磁)方位角的正、反方位角也不是相差 180°，而存在收敛角(磁偏角)。且收敛角随纬度不同而变化，这给测量计算带来不便。故测量工作中常用坐标方位角进行直线定向。

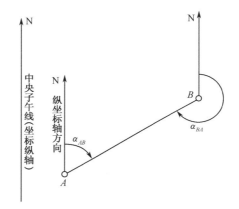

图 5-24　正反方位角

在测量中，为了使测量成果的坐标统一，并能保证测量精度，常将线段首尾连接成折线(称为导线)，并与已知边 AB 相连。若 AB 边的坐标方位角 α_{AB} 已知，又测定 AB 边和 B_1 边的水平角 β_B(称为连接角)及各点的转折角 β_1、$\beta_2 \cdots$、β_n，则可利用正、反方位角的关系和所测定的转折角推算出导线各边的方位角。由图 5-25 可得

$$\alpha_{BA} = \alpha_{AB} + 180°$$
$$\alpha_{B1} = \alpha_{BA} + \beta_B - 360° = \alpha_{AB} + \beta_B - 180°$$
$$\alpha_{12} = \alpha_{B1} + \beta_1 - 180° = \alpha_{AB} + \beta_B + \beta_1 - 2 \times 180°$$
$$\cdots \cdots$$
$$\alpha_{ij} = \alpha_{AB} + \sum \beta_i - n \cdot 180°$$

式中，β_i 为推算路线前进方向的左角。若测定的是右角，则可按下式计算：

$$\alpha_{ij} = \alpha_{AB} - \sum \beta_i + n \cdot 180°$$

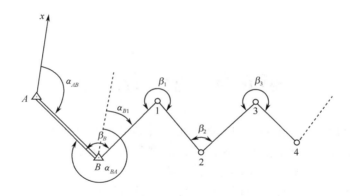

图 5-25　方位角计算

习　题

1. 丈量 *AB*、*CD* 两段距离，*AB* 段往测为 136.780m，返测为 136.792m，*CD* 段往测为 235.432m，返测为 235.420m，问两段距离丈量精度是否相同？为什么？两段丈量结果各为多少？

2. 一钢尺名义长度为 30m，经检定实际长度为 30.006m，用此钢尺量得两点间距离为 186.434m，求改正后的距离？

3. 一钢尺长 20m，检定时温度为 20℃，用钢尺丈量两点间水平距离为 126.354m，丈量时钢尺表面温度 12℃，求改正后的水平距离$(a = 1.25 \times 10^{-5}℃^{-1})$？

4. 什么叫直线定向？直线定向的方法有哪几种？

5. 说明下列现象对距离丈量的结果的影响是长了还是短了？

(1) 所用钢尺比标准尺短；

(2) 直线定线不准；

(3) 钢尺未拉水平；

(4) 读数不准。

6. 试述红外测距仪的基本原理。

7. 红外测距仪为什么要配置两把"光尺"？

第6章 全 站 仪

20 世纪 60 年代后期，随着光电测距和电子计算机技术的不断成熟，在测绘领域出现了一种新型的测量仪器——全站型电子速测仪，简称全站仪或速测仪。这种仪器不但能同时进行角度、距离测量，而且还可以自动显示、记录、存储所测数据，并能进行简单的数据处理，在野外可直接获得点位的坐标和高程。通过传输设备可把野外观测数据输入到计算机，再经计算机处理后，由绘图仪自动绘出所需比例尺的图件，并由打印机打印出所需成果表册。全站仪可使测绘工作的外业及内业有机结合起来，实现数据采集、传输及处理的有机结合，增强测绘数据的共享性，提高测绘工作效率。

6.1 全站仪的基本组成及分类

6.1.1 全站仪的基本组成

全站型电子速测仪由电子测角、电子测距、电子计算机及数据存储系统构成，其本身是一个带有特殊功能的计算控制系统，如图 6-1 所示。

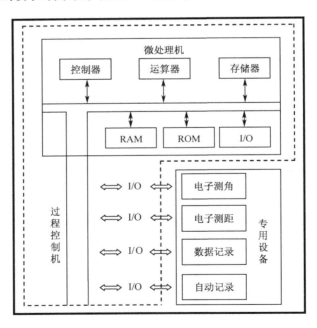

图 6-1 全站仪的两大组成部分

从总体看，全站仪由两大部分组成。

1) **数据采集专用设备**

该部分主要有电子测角系统、电子测距系统、数据记录系统及自动记录设备等。

2) 过程控制机

主要用于有序地实现上述各专用的功能。过程控制机包括与测量数据相联系的外用设备和进行计算、产生指令的微处理机。

6.1.2 全站仪的分类

20 世纪 80 年代末，人们根据电子测角系统和电子测距系统的发展情况，将全站仪分为积本式和整体式两大类。

1) 积本式

积本式也称组合式，其电子经纬仪和测距仪既可以分离又可以组合，用户可根据实际工作情况，选择测角和测距设备进行组合。

2) 整体式

整体式也称集成式，是将电子经纬仪与测距仪有机地构成一个整体，不可分离。

20 世纪 90 年代以来，全站仪基本采用了整体式结构。随着计算机技术的不断发展和其他工业技术的应用，结合用户的特殊要求，全站仪出现了带内存的以及防水型、防爆型、电脑型等，极大地满足了测绘工作的需求。

6.2 全站仪的使用

目前世界上许多著名的测绘仪器生产厂家均生产全站仪。虽然所生产的仪器机械结构、测角及测距原理、控制和显示系统不尽相同，但其基本功能和使用方法基本一致。

6.2.1 SET2110 型全站仪

1. 仪器结构部件

SET2110 型全站仪的基本结构部件，如图 6-2 所示。

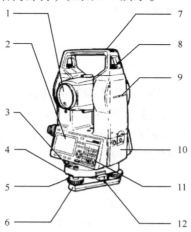

图 6-2 SET2110 型全站仪的部件图

1. 物镜；2. 显示窗；3. 圆水准器；4. 圆水准器校正螺丝；5. 脚螺旋；6. 底板；7. 提柄；
8. 提柄固定螺丝；9. 仪器高标志；10. 电池；11. 键盘；12. 三角基座制动控制杆

2. 主要技术指标

1) 望远镜

镜筒长度	165mm
有效孔径	45mm
放大倍率	30
视场角	1°30′
鉴别率	3″
调焦环	精调/粗调双速
最短视距	1.0m

2) 测角部分

度盘类型	具有零指标的增量式度盘
最小显示	1″/0.5″，可任意选择
测角精度	2″(标准差)
补偿器类型	双轴液体倾斜传感器
补偿范围	±3′

3) 测距部分

(1) 测程范围：

利用自然表面	1.0～85m(仅适用于 SET2110R)
反射片	1.0～120m
简易棱镜	1.0～800m
标准单棱镜	1.0～2400m

(2) 测距精度：

利用自然表面	$5mm+2\times10^{-6}D$(仅适用于 SET2110R)
反射片	$4mm+3\times10^{-6}D$
反射棱镜	$2mm+2\times10^{-6}D$(D 为所测距离)

3. 仪器结构特点

1) 三轴光学系统

仪器发射光束的轴线、接收光束的轴线均应同视准轴重合，如图 6-3 所示。这种特殊的设计可使仪器在一定的竖角范围内(±30°)使用很小的反射片(10mm×10mm)，既可进行距离测量，也可直接对被测物体的自然表面进行距离测量。当直接对被测物体的自然表面进行距离测量，而竖直角较大时，其测程将极大缩短。

2) 轴系误差补偿技术

SET2110 型全站仪采用了轴系误差补偿技术以补偿竖轴倾斜误差、视准轴误差和横轴误差对水平方向及竖直角的影响，从而可使其单面观测结果具有较高的测角精度。这一特点特别适用于工程的施工放样，可以将以往利用光学经纬仪需要正、倒镜放样的工作，缩减成单面进行放样，从而大大提高工作效率。

使用具有轴系误差补偿系统的全站仪时必须注意以下几点：

(1) 向上(天顶)投点时，应关闭补偿器，并应精确整平仪器。

(2) 在放样一条水平直线时，不能简单地采取纵转望远镜的方法，而应采取选转照准部180°的方法进行放样，或者采用纵转望远镜后将水平度盘读数调整至相差 180°的位置进行放样。

(3) 放样一条竖线时，不能只简单地纵转望远镜，而应采取在纵转望远镜的同时，旋转水平微动螺旋，使显示的水平角读数保持不变。

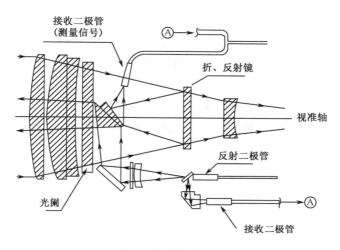

图 6-3　三轴光学系统

3) 模块结构的操作菜单

仪器功能设计采用了模块结构方式(图 6-4)，从而有利于使用者操作仪器。

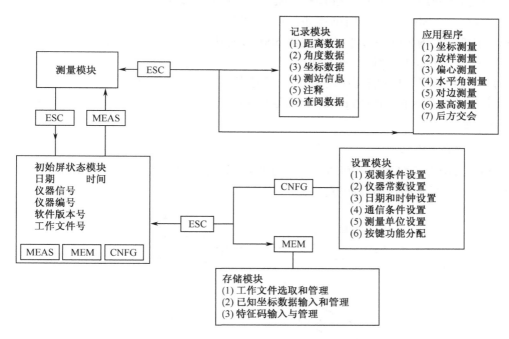

图 6-4　模块结构

6.2.2 测量前的准备

1. 仪器的检定与校准

仪器在运输和使用时其参数常会发生变化，因此，在精密测量前应对仪器进行检定与校准。当仪器尚在鉴定证书的有效期内时，用户不必将仪器送至专门的检定机构进行检定，可以自己对以下项目进行校准。

1) 仪器加常数

如图 6-5 所示，在 100m 长的一条直线上选择 A、B、C 三点，并分别架设脚架。首先将仪器安置于 A 点的三脚架上，测得 S_{AB}、S_{AC} 两段距离，然后再将仪器安置于 B 点的三脚架上，测得 S_{BC}，则其加常数 c 为

$$c = S_{AC} - (S_{AB} + S_{BC}) \tag{6-1}$$

式中，S_{AB}、S_{AC} 及 S_{BC} 均为经倾斜改正后的距离平距。

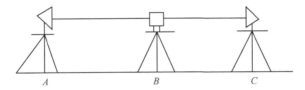

图 6-5　加常数校准图

2) 补偿器零点差的设置

补偿器零点差的设置步骤如下：

(1) 在设置模块中，选取"2.Instr Const"后，按回车键进入仪器常数设置状态。

(2) 选取"1.Tilt"后，按回车键进入补偿器零点差设置状态。

(3) 用盘左精确照准一参考点(距仪器 50m 以外)后，按 YES 键，记下盘左观测值，此时显示窗口提示"Take F₂"(进行盘右观测)。

(4) 倒转望远镜，以盘右精确照准同一参考点，按 YES 键，记下盘右观测值，此时显示窗显示出补偿器零点的原值(Current)和新值(New)。若需保存新测定结果，则可按 YES 键，否则按 ESC 键。

3) 轴系的误差设置

在 SET2110 型全站仪上，可以对竖直度盘指标差、视准轴误差及横轴误差进行设置，如图 6-6 所示。其具体操作步骤如下：

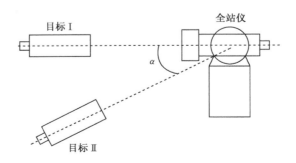

图 6-6　SET2110 型全站仪轴系误差设置图

(1) 在按住±、/和 F1 三个键后，再按开机键 ON，其按键将持续约 2s，使仪器能够调入维修程序。

(2) 用↓键和↑键(分别为上行和下行光标)，选择"1.Configuration"功能，并按回车键。然后再用↑键和↓键将光标移到"1.Voffset，ES，EL"功能，按回车键。

(3) 用盘左照准目标 Ⅰ (显示窗显示 F1)，按键 O SET 清零，并按回车键。

(4) 用盘右照准目标 Ⅰ (显示窗显示 F2)，按回车键。

(5) 用盘左照准目标 Ⅱ (显示窗显示 F1)，按回车键;再用盘右照准目标 Ⅱ (显示窗显示 F2)，按回车键。

(6) 显示窗显示竖盘指标差 Voffset、视准轴误差 ES 及横轴误差 EL 的原值(NOW)和新值(NEW)。

(7) 按回车键将新值存入内存，按 ESC 键退出，并保留原值。

SOKKIA 公司为了防止 ES、EL 值过大，在程序中将其限差设置为 20″，当新测定的值超出 20″时，按回车键则不能存入新值。此时应将仪器送维修中心去调整横轴及视准轴位置。

2. 仪器的安置

1) 利用补偿器整平仪器

SET2110 全站仪除了可以利用圆水准器和管水准器整平外，还可以利用补偿器精确置平仪器，即将仪器的望远镜置于如图 6-7 所示的位置。

(1) 按 SET 键进入功能切换状态后，按 O 键，显示窗内以图形形式显示出圆水准器，如图 6-8 所示。中间的黑圈点表示圆水准器气泡，其内、外圆圈所对应的倾斜范围分别为 3′和 4′。

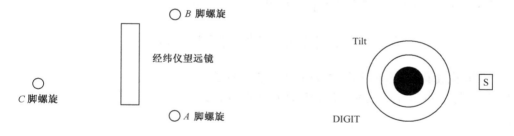

图 6-7　用补偿器整平仪器　　　　图 6-8　圆水准器的图形

(2) 按 DIGIT 键，则仪器显示竖轴在 x 轴(视准轴方向)和 y 轴(横轴方向)上的倾斜分量。

(3) 利用脚螺旋 A、B 使 x 轴方向上的倾斜分量为零，用脚螺旋 C 使 y 轴方向上的倾斜分量为零。此时仪器就精确整平了。

2) 用光学对中器对中

对中步骤见第 4 章中经纬仪的对中过程。

3. 仪器参数设置

在仪器参数设置模块中有很多项需要进行设置，但应特别注意以下几项参数的设置。

1) 气象改正

因为实际测量时的气象条件一般同仪器设计的参考气象条件不一致，所以必须对所测距离进行气象改正。在精度较低的测量中，可以直接将温度、气压输入到仪器中，让仪器进行自动改正。对于精度较高的测量工作，则应将仪器的气象改正项置零，并读取测距时的温度 T、气压 P，按式(6-2)进行改正。即

$$\Delta D = D\left(278.96 - \frac{0.2904P}{1 + 0.003661T}\right) \times 10^{-6} \tag{6-2}$$

式中，D 为仪器所显示的距离；P 为测距时的气压(10^2Pa)；T 为测距时的温度(℃)。

SET2110 全站仪的参考条件为 $T = 15℃$，$P = 101325\text{Pa}$。

2）加常数

使用不同的棱镜时，应在仪器内设置不同的反射棱镜常数。为了在距离显示值中消除加常数的影响，应在设置棱镜常数 P 值中考虑加常数的影响。即

$$A = P + C \tag{6-3}$$

式中，A 为置入仪器的常数值；P 为棱镜常数；C 为仪器加常数。

3）补偿器及轴系误差改正功能应处于"开"的状态

前述的补偿器和轴系误差改正的作用，除特殊要求外，一般均应将补偿器和轴系误差改正功能置于"开"的状态。检查补偿器是否处于"开"的状态，最简单的办法是将全站仪竖直制动制定后，调整其基座脚螺旋，若天顶距读数发生变化，则表明补偿器处于"开"的状态；若天顶距读数不发生变化，则表明补偿器处于"关"的状态。

检查轴系误差改正功能是否处于"开"的状态，也可采用类似的方法：先将全站仪的水平制动螺旋制动后，纵转望远镜，若水平方向读数发生变化，则表明轴系误差改正功能处于"开"的状态；否则，表明轴系误差改正功能处于"关"的状态。

6.3　全站仪在测量工作中的应用

全站仪除了用于角度测量和距离测量外，还装载了一些简单的应用程序，可直接获取待测点的三维坐标。本节介绍几种应用程序的测量原理，其具体作业步骤可参阅相应的仪器使用手册。

6.3.1　后方交会测量

全站仪后方交会是通过对多个已知点的测量来确定站点的坐标，如图 6-9 所示。仪器可以通过对 2～10 个已知点的观测值计算出测站点的坐标，可分为两种情况：①当可以对已知点进行距离测量时，则最少需观测 2 个已知点；②当无法对已知点进行距离测量时，则最少需对 3 个已知点进行方向值观测。

随着观测的已知点数目增加，计算所测的测站坐标精度也相应提高。

1. 计算公式

设已知点的坐标为 $(x_{P_i}, y_{P_i}, z_{P_i})$，测站点的坐标为 (x_P, y_P, z_P)，则有

$$S_{P_0 P_i} = \sqrt{(x_{P_i} - x_P)^2 + (y_{P_i} - y_P)^2 + (z_{P_i} - z_P)^2}$$

$$\alpha_{P_iP_0} = \arctan \frac{y_{P_i} - y_P}{x_{P_i} - x_P} \qquad\qquad (6\text{-}4)$$

因为在式(6-4)中只含了 3 个未知数(测站点坐标),所以,采用后方交会时,至少需要 3 个观测值(距离、方向)才能计算出测站点的三维坐标。

2. 坐标计算

测站点的 x、y 坐标可通过列出角度及边长的残差方程,并采用最小二乘法进行平差计算,其计算过程如图 6-10 所示。z 坐标通过计算平均值求得。

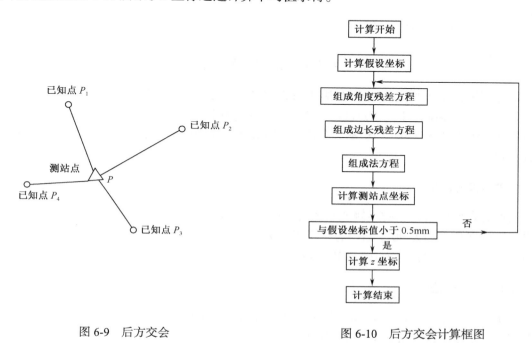

图 6-9 后方交会   图 6-10 后方交会计算框图

6.3.2 放 样 测 量

放样测量主要用于在实地上测设所需点位。在放样测量中,可通过对反射棱镜位置的水平角、竖直角、距离及坐标进行测量,在仪器显示屏上显示预先输入的待放样值与实测值之差,并指挥反射棱镜到达待放样点位置。放样测量一般使用盘左位置进行。

1. 距离放样

距离放样是根据某一参考方向转过的水平角度和至测站点的距离来设定所要求的点位,如图 6-11 所示。

2. 坐标放样

坐标放样主要用于在实地上测设出所要求的点位,是在输入待放样点坐标的基础上,计算出放样时所需的水平角和距离值并存储于仪器的内部存储器中,借助于角度放样和距离放样的功能设定待放样点的位置,如图 6-12 所示。

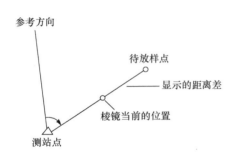

图 6-11　距离放样

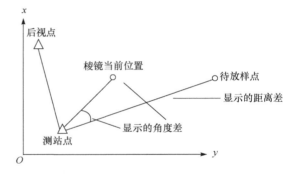

图 6-12　坐标放样

6.3.3　偏心测量

偏心测量常用于测定测站至通视(无法设置棱镜)点或者是测站至不通视点间的距离和角度。测量时，将棱镜设于待测点(目标点)附近，通过测定测站至棱镜(偏心点)间距离和角度来定出测站至测点(目标点)间的距离和角度。SOKKIA 公司生产的 SET2110 型全站仪提供了三种偏心测量方法。

1. 单距偏心测量

当偏心点设于目标点的左侧或右侧时，应使偏心点与目标点的连线和偏心点与测站点的连线形成的夹角大约为 90°；当偏心点设于目标点的前侧或后侧时，应使其位于测站点与目标点的连线上，此时的夹角为 0°，如图 6-13(a)所示。

2. 角度偏心测量

将偏心点设于尽可能靠近目标点的左侧或右侧，使偏心点至测站点的水平距离与目标点至测站点的水平距离相等，如图 6-13(b)所示。

3. 双距偏心测量

将偏心点 A、B 设在由目标点引出的直线上，通过对偏心点 A、B 的测量，并输入 B 点与目标点间的距离来定出目标点，如图 6-13(c)所示。

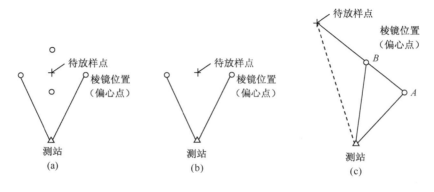

图 6-13　偏心测量

6.3.4 对边测量

对边测量常用于在不移动仪器的情况下，间接测量某一起始点 P_1 至其他点间的斜距、平距和高差，如图 6-14 所示。设仪器测得目标 P_i 点的斜距为 S_i，水平角(顺时针方向)为 β_i，天顶距为 α_i，则可得目标点 P_i 至起始点 P_1 的水平距离为

$$\Delta d = S_2\cos\alpha_2\cos\beta_2 - S_1\cos\alpha_1\cos\beta_1$$

目标点 P_i 至起始点 P_1 的高差为

$$\Delta H = S_2\sin\alpha_2 - S_1\sin\alpha_1$$

故目标点 P_i 至起始点 P_1 的斜距为

$$\Delta S = \sqrt{\Delta d^2 + \Delta H^2}$$

6.3.5 悬高测量

如图 6-15 所示，悬高测量常用于不能设置棱镜的目标(如高压线等)的高度测量。其目标高的计算公式为

$$h_t = h_1 + h_2$$
$$h_2 = S\sin\theta_{Z_1}\cot\theta_{Z_2} - S\cos\theta_{Z_1}$$

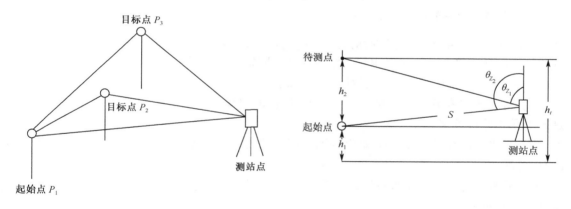

图 6-14　对边测量　　　　　　　　　　图 6-15　悬高测量

6.4 全站仪测距误差检定

为了评定仪器质量，保证测距精度，必须对仪器进行检定。对新购仪器，则应按鉴定规程的规定对所有项目进行检定，若有的指标不符合要求，则应及时退货或做相应处理。用过的仪器，其内部电子元件及光机部件将会随时间的推移而老化或变化，从而引起仪器各项常数及性能指标发生变化，进而影响仪器的测距精度。因此，必须按规程定期进行检定，以保证测距结果的精度。

仪器的检定项目如下：①仪器外观及功能检查；②测距轴与视准轴吻合性检定；③室内短距离测量重复性标准差(测相误差)的检定；④调制光相位不均匀误差及其检测；⑤幅相误差的检定；⑥测距内符合标准差的测定；⑦测尺频率的检定；⑧光学对点器的检验与校正；⑨测程的检定及周期误差的检定；⑩加常数的检定及乘常数的检定。

最终要对仪器测距准确度及距离测量结果做出评定。

6.4.1 仪器外观及功能检查

检查是针对全站仪整体，其基本要求为：

(1) 仪器表面不得有碰伤、划痕、脱漆及锈蚀，盖板及各部件接合完整，密封性好。

(2) 光学部件表面清洁，且无擦痕、霉斑、麻点及脱膜现象；望远镜十字丝成像清晰、粗细均匀、视场亮度均匀；目镜及物镜调焦转动平稳，不应有晃动或自行滑动现象。

(3) 圆水准器及管水准器不得松动，脚螺旋转动松紧适度，水平及竖直制动、微动螺旋运转平稳可靠。

(4) 操作键盘上各键反应灵敏，功能正常，液晶显示屏显示清晰、完整。

(5) 数据传输接口及外接电源完好，机载电池接触良好。

(6) 仪器标识(生产厂家或厂标、型号等)应完好。国产仪器必须具有计量器具制造许可编号、CMC 标志及出厂合格证书。

上述检查一般是针对新购仪器，对于使用中的仪器，只要求不影响测角和测距的准确度即可。

6.4.2 测距轴与视准轴吻合性及测程的检定

1. 测距轴与视准轴吻合性的检定

测距信号的发射与接收光轴称为测距轴，其检查与调整一般是由生产厂家或仪器维修部门进行。在全站仪中，一般采用测距轴与视准轴同轴的光学系统，即在望远镜十字丝照准反射棱镜中心时，测距信号最强。其检定方法如下：

(1) 将仪器和棱镜分别安置于 50~100m 线段的两端，并照准棱镜中心，读取水平方向读数 H 和天顶距读数 Z。

(2) 用水平微动螺旋左、右偏转仪器，直至信号恰好减少到临界值为止，读取水平方向读数 H_1 和 H_2。

(3) 照准中心后再利用垂直微动螺旋上、下转动望远镜，直至信号恰好减少到临界值为止，读取竖直方向读数 Z_1 和 Z_2。

(4) 计算水平和竖直临角的绝对值：

$$\Delta H_1 = |H_1 - H_2| \qquad \Delta H_2 = |H_2 - H|$$
$$\Delta Z_1 = |Z_1 - Z| \qquad \Delta Z_2 = |Z_2 - Z|$$

(5) 当 $|\Delta H_1 - \Delta H_2| \leqslant \frac{1}{5}|H_1 - H_2|$、$|\Delta Z_1 - \Delta Z_2| \leqslant \frac{1}{5}|Z_1 - Z_2|$ 时，则测距轴与视准轴吻合性合格；否则应送仪修中心，调整发光管位置。

2. 测程的检定

测程的检验应在大气能见度良好且无明显大气抖动的阴天进行。因为检验基线一般较短，所以，只检验使用单棱镜时的测程是否满足仪器规定的指标。检定时，分别将仪器和反射棱镜安置于基线两端，进行 10 次重复距离测量(每次读数需重新照准)，并按式(6-5)计算一次距离测量标准差 m_s 为

$$m_s = \sqrt{\frac{\sum\limits_{i=1}^{10}(D_i - D_0)}{10}} \qquad (6\text{-}5)$$

式中，D_i 为经过气象改正、加乘常数改正及倾斜改正后的距离测量值；D_0 为已知的基线值。

按式(6-5)求得的标准差应小于或等于仪器标称的距离精度。

6.4.3　调制光波相位不均匀性误差及幅相误差检定

1. 调制光波相位不均匀性误差检定

当向发光管注入调制电流时，发光面上各点由于电子和空穴复合速度不同而导致各部分发出光的相位不同，这种现象称为调制光波相位不均匀。当仪器照准反射棱镜有偏差时，则调制光相位不均匀性就会对距离测量带来误差影响。另外，即使仪器照准正确，但由于在远近不同测距时发光管相位的不均匀性，使得所截取的光斑面积不同而使接收到的平均相位产生变异，并呈现为一种系统性误差。

检定采用"偏调法"进行。选择长约50m的检定场地，两端分别安置全站仪和反射镜，并使仪器与反射镜同高。用望远镜十字丝精确照准反射镜标志，读取一组距离值，然后用水平微动螺旋对反射镜进行左右扫描，并在水平度盘每微动一个小角(30″或1′)时，读取一组距离观测值；然后用垂直微动螺旋在垂直方向微动一个小角，再对水平方向进行左右扫描，每微动一个小角取一组读数，并注记出各测点距离值的尾数，再像勾绘等高线那样勾绘出相位曲线。

图6-16所示为某台脉冲式测距仪的相位图，其角度单位为分(′)，距离单位为mm。由图6-16可见，该仪器的相位在中间部分非常均匀。

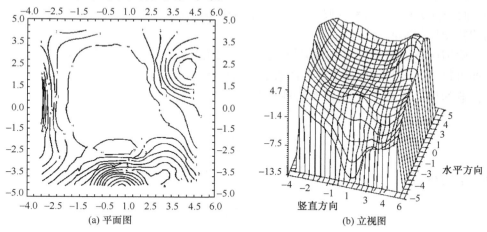

(a) 平面图　　　　　　　　(b) 立视图

图 6-16　相位不均匀性

对于早期的仪器而言，该项误差为仪器的主要误差。现代仪器可通过选择高质量的发光管，并采取混相技术，其发射管相位不均匀性误差可极大降低，但在短距离测量时，此项误差不容忽视。

2. 幅相误差检定

在不同测程的情况下，接收信号的强弱不同会使其幅度发生变化，由此而引起的测距误差称为仪器的幅相误差。

幅相误差的检定方法一般是在发射物镜和接收物镜前另外安置一个灰度滤光片减光系统。因为一般仪器的发射物镜与接收物镜是同轴的，所以，在幅相误差的检定中，必须保证发射信号不能通过减光系统外部直接反射到接收物镜中。为了确保检定结果的准确性，还应采取以下措施：

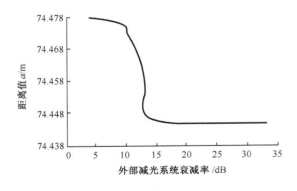

图 6-17　幅相误差检定结果

(1) 检定前应对仪器预热 30min 左右，以消除由于仪器内部温度不一致带来的测距误差。

(2) 检定开始前应精确照准反射镜，此后的检定过程中，不再重新照准反射镜或者偏调仪器。

(3) 检定应在室内进行，且仪器与反射镜间的距离尽可能远。一般情况下，其距离不应小于 50m。图 6-17 所示为某台仪器的幅相误差检定结果。

6.4.4　测尺频率的检定

根据测距原理可知，发射信号的载波频率(即精测尺频率)影响测距成果的准确度。仪器的精测尺频率调制信号，是由石英晶体片为稳频元件的高稳定度晶体振荡器产生的，而石英晶体的固定频率有随温度变化的特征，其变化的程度及模式又与石英晶体片制作时的切割方位有关。为了提高精测尺频率的稳定性，并消除精测尺频率对测距结果的影响，各仪器生产商采用了不同的手段和方法。目前大部分采用温度补偿晶体振荡器(TCXO)来保持精测尺频率的稳定性，而德国 Zeiss 公司和瑞典 Leica 公司则采用精测尺频率改正的方法来改正因温度变化而引起的精测尺频率偏差。

在一般情况下，精测尺频率检定是在室温下测定其频率的偏移。具体方法为：在全站仪开机后即可每隔一定时间从频率计上读取 f_i，共测定 30 次。若全站仪有实时显示频率，应同步记录仪器的显示频率 f_{0i}，则频率实测值为

$$\overline{f} = \frac{\sum_{i=1}^{30} f_i}{30}$$

频率显示值为

$$\overline{f_0} = \frac{\sum_{i=1}^{30} f_{0i}}{30}$$

对于采用温度补偿晶体振荡器的仪器有 $\overline{f_0} = f_0$ (f_0 为频率标称值)。

相对频偏为

$$\frac{\Delta f}{\overline{f_0}} = \frac{\overline{f_0} - \overline{f}}{f_0} \tag{6-6}$$

式中，Δf 的标准偏差可以用频率检定装置的准确度进行估计。

一般情况下，要求相对频偏 $\Delta f / \overline{f_0}$ 不应大于该仪器标称测距准确度比例项的 2/3。

6.4.5　周期误差的检定

周期误差是以精测尺长为周期按正弦函数变化的。在一台测距仪内部，尽管光学和电子的发射系统和接收系统之间进行了严格的隔离，但往往还会有同频率的光电窜扰存在。例如，内光路的漏光、收发共轴仪器光学系统内部反射，以及在测距时在发射光束内有其他反射体等，都会引起同频光窜扰。光电窜扰则主要是由于空间感应、公用电源等途径使发射信号或基准信号直接被接收系统接收而产生。正是由于这种同频光电窜扰信号的存在，导致了光电测距的周期误差。

1. 周期误差测定

周期误差一般采用"平台法"测定，如图 6-18 所示。

在平坦场地上设置一平台，平台的长度应与仪器精测尺长度相适应。若某类型仪器精测尺长度为 10m，则可设置长度略大于 10m 的平台，并在平台上标出标准长度，作为移动反射镜时对准之用。把仪器安置于平台延长线的一端大约 30～50m 处，其高度应与反射镜高度一致，以免引入倾斜改正。

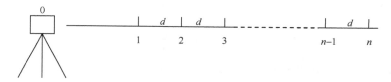

图 6-18　周期误差测定

2. 周期误差计算

如图 6-19 所示，D_0 为仪器至第一个测点的近似距离；d 为反射镜的移动量，根据仪器的精测尺长度 u 和移动的点数 n 而定；设 D_i' 为仪器至第 $i(i=0, 1, 2, \cdots, n-1)$ 点的距离观测值；σ 为近似距离 D_0 的改正数；k 为仪器的加常数；v_i 为距离观测值 D_i' 的改正数 $(i=0, 1, 2, \cdots, n-1)$；A 为周期误差的振幅；φ_0 为周期误差的初相角；φ_i 为仪器至反射镜的距离 D_i' 所对应的相位角，$\varphi_i = \varphi_0 + \theta_i$。

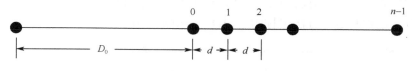

图 6-19　周期误差计算

由图 6-19 可列出下列方程式：

$$\begin{cases} D_0 + \sigma = D_0' + v_0 + k + A \cdot \sin(\varphi_0 + \theta_0) \\ D_0 + \sigma + d = D_1' + v_1 + k + A \cdot \sin(\varphi_0 + \theta_1) \\ \qquad\qquad \cdots\cdots \\ D_0 + \sigma + (n-1)d = D_{n-1}' + v_{n-1} + k + A \cdot \sin(\varphi_0 + \theta_{n-1}) \end{cases} \tag{6-7}$$

将式(6-7)写成误差方程形式：

$$\begin{cases} v_0 = (\sigma - k) - A \cdot \sin(\varphi_0 + \theta_0) + (D_0 - D_0') \\ v_1 = (\sigma - k) - A \cdot \sin(\varphi_0 + \theta_1) + (D_0 + d - D_1') \\ \qquad\qquad \cdots\cdots \\ v_{n-1} = (\sigma - k) - A \cdot \sin(\varphi_0 + \theta_{n-1}) + [D_0 + (n-1)d - D_{n-1}'] \end{cases} \tag{6-8}$$

由于反射镜每次移动的距离相等，移动量 d 所对应的相位差为

$$\Delta\theta = \frac{d}{u} \cdot 360° \qquad (6\text{-}9)$$

式中，u 为精测尺长度。则有

$$\begin{cases} \varphi_0 = \dfrac{D_0}{u} \cdot 360° = \varphi_0 + \theta_0 \\ \varphi_1 = \varphi_0 + \Delta\theta = \varphi_0 + \theta_1 \\ \varphi_2 = \varphi_0 + 2 \cdot \Delta\theta = \varphi_0 + \theta_2 \\ \qquad\qquad\cdots\cdots \\ \varphi_{n-1} = \varphi_0 + (n-1)\Delta\theta = \varphi_0 + \theta_{n-1} \end{cases} \qquad (6\text{-}10)$$

令

$$\begin{cases} x = A\cos\varphi_0 \\ y = A\sin\varphi_0 \end{cases} \qquad (6\text{-}11)$$

则有

$$\begin{cases} A = \sqrt{x^2 + y^2} \\ \varphi_0 = \arctan\dfrac{y}{x} \end{cases} \qquad (6\text{-}12)$$

求得周期误差的振幅及初相角 φ_0 后，即可按式(6-13)计算周期误差的改正数。

$$v_i = A \cdot \sin(\varphi_0 + i \cdot \Delta\theta) \qquad (6\text{-}13)$$

6.4.6 仪器常数的测定

全站仪除存在加常数之外，还应包括比例改正项，它包括了大气折射改正和精测尺频率偏移改正。大量的实测数据表明，由于仪器发光管和接收管相位不均匀及幅相误差等因素，仪器产生了与距离相关的改正项，称为乘常数 R。乘常数 R 通常采用与已知基线比较的方法进行求解。求解时，仍可将仪器加常数 k 作为未知数一同解算，该方法被称为比较法。为了提高求解未知数 k、R 的可靠性，并减少基线点个数，一般在同一条基线上设 7 个点，按全组合法进行测量。这种测定的方法也称为六段比较法(图 6-20)。

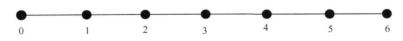

图 6-20 六段比较法测定仪器常数

其观测值为

$$D_{01}, D_{02}, D_{03}, D_{04}, D_{05}, D_{06}$$
$$D_{12}, D_{13}, D_{14}, D_{15}, D_{16}$$
$$D_{23}, D_{24}, D_{25}, D_{26}$$
$$D_{34}, D_{35}, D_{36}$$
$$D_{45}, D_{46}$$
$$D_{56}$$

首先按常数 R 与距离成比例的关系列出 21 个误差方程：

$$\begin{cases} v_{01} = -k - D_{01} \cdot R + l_{01} \\ v_{02} = -k - D_{02} \cdot R + l_{02} \\ \qquad \cdots\cdots \\ v_{56} = -k - D_{56} \cdot R + l_{56} \end{cases} \tag{6-14}$$

$$l_i = \tilde{D}_i - D_i \quad (i = 1, 2, \cdots, 56) \tag{6-15}$$

式中，l_i 为误差方程式的常数项；$\tilde{D}_i$ 为基线值；D_i 为距离观测值(以 hm 或 km 为单位)。

由式(6-14)可知，未知数 k 的系数 a_i 均为 -1，而未知数 R 的系数 b_i 对已选定的基线场来说是确定值，则可组成法方程

$$\begin{cases} n \cdot k + \sum_{i=1}^{n} D_i \cdot R - \sum_{i=1}^{n} l_i = 0 \\ \sum_{i=1}^{n} D_i k + \sum_{i=1}^{n} D_i^2 \cdot R + \sum_{i=1}^{n} D_i l_i \end{cases} \tag{6-16}$$

解法方程得

$$\begin{cases} k = -\dfrac{\sum_{i=1}^{n} D_i \cdot l_i \cdot \sum_{i=1}^{n} D_i - \sum_{i=1}^{n} D_i^2 \cdot \sum_{i=1}^{n} l_i}{\left(\sum_{i=1}^{n} D_i\right)^2 - n \sum_{i=1}^{n} D_i^2} \\[4mm] R = -\dfrac{\sum_{i=1}^{n} l_i \cdot \sum_{i=1}^{n} D_i - n \sum_{i=1}^{n} D_i l_i}{\left(\sum_{i=1}^{n} D_i\right)^2 - n \sum_{i=1}^{n} D_i^2} \end{cases} \tag{6-17}$$

也可利用协因素阵 Q 来计算，即

$$\begin{cases} k = -\sum_{i=1}^{n} l_i \cdot Q_{kk} - \sum_{i=1}^{n} D_i l_i \cdot Q_{kR} \\[3mm] R = -\sum_{i=1}^{n} l_i \cdot Q_{kR} + \sum_{i=1}^{n} D_i l_i Q_{RR} \end{cases} \tag{6-18}$$

对于已知的基线场，Q 阵则是确定的值，即

$$\begin{cases} Q_{kR} = -\dfrac{\sum\limits_{i=1}^{n} D_i}{n \cdot \sum\limits_{i=1}^{n} D_i^2 - \left(\sum\limits_{i=1}^{n} D_i\right)^2} = -\dfrac{\overline{D}}{\sum\limits_{i=1}^{n} (D_i - \overline{D})^2} \\[6mm] Q_{kk} = \dfrac{\left(1 - \sum\limits_{i=1}^{n} D_i \cdot Q_{kR}\right)}{n} = \dfrac{\sum\limits_{i=1}^{n} D_i^2}{n \cdot \sum\limits_{i=1}^{n} D_i^2 - \left(\sum\limits_{i=1}^{n} D_i\right)^2} = \dfrac{\sum\limits_{i=1}^{n} D_i^2}{n \cdot \sum\limits_{i=1}^{n} \left(D_i - \overline{D}\right)^2} \\[6mm] Q_{RR} = -\dfrac{n}{\sum\limits_{i=1}^{n} D_i} Q_{kR} = \dfrac{n}{n \cdot \sum\limits_{i=1}^{n} D_i^2 - \left(\sum\limits_{i=1}^{n} D_i\right)^2} = \dfrac{1}{\sum\limits_{i=1}^{n} (D_i - \overline{D})^2} \end{cases} \tag{6-19}$$

式中，$\overline{D} = \dfrac{\sum\limits_{i=1}^{n} D_i}{n}$。

求得加常数 k 及乘常数 R 后，即可求得各段改正后的距离值，即

$$\overline{D}_i = D_i + D_i \cdot R + k$$

计算各段基线的残差

$$\Delta i = \tilde{D}_i - \overline{D}_i$$

求出 $\sum\limits_{i=1}^{n} \Delta_i^2$ 并与式(6-20)进行比较

$$\sum_{i=1}^{n} \Delta_i^2 = \sum_{i=1}^{n} l_i^2 + \sum_{i=1}^{n} a_i l_i \cdot k + \sum_{i=1}^{n} b_i l_i \cdot R \tag{6-20}$$

6.5 全站仪测角误差检定

全站仪的测角部分与电子经纬仪的完全一致，而无论电子经纬仪还是光学经纬仪均应满足以下 3 个几何条件：①视准轴 C 应垂直于横轴 H；②横轴 H 应垂直于竖轴 V；③水准管轴 L 应垂直于竖轴 V。

在光学经纬仪中，上述 3 个条件要求非常严格，而在电子经纬仪中是可以通过一定的软件和补偿器对轴系统误差进行补偿的，对上述 3 个条件要求相对较松，但经过误差修正后，电子经纬仪也应满足上述 3 个条件。

若上述 3 个条件不能严格满足，或经过误差修正后仍有剩余误差，则必将产生视准轴(剩余)误差、横轴(剩余)误差、竖轴(剩余)误差。对于具有轴系误差改正软件的电子经纬仪，仍将经过误差修正之后的轴系剩余误差分别称为视准轴误差、横轴误差和竖轴误差。

除三轴关系外，电子经纬仪还应满足以下条件：①横轴应过竖盘中心；②竖轴应过水平度盘中心；③水平及竖直度盘的分划应无系统误差；④测微系统(包括电子测微系统和光学测微器)应无系统误差，并应同度盘的分划值相匹配；⑤望远镜成像质量良好，调焦时视准轴应无变动。

经纬仪的检定就是采用适当的方法，求证被检经纬仪是否满足上述条件或者是否在限差之内。检定过程应有先后次序，否则对后一项检验则有可能破坏前一项条件，一般可按下列顺序进行检定：①水准轴 L 是否垂直于竖轴 V；②望远镜系统的十字丝分划板；③轴系误差；④补偿器对水平方向和竖直角的补偿误差；⑤一测回水平方向标准差和一测回竖直角测角标准差。

由于上述检定项目中的一部分已在第 4 章做了详细介绍，在此不再重复。

6.5.1 补偿器零点差的调整

电子经纬仪在出厂前均已经过以下调整：当仪器竖轴铅垂时，补偿器的补偿值为零；反之也成立，即当补偿器的补偿值为零时，仪器竖轴则处于铅垂状态。然而，当仪器经过一段时间的使用或运输震动后，补偿器的零点位置就会发生变化，上述条件将不再成立，则应重新调整补偿器零点位置。早期的仪器，零点位置一般是固定的，当仪器产生了零点差，则需将其送到维修中心调整补偿器的几何位置，消除零点差。目前绝大多数的仪器零位是动态的，并可通过软件重新设置零位，消除零点差。在仪器使用手册中，一般均做了调整零点

差的说明。

以下以 SOKKIA 公司的 SET2110 型全站仪为例说明补偿器零点差的调整方法。

(1) 在设置"Config"的模式下，选择"2.instr Const"，按回车键进入仪器常数设置，仪器显示"1.Tilt"，即显示补偿器零点位置参数，如"1.Tilt 398 Y410"。

(2) 选取"1.Tilt"后，按回车键进入补偿器零点设置程序。

(3) 在盘左位置精确照准一平行光管分划板的十字丝后，按 YES 键记录此时的观测值。

(4) 在盘右位置精确照准同一目标，再按 YES 键，记录观测值。此时屏幕上将显示补偿器零点的新位置(同时也将原有补偿器零点位置显示在同一显示屏上)。若要保存新测定值，按 YES 键；要保持原有值，按 NO 键。

6.5.2　照准部旋转时基座位移产生的误差检定

1. 误差产生的原因

当照准部旋转时，固定在基座上的水平度盘不应被其带动，但实际上是不可能的。而这种度盘被带动的现象(即基座位移)主要是由空隙带动误差和弹性带动误差引起的。

1) 空隙带动误差

仪器脚螺旋与螺孔之间存在着空隙，当旋转照准部时，则可能使脚螺旋在其螺孔内移动，从而导致基座和水平度盘发生微小的方位变动。这种方位变动只有在照准部开始转动时才会发生，变动旋转方向时取得最大值，而后逐渐缩小。当脚螺旋已压向孔壁一侧时就不会再变动了。

这种影响使得照准部向右旋转时度盘读数偏小，向左旋转时度盘读数偏大。因此，当观测某一组方向时，在照准零方向前首先将仪器沿要旋转的方向转动 1~2 周，并在照准其他方向时，必须保持按同一方向旋转，即可消除或削弱此项误差的影响。

2) 弹性带动误差

若竖轴与其转套之间存在较大摩擦，在照准部旋转时就可能带动基座而产生弹性扭曲，同时使水平度盘产生微小的方位变动。这种扭曲主要发生在照准部开始旋转的瞬间，在转动过程中其旋转值减少，从而使读数在顺时针旋转情况下偏小。

因为以上两种误差的性质相同，对方向值的影响也基本相同，所以可采用与消除或削弱空隙误差相同的方法来消除或削弱弹性带动误差。

2. 检定方法

在仪器墩台上安置好仪器并照准一平行光管，顺转照准部一周照准目标读数，再顺转一周照准目标读数。然后逆转一周照准目标读数，再逆转一周照准目标读数。以上操作为一测回，连续测定 10 个测回，分别计算顺、逆两次照准目标读数的差值，并取 10 次平均值作为最终结果。对于 0.5″级的仪器，其值不应超过 0.3″；对于 2″级仪器，其值不应超过 1.5″。若检定结果超限时，则应送仪器检修中心对仪器进行修理。

6.5.3　全站仪其他检查项目

1. 测量数据记录功能检查

全站仪一般采用以下两种记录数据方式：①配置的存储卡，有专用卡和通用 PCMCIA

(Personal Computer Memory Card International Association)卡；②内部存储器。

对于存储卡(或存储器)要求其初始化工作正常；存储容量应达到说明书的标称指标；测量数据可以完整地存储到存储卡(器)中，并能够在全站仪上调用这些数据。其检查方法是按照仪器说明书提供的操作步骤，逐步进行检查，发现异常情况应即时分析原因。若故障系仪器本身原因，则应及时对仪器进行维修。

2. 数据通信功能检查

全站仪数据通信是指全站仪与计算机之间的双向数据交换。目前主要的数据交换方式为：一种是借助于存储卡或通过 PCMCIA 存储卡作为数据载体，另一种是利用全站仪的数据输入及输出接口，并用专用电缆传输数据。

1) PCMCIA 存储卡及专用存储卡检查

PCMCIA 存储卡是个人计算机存储卡国际协会确定的标准计算机设备的一种配件(简称 PC 卡)，目的是为了提高不同计算机之间以及与其他电子产品之间的信息交换，一般便携机都设置有 PCMCIA 卡插口，只要插入 PC 卡，便可达到扩充系统的目的。

2) 电缆传输数据功能的检查

全站仪数据通信的另一种方式是指全站仪将测得或处理后的数据，通过电缆直接传输到计算机或其他设备中，也可将计算机中的数据上传至全站仪，或者直接由计算机控制全站仪。全站仪每次传输的数据量有限，所以一般全站仪采用的是串型通信方式。

对该功能的要求是：计算机与全站仪间的数据交换能正常进行，即全站仪与计算机能实现数据的互传。若传输不能正常进行，则要检查计算机端口选择是否正确，比特率是否一致，电缆是否有损坏等；在排除以上原因后，若还不能正常传输数据，则应将仪器送维修中心进行修理。

3. 误差改正软件及其他应用软件检查

在新型全站仪中不仅设置有加常数改正、大气参数改正、轴系误差(视准轴误差、横轴误差及竖轴误差)和竖盘指标差修正等误差改正软件，而且也设置有坐标放样测量、后方交会等应用软件。对这些软件的要求是软件运算结果必须准确无误。检查时应按仪器说明书中提供的操作步骤进行实际对比。

习　　题

1. 全站仪与经纬仪、测距仪功能上有何不同？
2. 全站仪测量主要误差包括哪些？应如何消除？
3. 全站仪为什么要进行气压、温度等参数设置？
4. 试述全站仪导线测量步骤。
5. 全站仪检校的项目有哪些？

※第7章　GNSS定位技术

7.1 概　　述

为了满足军事及民用部门对连续实时三维导航的需求，1973年美国国防部开始研究建立新一代卫星导航系统，即授时与测距导航系统/全球定位系统(navigation system timing and ranging/global positioning system，NAVSTAR/ GPS)，通常称为全球定位系统(GPS)。

中国北斗卫星导航系统(BeiDou navigation satellite system，BDS)是我国1994年开始自行研制的全球卫星导航系统，目前已经建成使用。北斗系统也是继美国全球定位系统(GPS)、俄罗斯格洛纳斯卫星导航系统(GLONASS)之后第三个成熟的卫星导航系统。

GNSS导航定位系统不仅可用于测量、导航，还可用于测速、测时。测速的精度可达0.1m/s，测时的精度可达几十毫微秒，可为各类用户连续提供动态目标的三维位置、三维速度及时间信息。随着GNSS定位技术及数据处理技术的不断完善，多星兼容性卫星接收机的广泛使用，其精度还将进一步提高。利用GNSS定位系统进行导航，可实时确定运动目标的三维位置和速度，保障运动载体沿预定航线运行，也可选择最佳航线，特别是对军事上动态目标的导航，具有十分重要的意义。

GNSS定位技术相对于经典的测量技术来说，主要有以下特点。

1. 观测站之间无须通视

既要保持良好的通视条件，又要保障测量控制网的良好结构，这一直是经典测量技术在实践方面的困难问题之一。而GNSS测量不需观测站之间互相通视，因而不再需要建造觇标。这一优点不但减少了测量工作的经费和时间，而且也使点位的选择变得极为灵活。

GNSS测量虽不要求观测站之间相互通视，但必须保持观测站的上空开阔(净空)，以使接收的卫星信号不受干扰。

2. 定位精度高

大量实验表明，目前在小于50km的极限上，其相对定位精度可达$1 \times 10^{-6} \sim 2 \times 10^{-6}$，而在$100 \sim 500$km的基线上可达$10^{-7} \sim 10^{-6}$，在大于1000km的距离上，相对定位精度优于$10^{-8}$。

3. 观测时间短

目前，利用经典的静态定位方法，完成一条基线的相对定位所需要的观测时间，根据不同的精度要求，一般为$1 \sim 3$h。为了进一步缩短观测时间，提高作业速度，近年来发展的短基线(不超过20km)快速相对定位法，其观测时间仅需数分钟。

4. 提供三维坐标

GNSS测量，在精确测定观测站平面位置的同时，可以精确测定观测站的大地高程。GNSS

※ 若后续课程开设有GNSS原理及应用，则本章可不讲。

测量的这一特点，不仅为研究大地水准面的形状和确定地面点的高程开辟了新途径，同时也为其在航空物探、航空摄影测量及精密导航中的应用，提供了重要的三维位置数据。

5. 操作简便

GNSS 测量的自动化程度很高，在观测中测量员的主要任务只是安置并开关仪器、量取仪器高、监视仪器的工作状态和采集环境气象数据，而其他观测工作，如卫星的捕获、跟踪观测和记录等均由仪器自动完成。另外，GNSS 用户接收机重量较轻、体积较小，因此携带和搬运都很方便。

6. 全天候作业

GNSS 测量工作，可以在任何地点、任何时间连续进行，一般不受天气状况的影响。GNSS 定位技术的发展，对于经典的测量技术是一次重大的突破。一方面，它使经典的测量理论与方法产生了深刻的变革；另一方面，也进一步加强了测量学与其他学科之间的相互渗透，从而促进测绘科学技术的现代化发展。

7.2 GNSS 系统的组成

GNSS 卫星系统主要由三大部分组成，即空间部分的卫星星座部分、地面监控部分和用户设备部分，在此以全球定位系统为例进行介绍（图 7-1）。

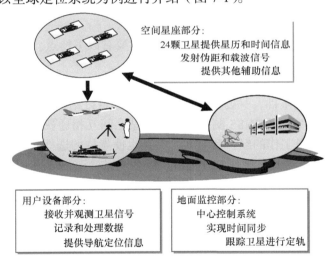

图 7-1 全球定位系统的组成

7.2.1 空间星座部分

1. 卫星星座的构成

全球定位系统的空间卫星星座，由 24 颗卫星(3 颗备用卫星)组成。卫星分布在 6 个轨道面内，每个轨道上分布有 4 颗卫星。卫星轨道面相对地球赤道面的倾角约为 55°，各轨道平面升交点的赤经相差 60°。在相邻轨道上，卫星的升交距相差 30°。轨道平均高度约为 20200km，卫星运行周期为 11h58min。因此，同一观测站上，每天出现的卫星分布图形相同，只是每天提前 4min。每颗卫星每天约有 5h 在地平线以上，而位于地平线以上的卫星数目是随时间和地点而异，最少为 4 颗，最多可达 11 颗。

全球定位系统的卫星星座保障了在地球上任何地点、任何时刻至少可同时观测 4 颗卫星，加之卫星信号的传播和接收不受天气的影响，因此是一种全球性、全天候的连续实时导航定位系统。

2. 全球定位系统卫星及其功能

全球定位系统卫星的主体呈圆柱形，直径约为 1.5m，重约 774kg，两侧设有两块双叶太阳能板，能自动对日定向，以保证卫星正常工作用电，如图 7-2 所示。

每颗卫星装有 4 台高精度原子钟(2 台铷钟和 2 台铯钟)，这是卫星的核心设备。它发射标准频率信号，为卫星定位提供高精度的时间标准。

全球定位系统卫星的基本功能是：

(1) 接收和储存由地面监控站发来的导航信息，并执行监控站的控制指令。

(2) 卫星上设有微处理机，能进行部分必要的数据处理工作。

图 7-2　全球定位系统卫星示意图

(3) 通过星载的高精度铯钟和铷钟提供精密的时间标准。

(4) 向用户发送定位信息。

(5) 在地面监控站的指令下，通过推进器调整卫星的姿态和启用备用卫星。

一般来说，在卫星大地测量学和大地重力学中，或者把人造地球卫星作为一个高空观测目标，通过测定用户接收机与卫星之间的距离或距离差来完成定位任务；或者把卫星作为一个传感器，通过观测卫星运行轨道的摄动，来研究地球重力场的影响和模型。不过，对于后一种应用，通常要求卫星轨道较低，而全球定位系统卫星的轨道高度平均达 20200km，对地球重力异常的反应灵敏度较低。所以它主要是作为具有精确位置信息的高空目标，被广泛地用于导航和测量。

7.2.2　地面监控部分

全球定位系统的地面监控部分是由分布在全球的 5 个地面站组成，其中包括卫星监测站、主控站和注入站。

1. 监测站

现有的 5 个地面站均具有监测的功能。监测站是在主控站直接控制下的数据自动采集中心。站内设有双频卫星信号接收机、高精度原子钟、计算机各一台和若干台环境数据传感器。接收机对卫星进行连续观测，以采集数据和监测卫星的工作状况。原子钟提供时间标准，而环境传感器收集有关当地的气象数据。所有观测资料由计算机进行初步处理，并储存和传送到主控站，用以确定卫星的轨道信息。

2. 主控站

主控站 1 个，设在美国本土科罗拉多斯普林斯(Colorado Springs)的联合空间执行中心(CSOC)。主控站除协调和管理地面监控系统工作外，其主要任务是：

(1) 根据本站和其他监测站的所有观测资料，推算编制各卫星的星历、卫星钟差和大气层的修正参数等，并把这些数据传送到注入站。

(2) 提供全球定位系统的时间基准。各测站和全球定位系统卫星的原子钟，均应与主控站的原子钟同步，或测出其间的钟差，并把这些钟差信息编入导航电文，送到注入站。

(3) 调整偏离轨道的卫星，使之沿预定的轨道运行。

(4) 启用备用卫星，以代替失效的工作卫星。

3. 注入站

注入站现有 3 个，分别设在印度洋的迪戈加西亚(Diego Garcia)、南大西洋的阿森松岛(Ascension Island)和南太平洋的卡瓦加兰(Kwajalein)。注入站的主要设备为一台直径为 3.6m 的天线、一台 C 波段发射机和一台计算机。其主要任务是在主控站的控制下将主控站推算和编制的卫星星历、钟差、导航电文和其他控制指令等注入相应卫星的存储系统，并检测注入星系的正确性。

整个全球定位系统的地面监控部分，除主控站外均无人值守。各站间用通信网络联系，在原子钟和计算机的驱动和精确控制下，各项工作实现了高度的自动化和标准化。

7.2.3 用户设备部分

全球定位系统的空间部分和地面监控部分，是用户进行定位的基础，而用户只有通过用户设备，才能实现导航定位的目的。

根据用户的不同要求，所需的接收设备各异。随着卫星定位技术的迅速发展和应用领域的日益扩大，许多国家都在积极研制、开发适用于不同要求的接收机及相应的数据处理软件。

用户设备主要由卫星接收机硬件和数据处理软件，以及微处理机及其终端设备组成，而卫星信号接收机的硬件，一般包括主机、天线和电源。其主要功能是接收卫星发射的信号，以获得必要的导航和定位信息，并经简单数据处理而实现实时导航和定位。软件部分是指各种后处理软件包，其主要作用是对观测数据进行精加工，以便获得精密定位结果。

由于用户的要求不同，卫星信号接收机也有许多不同的类型，一般可分为导航型、测量型和授时型。

7.3 GNSS 定位原理

7.3.1 GNSS 绝对定位原理

绝对定位是以地球质心为参考点，确定接收机天线在 WGS-84 坐标系中的绝对位置。因为定位作业时仅需一台接收机，所以又称为单点定位。

单点定位结果受卫星星历误差、信号传播误差及卫星几何分布影响显著，所以定位精度较低，一般适用于低精度的测量领域，如车辆、船只、飞机的导航、地质调查及林业调查等。

利用卫星进行绝对定位的基本原理，是以卫星和用户接收机天线之间的距离观测量为基准，根据已知的卫星瞬时坐标，来确定用户接收机天线所在的位置。

GNSS 绝对定位方法的实质，就是空间距离后方交会。因此，在一个测站上，只需 3 个独立距离观测量即可。由于 GNSS 采用的是单程测距原理，同时卫星钟与用户接收机钟又难以保持严格同步，实际上观测的测站至卫星之间的距离，均含有卫星钟和接收机钟同步差的影响，故又称为伪距离测量。当然，卫星钟钟差是可以通过卫星导航电文中所提供的相应钟差参数加以修正的，而接收机的钟差，一般难以预先准确测定。所以，可将其作为一个未知参数与观测站坐标在数据处理中一并解出。因此，在一个测站上，为了实时求解4个未知参数(3个点位坐标分量及1个钟差参数)，至少应有4个同步伪距观测量，即至少必须同步观测4颗卫星(图7-3)。

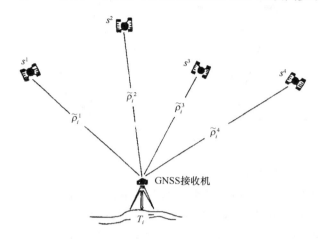

图 7-3　绝对定位(或单点定位)

绝对定位可根据用户接收机天线所处的状态不同，又分为动态绝对定位和静态绝对定位。

当用户接收设备安置在运动的载体上，确定载体瞬时绝对位置的定位方法，称为动态绝对定位。动态绝对定位，一般只能得到没有(或很少)多余观测量的实时解。这种定位方法被广泛地应用于飞机、船舶以及陆地车辆等运动载体的导航中。另外，在航空物探和卫星遥感等领域也有广泛的应用。

当接收机天线处于静止状态时，确定观测站绝对坐标的方法，称为静态绝对定位。这时，可以连续地测定卫星至观测站的伪距，可获得充分的多余观测量，以便在测量后通过数据处理提高定位的精度。静态绝对定位方法主要用于大地测量，以精确测定观测站在协议地球坐标系中的绝对坐标。

目前，无论是动态绝对定位还是静态绝对定位，所依据的观测量都是所测卫星至观测站的伪距，通常也称为伪距定位法。伪距测量有测码伪距和测相伪距之分，所以，绝对定位又可分为测码伪距绝对定位和测相伪距绝对定位。

7.3.2　GNSS 相对定位原理

在 GNSS 绝对定位中，定位精度将受到卫星轨道误差、钟差及信号传播误差等因素的影响，虽然其中一些系统性误差可以通过模型加以削弱，但改正后的残差仍是不可忽略的。GNSS相对定位，也叫做差分定位，是目前 GNSS 测量中定位精度最高的定位方法，它广泛应用于大地测量、精密工程测量、地球动力学的研究及精密导航。

1. 静态相对定位概念

用两台卫星接收机分别安置在基线的两端点，其位置静止不动，同步观测相同的4颗以上卫星，确定基线两端点在协议地球坐标系中的相对位置，这种定位模式称为相对定位(图 7-4)。在实际工作中，常常将接收机数目扩展到3台以上，同时测定若干条基线向量(图 7-5)，这样做不仅可以提高工作效率，而且可以增加观测量，提高观测成果的可靠性。

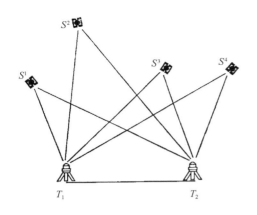
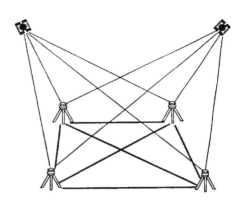

图 7-4　GNSS 相对定位原理　　　　　　　图 7-5　用多台接收机相对定位作业

　　静态相对定位采用载波相位观测量为基本观测量，由于载波波长较短，其测量精度远高于码相关伪距测量，并且采用不同载波相位观测量的线性组合可以有效地削弱卫星星历误差、信号传播误差以及接收机钟不同步误差对定位的影响。而且天线长时间固定在基线两端点上，可保证取得足够多的观测数据，从而可以准确确定整周未知数 N_0。上述优点使得静态相对定位可以达到很高的精度。实践证明，在通常情况下，采用广播星历定位，精度可达 $10^{-7} \sim 10^{-6}$，如果采用精密星历和轨道改进技术，定位精度可提高到 $10^{-9} \sim 10^{-8}$，如此高的定位精度，是常规大地测量望尘莫及的。

　　静态相对定位也存在缺点，即定位观测的时间过长。在跟踪 4 颗卫星的情况下，通常要观测 $1 \sim 1.5 \mathrm{h}$，甚至观测更长的时间，从而影响了卫星定位测量的功效。而整周未知数快速逼近技术，则可在短时间内快速确定整周未知数，使定位测量时间缩短到几分钟，从而为卫星定位技术开辟了更广泛的应用前景。

2. 动态相对定位概念

　　虽然动态绝对定位作业简单，易于快速地实现实时定位，但是，定位过程中受到卫星星历误差、钟差及信号传播误差等诸多因素的影响，其定位精度不高，一般为 $5 \sim 10 \mathrm{m}$，难以满足高精度动态定位的要求，限制了其应用范围。

　　卫星测量误差具有较强的相关性，因此，可以在卫星动态定位中引入相对定位作业方法，即称为动态相对定位。该作业方法实际上是用两台卫星信号接收机，将一台接收机安置在基准站上固定不动，另一台接收机安置在运动的载体上，两台接收机同步观测相同的卫星，通过在观测值之间求差，以消除具有相关性的误差，提高定位精度。运动点位置是通过确定该点相对基准站的相对位置实现的，如图 7-6 所示，这种定位方法也叫作差分定位。

　　动态相对定位又分为以测码伪距为观测值的动态相对定位和以载波相位为观测值的动态相对定位。

　　测码伪距相对动态定位，是由安置在基准点的接收机测量出该点到卫星的伪距 $\tilde{\rho}_i^j$，该伪距包含了卫星星历误差、钟差、大气折射误差等各种误差的影响。此时，基准站接收机位置已知，利用卫星星历数据可计算出基准站到卫星的距离 ρ_i^j。ρ_i^j 仍包含有相同的卫星星历误差。如果将两个距离求差，即

$$\delta \rho_i^j = \tilde{\rho}_i^j - \rho_i^j \tag{7-1}$$

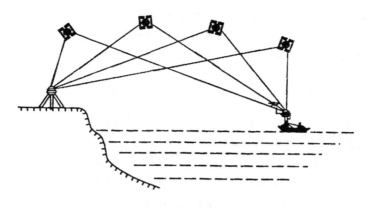

图 7-6　动态相对定位

则 $\delta\rho_i^j$ 包含钟差、大气折射误差，当运动的用户接收机与基准站相距不太远(如大于或等于100km)时，两站的误差具有较强的相关性。如果将距离差值作为距离改正数传送给用户接收机，那么，用户就得到了一个伪距改正值，可有效地消除或削弱一些公共误差的影响。用户接收机所在点的三维坐标与卫星之间的距离存在以下关系：

$$\tilde{\rho}_k^j - \delta\rho_i^j = \sqrt{(X^j - X_k)^2 + (Y^j - Y_k)^2 + (Z^j - Z_k)^2} + c \cdot (\delta t_k - \delta t_i) \tag{7-2}$$

式(7-2)中包含 4 个未知数，即运动接收机在 t 时刻的三维坐标 X_k、Y_k、Z_k 及基准站接收机(i)与运动站接收机(k)钟差之差，当同步观测卫星数等于或大于 4 颗时，即可求出唯一解，实现动态定位。伪距差分可以消除大部分系统性误差，因而可以大大提高定位精度，当基准站与运动用户站之间距离小于 100km 时，定位精度可达米级或亚米级。表 7-1 列出了动态绝对定位与差分定位的误差估计。

表 7-1　动态绝对定位与差分定位的误差估计

定位误差	绝对定位	差分定位
卫星星历误差/m	100.00	0
卫星钟误差/m	5.00	0
电离层/对流层延迟误差/m	6.41/0.40	0.15
接收机噪声/量化误差/m	2.44	0.61
接收机通道误差/m	0.61	0.61
多路径效应/m	3.05	3.05
UERE(rms)/m	100.4	3.97
水平位置误差(HDOP=1.5)/m	150.6	5.95
垂直位置误差(VDOP=2.5)/m	251.0	9.91

鉴于载波相位测量的精度要高于测码伪距测量的精度，因此可将载波相位测量用于实时动态相对定位。载波相位动态相对定位法，是通过将载波相位修正值发送给用户站来改正其载波相位实现定位的，或是通过将基准站采集的载波相位观测值发送给用户站进行求差实现定位的。其定位精度在小区域范围内(小于 30km)可达 1～2cm，是一种快速且高精度的定位法。

动态相对定位中，根据数据处理方式不同，又可分为实时处理和测后处理。数据的实时处理可实现实时动态定位，但应在基准站和用户之间建立数据的实时传输系统，以便将观测数据或观测量的修正值及时传输给用户站。数据的测后处理是在测后进行有关的数据处理，以求得定位结果。这种处理数据的方法，不需实时传输数据，也无法实时求出定位结果，但可以在测后对所测数据进行详细的分析，易于发现粗差。

7.3.3　静态相对定位的观测方程及其解算

利用载波相位进行测量定位，就其本身来讲，测量精度可达 0.5～2.0mm，但是 GNSS 测量会受到多种误差的影响，如卫星轨道误差、卫星钟差、接收机钟差以及电离层和对流层的折射误差的影响。为了提高定位精度，虽研究了各种误差规律，建立了改正模型对其进行改正，但这种改正往往难以完全正确地反映误差的规律，观测值中仍存在残余影响，一般可通过在观测方程中加入相应的附加参数来消除。如对接收机钟差，可按每一个观测历元设立一个钟差未知参数。对其他误差也可采用这样的办法。但这样做又给观测方程中增加了大量与定位无直接关系的多余未知参数，仅就钟差未知数而言，当观测 90min，每隔 15s 记录一次时，则观测方程中将有 360 个独立的钟差未知参数。大量的多余未知参数不但大大增加了平差计算工作量，而且还影响定位未知参数的可靠性。

因为上述观测误差与两个观测站或多个观测站同步观测相同卫星具有较强的相关性，所以，一种简单有效消除或减弱误差影响的方法是将这些观测量进行不同的线性组合。在 GNSS 相对定位中，通常采用的组合方式有单差、双差和三差 3 种。

1. 单差观测模型及解算

单差(single different，SD)是指不同观测站同步观测相同卫星所得观测量之差。

假设测站(接收机)T_1 和 T_2 分别在 t_1 和 t_2 时刻(历元)对卫星 p 和 q 进行了同步观测，如图 7-7 所示，则可得载波相位观测量 $\varphi_1^p(t_1)$、$\varphi_1^p(t_2)$、$\varphi_1^q(t_1)$、$\varphi_1^q(t_2)$、$\varphi_2^p(t_1)$、$\varphi_2^p(t_2)$、$\varphi_2^q(t_1)$、$\varphi_2^q(t_2)$。

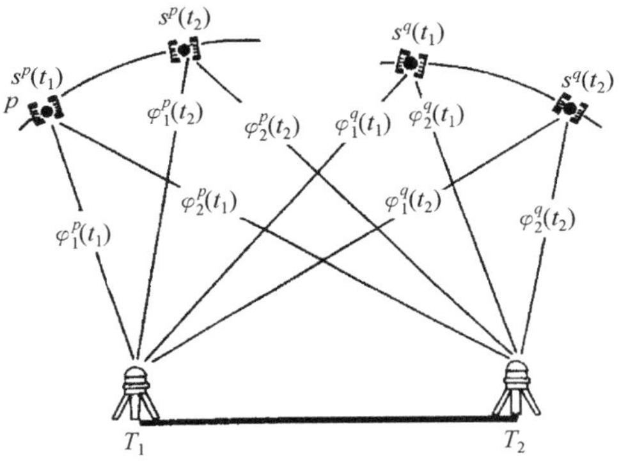

那么，可以在卫星间、接收机(测站)间及历元(时刻)间求差，则有：将这种求差称为求单差(一次差)，将求差后的线性组合当作虚拟观测值。

图 7-7　相对定位的观测量

$$\begin{cases} \Delta\varphi_i^{qp}(t_j) = \varphi_i^q(t_j) - \varphi_i^p(t_j) & (i=1,2; j=1,2) \\ \Delta\varphi_{12}^k(t_j) = \varphi_2^k(t_j) - \varphi_1^k(t_j) & (k=p,q; j=1,2) \\ \Delta\varphi_i^k(t_{12}) = \varphi_i^k(t_2) - \varphi_i^k(t_1) & (i=1,2; k=p,q) \end{cases}$$

(7-3)

可以看出在观测值间有 3 种求单差的形式。以测站间求差为例，给出其虚拟观测值线性模型及其解算，类似可得出卫星间求差、历元间求差后的观测模型。

如图 7-7 所示，若在 t_1 时刻在测站 T_1、T_2 同时对卫星 p 进行相位测量，可得观测方程：

$$\varphi_1^p(t_1) = \frac{f}{c}[\varphi_1^p(t_1) + \delta I_1^p(t_1) + \delta T_1^p(t_1)] + f\delta t_1 - f\delta t^p - N_1^p(t_0)$$

$$\varphi_2^p(t_2) = \frac{f}{c}[\rho_2^p(t_1) + \delta I_2^p(t_1) + \delta T_2^p(t_1)] + f\delta t_2 - f\delta t^p - N_2^p(t_0)$$

将以上两式代入式(7-3)中的第二式得

$$\Delta\varphi_{12}^p(t_1) = \varphi_2^p(t_1) - \varphi_1^p(t_1)$$

$$= \frac{f}{c}[\rho_2^p(t_1) - \rho_1^p(t_1)] + \frac{f}{c}[\delta I_2^p(t_1) - \delta I_1^p(t_1)] + \frac{f}{c}[\delta T_2^p(t_1)$$

$$- \delta T_1^p(t_1)] + f[\delta t_2 - \delta t_1] - f[\delta t^p - \delta t^p] - [N_2^p(t_0) - N_1^p(t_0)]$$

设：$\rho_{12}^p(t_1) = \rho_2^p(t_1) - \rho_1^p(t_1)$，$\delta I_{12}^p = \delta I_2^p(t_1) - \delta I_1^p(t_1)$，$\delta T_{12}^p = \delta T_2^p(t_1) - \delta T_1^p(t_1)$，$\delta t_{12} = \delta t_2 - \delta t_1$，$N_{12}^p(t_0) = N_2^p(t_0) - N_1^p(t_0)$，则可得单差虚拟观测方程

$$\Delta\varphi_{12}^p(t_1) = \frac{f}{c}\rho_{12}^p(t_1) + f\delta t_{12} - N_{12}^p(t_0) + \frac{f}{c}\delta I_{12}^p + \frac{f}{c}\delta T_{12}^p \qquad (7-4)$$

由式(7-4)可知，卫星钟差影响已消除。当两测站相距不太远(20km 以内)时，对流层和电离层折射的影响具有很强的相关性，故在测站间求一次差可消除大气折射误差。

在图 7-8 中，1、2 为测站的近似位置，S 为卫星的正确位置，设卫星的星历存在误差 ds，则由星历求出卫星的位置。若在测站 1 上进行单点定位时，ds 对测距的影响为 dD=d$s\cdot\cos\alpha$。当在测站间求差后，ds 对测距的影响为

$$dD_2 - dD_1 = ds\cdot(\cos\alpha_2 - \cos\alpha_1) = -2ds\cdot\sin\frac{\alpha_2+\alpha_1}{2}\cdot\sin\frac{\alpha_2-\alpha_1}{2}$$

$$= -ds\cdot\sin\frac{\alpha_2+\alpha_1}{2}\cdot(\alpha_2-\alpha_1)$$

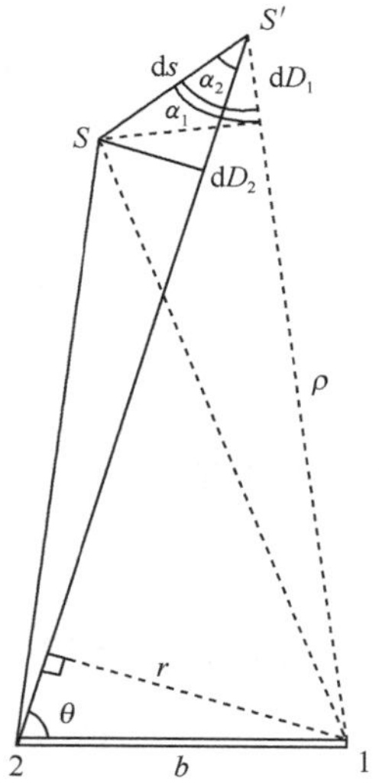

图 7-8　卫星星历误差影响

而 $r = b\cdot\sin\theta$，由角度与弦长关系可得 $\alpha_2 - \alpha_1 = \dfrac{\gamma}{\rho} = \left(\dfrac{b}{\rho}\right)\sin\theta$，

若 $b\sin\theta = 20\text{km}$，$\rho = 20000\text{km}$，则 $(b/\rho)\sin\theta \leqslant 0.001$。这表明在测站间求差后，星历误差对测距的影响只有原来的 1/1000。

由以上的讨论可知，测站间求单差的模拟观测模型具有下列优点：

(1) 消除了卫星钟误差的影响。

(2) 大大削弱了卫星星历误差的影响。

(3) 大大削弱了对流层折射和电离层折射的影响，在短距离内几乎可以完全消除其影响。

在 n_i 个测站间求单差，通常以某点为已知参考点。例如，在两个测站中，测站 1 作为已知参考点，坐标已知，测站 2 为待定点，应用式(7-4)，且考虑电离层、对流层折射影响已基本消除，可得单差观测方程的线性化形式：

$$\Delta\varphi_{12}^p(t_1) = -\frac{f}{c}[k_2^p(t_1)\ l_2^p(t_1)\ m_2^p(t_1)]\begin{bmatrix}\delta X_2\\ \delta Y_2\\ \delta Z_2\end{bmatrix} + f\delta t_{12} - N_{12}^p(t_0)$$

$$+ \frac{f}{c}[\rho_2^p(t_1) - \rho_1^p(t_1)] \qquad (7-5)$$

式中，$\rho_1^p(t_1)$ 为 t_1 时刻测站 1 至卫星 p 的距离。

对单差观测方程可写出相应的误差方程为

$$\Delta V_{12}^p(t_1) = -\frac{f}{c}[k_2^p(t_1)\ l_2^p(t_1)\ m_2^p(t_1)]\begin{bmatrix}\delta X_2\\ \delta Y_2\\ \delta Z_2\end{bmatrix} + f\delta t_{12} - \lambda N_{12}^p(t_0) + \Delta L_{12}^p(t_1) \qquad (7-6)$$

式中,

$$\Delta L_{12}^p = \frac{f}{c}[(\rho_2^p(t_1))_0 - \rho_1^p(t_1)] - \Delta\varphi_{12}^p(t_1)$$

如果两测站,同步观测 n^p 个卫星,则可相应列出 n^p 个误差方程:

$$\begin{bmatrix} \Delta V_{12}^1(t_1) \\ \Delta V_{12}^2(t_1) \\ \vdots \\ \Delta V_{12}^p(t_1) \end{bmatrix} = -\frac{f}{c}\begin{bmatrix} k_{12}^1(t_1) & l_{12}^1(t_1) & m_{12}^1(t_1) \\ k_{12}^2(t_1) & l_{12}^2(t_1) & m_{12}^2(t_1) \\ \vdots & \vdots & \vdots \\ k_{12}^p(t_1) & l_{12}^p(t_1) & m_{12}^p(t_1) \end{bmatrix}\begin{bmatrix} \delta X_2 \\ \delta Y_2 \\ \delta Z_2 \end{bmatrix} + f\begin{bmatrix} 1 \\ 1 \\ \vdots \\ 1 \end{bmatrix}\delta t_{12}$$

$$-\lambda\begin{bmatrix} 1 & 0 & 0 & \cdots & 0 \\ 0 & 1 & 0 & \cdots & 0 \\ \vdots & \vdots & \vdots & & \vdots \\ 0 & 0 & 0 & \cdots & 1 \end{bmatrix}\begin{bmatrix} N_{12}^1(t_0) \\ N_{12}^2(t_0) \\ \vdots \\ N_{12}^p(t_0) \end{bmatrix} + \begin{bmatrix} \Delta L_{12}^1(t_1) \\ \Delta L_{12}^2(t_1) \\ \vdots \\ \Delta L_{12}^p(t_1) \end{bmatrix} \tag{7-7}$$

或用矩阵符号形式写为

$$\underset{n^p\times1}{V(t_1)} = \underset{n^p\times3}{a(t_1)}\underset{3\times1}{\delta X_2} + \underset{n^p\times1}{b(t_1)}\delta t_{12} + \underset{n^p\times n^p}{c(t_1)}\underset{n^p\times1}{N^p} + \underset{n^p\times1}{L(t)}$$

若设同步观测该组卫星的历元数为 n_t,则可列出 n_t 组误差方程式为

$$V = [V(t_1)V(t_2)\cdots V(t_{nt})]^{\mathrm{T}}$$

即

$$V = A\delta X_2 + B\delta t + CN^p + L \tag{7-8}$$

式中,

$$A = [a(t_1)a(t_2)\cdots a(t_{nt})]^{\mathrm{T}}$$

$$B = \begin{bmatrix} b(t_1) & 0 & 0 & \cdots & 0 \\ 0 & b(t_2) & 0 & \cdots & 0 \\ 0 & 0 & b(t_3) & \cdots & 0 \\ \vdots & \vdots & \vdots & & \vdots \\ 0 & 0 & 0 & \cdots & b(t_{nt}) \end{bmatrix}$$

$$C = [C(t_1)C(t_2)\cdots C(t_{nt})]^{\mathrm{T}}$$

$$V = [V(t_1)V(t_2)\cdots V(t_{nt})]^{\mathrm{T}}$$

$$L = [L(t_1)L(t_2)\cdots L(t_{nt})]^{\mathrm{T}}$$

按最小二乘法原理对观测方程求解,有法方程

$$NY + U = 0 \tag{7-9}$$

式中,法方程系数矩阵 $N = [ABC]^{\mathrm{T}}P[ABC]$;法方程常数矩阵 $U = [ABC]^{\mathrm{T}}PL$;未知参数矩阵 $Y = [\delta X_2 V N^p]^{\mathrm{T}}$,对法方程求解后有

$$Y = -N^{-1}U \tag{7-10}$$

解的精度评定可按以下方式进行,由观测方程改正数可得单位权方差为

$$\sigma_0^2 = \frac{V^{\mathrm{T}} p V}{f} \tag{7-11}$$

式中，f 为自由度，即多余观测数。而单差观测方程数为

$$n = (n_i - 1) n^p \cdot n_t \tag{7-12}$$

式中，n_i 为测站数；n^p 为观测历元数。模型中的未知参数的总数为

$$u = (n_i - 1)(3 + n^p + n_t) \tag{7-13}$$

$$f = n - u$$

未知数的协因阵 $O_y = N^{-1}$，而未知数向量 Y 中任一分量的精度估值为

$$\sigma_{yi} = \sigma_0 \sqrt{1 / p_{yi}} \tag{7-14}$$

2. 双差模型及其解算

双差(doppel different，DD)即为不同观测站同步观测同一组卫星，所得单差观测量之差。

设在 1、2 测站 t_1 时刻同时观测了 p、q 两个卫星，那么对 p、q 两颗卫星分别有单差模型式(7-4)，如果忽略大气折射残差，可得卫星求双差的虚拟观测方程为

$$\begin{aligned}
\Delta\varphi_{12}^{pq}(t_1) &= \Delta\varphi_{12}^{q}(t_1) - \Delta\varphi_{12}^{p}(t_1) \\
&= \frac{f}{c}[\rho_{12}^{q}(t_1) - \rho_{12}^{p}(t_1)] + f(\delta t_{12} - \delta t_{12}) + [N_{12}^{q}(t_0) - N_{12}^{p}(t_0)] \\
&= \frac{f}{c}\rho_{12}^{pq}(t_1) + N_{12}^{pq}(t_0)
\end{aligned} \tag{7-15}$$

从式(7-15)可以看出，两卫星观测方程在 t_1 时刻均含有相同的接收机钟差 δt_{12}，卫星间求差后，不再存在钟差。也就是说在双差模型中可以消除钟差影响。

将 $\rho_{12}^{pq}(t_1)$ 的线性化形式代入式(7-15)，可得线性化后的双差模型为

$$\begin{aligned}
\Delta\varphi_{12}^{pq}(t_1) = &-\frac{f}{c}[\Delta k_{12}^{pq}(t_1) \ \ \Delta l_{12}^{pq}(t_1) \ \ \Delta m_{12}^{pq}(t_1)] \times \begin{bmatrix} \delta X_2 \\ \delta Y_2 \\ \delta Z_2 \end{bmatrix} \\
&- N_{12}^{pq}(t_0) + \frac{f}{c}[(\rho_2^q(t_1))_0 - \rho_1^q(t_1) - (\rho_2^p(t_1))_0 + \rho_1^p(t_1)]
\end{aligned} \tag{7-16}$$

设

$$\Delta L_{12}^{pq}(t_1) = -\frac{f}{c}[(\rho_2^q(t_1))_0 - \rho_1^q(t_1) - (\rho_2^p(t_1))_0 + \rho_1^p(t_1)] - \Delta\varphi_{12}^{pq}(t_1)$$

则有双差观测值的误差方程式为

$$V_{12}^{pq}(t_1) = -\frac{f}{c}[\Delta k_{12}^{pq}(t_1) \ \Delta l_{12}^{pq}(t_1) \ \Delta m_{12}^{pq}(t_1)] \begin{bmatrix} \delta X_2 \\ \delta Y_2 \\ \delta Z_2 \end{bmatrix} - N_{12}^{pq}(t_0) + \Delta L_{12}^{pq}(t_1) \tag{7-17}$$

如果当两观测站同步观测了 n^p 个卫星时，可得 $n^p - 1$ 个误差方程组。

$$\underset{(n^p-1)\times1}{V(t_1)} = \underset{(n^p-1)\times3}{a(t_1)} \ \underset{3\times1}{\delta X_2} + \underset{(n^p-1)\times(n^p-1)}{c(t_1)} \ \underset{(n^p-1)\times1}{N} + \underset{(n^p-1)\times1}{\Delta L(t_1)} \tag{7-18}$$

式中，

$$V(t_1) = [V^{1p}(t_1)V^{2p}(t_2)\cdots V^{(p-1)p}(t_1)]$$

若在两测站同步观测了 n^p 组卫星和 n_t 个历元，那么相应的误差方程为

$$V = A\delta X_2 + CN + L \tag{7-19}$$

式中各符号的意义类似于式(7-8)，并由此得法方程：

$$NY + U = 0 \qquad Y = -N^{-1}U \qquad Y = [\delta X_2 N]^T$$

同样，精度评定可按类似单差的方式进行。

双差观测模型的总个数为

$$(n_i - 1)(n^p - 1)n_t$$

方程中待定总未知数的个数为

$$3(n_i - 1) + (n^p - 1)(n_i - 1)$$

3. 三差模型

三差(triple different，TD)即为于不同历元同步观测同一组卫星所得双差观测量之差。

设在测站 T_1、T_2 分别在 t_1、t_2 历元同时观测了 p、q 卫星，则根据式(7-15)，有双差观测方程：

$$\Delta\varphi_{12}^{pq}(t_1) = \frac{f}{c}\rho_{12}^{pq}(t_1) + N_{12}^{pq}(t_0)$$

$$\Delta\varphi_{12}^{pq}(t_2) = \frac{f}{c}\rho_{12}^{pq}(t_2) + N_{12}^{pq}(t_0)$$

对以上两双差观测方程求三次差有

$$\Delta\varphi_{12}^{pq}(t_1,t_2) = \frac{f}{c}[\rho_{12}^{pq}(t_2) - \rho_{12}^{pq}(t_1)] + N_{12}^{pq}(t_0) - N_{12}^{pq}(t_0) = \frac{f}{c}\rho_{12}^{pq}(t_1,t_2) \tag{7-20}$$

因为整周未知数 $N_{12}^{pq}(t_0)$ 与观测历元无关，所以在相减时被消去，可见三差观测方程中已不存在整周未知数。

对三差模型式(7-20)进行线性化，则有

$$\begin{aligned}
\Delta\varphi_{12}^{pq}(t_1,t_2) = &-\frac{f}{c}[\Delta k_{12}^{pq}(t_1,t_2) \ \Delta l_{12}^{pq}(t_1,t_2) \ \Delta m(t_1,t_2)]\begin{bmatrix}\delta X_2 \\ \delta Y_2 \\ \delta Z_2\end{bmatrix} \\
&+\frac{f}{c}[(\rho_2^q(t_2))_0 - \rho_1^q(t_2) - (\rho_2^p(t_2))_0 + \rho_1^p(t_2) \\
&-(\rho_2^q(t_1))_0 + \rho_1^q(t_1) + (\rho_2^p(t_1))_0 - \rho_1^p(t_1)] \\
= &-\frac{f}{c}[\Delta k_{12}^{pq}(t_1,t_2) \ \Delta l_{12}^{pq}(t_1,t_2) \ \Delta m(t_1,t_2)]\begin{bmatrix}\delta X_2 \\ \delta Y_2 \\ \delta Z_2\end{bmatrix} \\
&+\frac{f}{c}[\Delta\rho_{12}^{pq}(t_1,t_2)]_0
\end{aligned} \tag{7-21}$$

式中，

$$\Delta k_{12}^{pq}(t_1,t_2) = \Delta k_{12}^{pq}(t_2) - \Delta k_{12}^{pq}(t_1)$$

$$\Delta l_{12}^{pq}(t_1,t_2) = \Delta l_{12}^{pq}(t_2) - \Delta l_{12}^{pq}(t_1)$$

$$\Delta m_{12}^{pq}(t_1,t_2) = \Delta m_{12}^{pq}(t_2) - \Delta m_{12}^{pq}(t_1)$$

$$[\Delta \rho_{12}^{pq}(t_1,t_2)]_0 = [\rho_2^q(t_2)]_0 - \rho_1^q(t_2) - [\rho_2^p(t_2)]_0 + \rho_1^p(t_2) - [\rho_2^q(t_1)]_0$$
$$+ \rho_1^q(t_1) - [\rho_2^p(t_1)]_0 + \rho_1^p(t_1)$$

同理可得相应的误差方程为

$$V_{12}^{pq}(t_1,t_2) = -\frac{f}{c}[\Delta k_{12}^{pq}(t_1,t_2)\ \Delta l_{12}^{pq}(t_1,t_2)\ \Delta m_{12}^{pq}(t_1,t_2)]\begin{bmatrix}\delta X_2\\ \delta Y_2\\ \delta Z_2\end{bmatrix} + \Delta L_{12}^{pq}(t_1,t_2) \tag{7-22}$$

当同步观测 n^p 个卫星的 n_t 个历元时，用与单差、双差类似的最小二乘法列法方程可对三差模型求解，在此不再赘述。此时未知参数中仅包含待定点的坐标，即未知数的个数为 $3(n_i-1)$，其观测模型总数为 $(n_i-1)(n^p-1)(n_i-1)$。

7.4 差分 GNSS 测量原理

差分 GNSS 根据其系统构成的基准站个数可分为单基准差分、多基准的局部区域差分和广域差分；根据信息的发送方式又可分为伪距差分、载波相位差分及位置差分等。无论何种差分，其工作原理基本相同，都是由用户接收基准站发送的改正数，并对其测量结果进行改正以获得精密定位结果的。它们的区别在于发送改正数的内容不同，其定位精度不同，差分原理也有所不同。

7.4.1 伪距差分原理

伪距差分是目前应用较为广泛的一种定位技术。它是通过在基准站上利用已知坐标求出测站至卫星的距离，并将其与含有误差的测量距离比较；然后利用一个滤波器将此差值滤波并求出其偏差，并将所有卫星的测距误差传输给用户，用户利用此测距误差来改正测量的伪距；最后用户利用改正后的伪距求出自身的坐标。

由于测站 i 与卫星 j 之间在 t 时刻的伪距为

$$\tilde{\rho}_i^j = \rho_i^j + c(\delta t_i - \delta t^j) + \delta I_i^j + \delta T_i^j + d\rho_i^j \tag{7-23}$$

根据基准站的三维已知坐标和 GNSS 卫星星历，可以算得该时刻两者之间的几何距离为

$$\rho_i^j = \sqrt{(X^j - X_i)^2 + (Y^j - Y_i)^2 + (Z^j - Z_i)^2}$$

故由基准站接收机测得的包含各种误差的伪距与几何距离之间存在的差值为

$$\delta \rho_i^j = \tilde{\rho}_i^j - \rho_i^j \tag{7-24}$$

式(7-24)中的 $\delta \rho_i^j$ 即为伪距的改正值，并将此值发送给用户的接收机。用户接收机将测量的伪距加上此项距离改正，即可求得改正后的伪距为

$$\tilde{\rho}_k'^j = \tilde{\rho}_k^j - \delta \rho_i^j \tag{7-25}$$

如果考虑信号传送的伪距改正数的时间变化率，则有

$$\tilde{\rho}_k'^j = \tilde{\rho}_k^j - \delta \rho_i^j - \frac{\mathrm{d}\delta \rho_i^j}{\mathrm{d}t}(t - t_0) \tag{7-26}$$

当用户运动站与基准站之间的距离小于100km，则有

$$\mathrm{d}\rho_k^j = \mathrm{d}\rho_i^j \qquad \delta I_k^j = \delta I_i^j \qquad \delta T_k^j = \delta T_i^j$$

且

$$\delta t^j = \delta t^j$$

因此改正后的伪距 $\tilde{\rho}_k'^j$ 为

$$\tilde{\rho}_i'^j = \sqrt{(X^j - X_k)^2 + (Y^j - Y_k)^2 + (Z^j - Z_k)^2} + C \cdot \delta V_t \tag{7-27}$$

式中，δV_t 为两测站接收机钟差之差。

当基准站和用户站同时观测相同的 4 颗或 4 颗以上的卫星，即可实现用户站的定位。伪距差分可提供单颗卫星的距离改正数 $\delta\rho_i$，用户站可选择其中任意 4 颗相同卫星的伪距改正数进行改正，且伪距改正数是在 WGS-84 坐标系上进行的，无须进行坐标变换。

差分定位是利用两站公共误差的抵消来提高定位精度，而其误差的公共性与两站距离有关，随着两站距离的增加，其误差公共性逐渐减弱。因此，用户同基准站的距离对定位精度的影响起着决定性作用。

7.4.2　位置差分原理

位置差分是一种最简单的差分方法。安置在已知点基准站上的卫星信号接收机，经过对 4 颗或 4 颗以上的卫星观测，便可实现定位，求出基准站的坐标 (X', Y', Z')。由于存在着卫星星历、时钟误差、大气折射等误差的影响，该坐标与已知坐标 (X, Y, Z) 不一样，存在误差。即

$$\begin{cases} \Delta X = X - X' \\ \Delta Y = Y - Y' \\ \Delta Z = Z - Z' \end{cases} \tag{7-28}$$

式中，ΔX、ΔY、ΔZ 为坐标改正数，基准站利用数据链将坐标改正数发送给用户站，用户站对其坐标进行改正：

$$\begin{cases} X_k = X_k' + \Delta X \\ Y_k = Y_k' + \Delta Y \\ Z_k = Z_k' + \Delta Z \end{cases} \tag{7-29}$$

如果考虑数据传送时间差而引起的用户站位置的瞬间变化，则可写为

$$\begin{cases} X_k = X_k' + \Delta X + \dfrac{\mathrm{d}(\Delta X + X_k')}{\mathrm{d}t}(t - t_0) \\[2mm] Y_k = Y_k' + \Delta Y + \dfrac{\mathrm{d}(\Delta Y + Y_k')}{\mathrm{d}t}(t - t_0) \\[2mm] Z_k = Z_k' + \Delta Z + \dfrac{\mathrm{d}(\Delta Z + Z_k')}{\mathrm{d}t}(t - t_0) \end{cases} \tag{7-30}$$

式中，t 为用户站时刻；t_0 为基准站校正时刻。

经过坐标改正后的用户坐标已消除了基准站与用户站的共同误差，如卫星星历误差、大气折射误差、卫星钟差、SA 政策影响等，提高了定位精度。

位置差分的优点是需要传输的差分改正数较少，计算方法较简单，任何一种卫星信号接收机均可改装成这种差分系统。其缺点主要为：

(1) 要求基准站与用户站必须保持观测同一组卫星,但因为基准站与用户站接收机配备不完全相同,且两站观测环境也不完全相同,所以难以保证两站观测同一组卫星,将导致定位误差的不匹配,从而影响定位精度。

(2) 位置差分定位效果不如伪距差分好。

7.4.3　载波相位差分原理

在测距码差分中,由于码结构及测量中随机噪声误差的限制,难以满足精密定位的要求。而载波相位测量的噪声误差大大小于测距码测量噪声误差,在静态相对定位中可达 $10^{-8} \sim 10^{-6}$ 的定位精度,但求解整周未知数应进行 $1 \sim 2h$ 的静止观测,因此限制了载波相位测量的应用范围。

载波相位差分定位与伪距差分定位原理相似,其基本原理是:在基准站上安置一台卫星信号接收机,对卫星进行连续观测,并通过无线电设备实时地将观测数据及测站坐标信息传送给用户站;用户站一方面通过接收机接收卫星信号,同时通过无线电接收设备接收基准站传送的信息,根据相对定位原理进行数据处理,实时地以厘米级的精度给出用户站三维坐标。

1. 单基准站差分 GNSS(SRDGNSS)

单基准站差分 GNSS 是根据一个基准站所提供的差分改正信息对用户站进行改正的差分系统。该系统由基准站、无线电数据通信链、用户站三部分组成。

1) 基准站

在已知点(基准站)上配备能同步跟踪视场内所有 GNSS 卫星信号接收机一台,并应具备计算差分改正和编码功能的软件。

2) 无线电数据通信链

编码后的差分改正信息是通过无线电通信设备传送给用户的。这种无线电通信设备称为数据通信链,它由基准站上的信号调制器、无线电发射机和发射天线以及用户站的差分信号接收机和信号解调器组成。

3) 用户站

用户站卫星信号接收机,可根据各用户站不同的定位精度要求选择接收机,并且,用户站还应配有用于接收差分改正数的无线电接收机、信号解调器、计算软件及相应的接口设备等。

单基准站差分 GNSS 系统的优点是结构和算法都较为简单。但该方法的前提是要求用户站误差和基准站误差具有较强的相关性,因此,定位精度将随着用户站与基准站之间的距离增加而迅速降低。此外,用户站只是根据单个基准站所提供的改正信息来进行定位改正,所以精度和可靠性均较差。当基准站出现故障,用户站便无法进行差分定位,如果基准站给出的改正信号出错,则用户站的定位结果就不正确。解决这一问题的方法是采用设置监控站对改正信号进行检核,以提高系统的可靠性。

2. 局部区域差分 GNSS 系统(LADGNSS)

在一个较大的区域布设多个基准站,以构成基准站网,其中常包含一个或数个基准站。位于该区域中的用户根据多个基准站所提供的改正信息经平差计算后求得用户站定位改正数，这种差分定位系统称为具有多个基准站的局部区域差分 GNSS 系统。

局部区域差分 GNSS 系统提供改正量主要有以下两种方法：

(1) 各基准站以标准化的格式发射各自改正信息，而用户接收机接收各基准站的改正量，并取其加权平均，作为用户站的改正数。其中改正数的权，可根据用户站与基准站的相对位置来确定。这种方式，因为应用了多个高速的差分 GNSS 数据流，所以要求多倍的通信带宽，效率相对较低。

(2) 根据各基准站的分布，预先在网中构成以用户站与基准站的相对位置为函数的改正数的加权平均值模型，并将其统一发送给用户。这种方式不需要增加通信带宽，是一种较为有效的方法。

局部区域差分 GNSS 系统的可靠性和精度比单基准站差分系统均有所提高。但是数据处理是把各种误差的影响综合在一起进行改正的，而实际上不同误差对定位的影响特征是不同的，如星历误差对定位的影响是与用户站至基准站间的距离成正比的，而对流层延迟误差则主要取决于用户站和基准站的气象元素间的差别，并不一定与距离成正比。因此将各种误差综合在一起，用一个统一的模式进行改正，就必然存在不合理的因素影响定位精度，且这种影响会随着用户站到基准站的距离的增加而变得越大，导致差分定位的精度迅速下降。所以在局部区域差分 GNSS 系统中，只有在用户站距基准站不太远时，才能获得较好的精度。因而基准站必须保持一定的密度(小于 30km)和均匀度，那么当区域覆盖的面积很大时，所需的基准站的数量将是十分惊人的。而且，局部区域差分 GNSS 系统还存在着某些区域无法建设永久性基准站的问题，这些都限制了该方法的应用范围。

3. 广域差分 GNSS 系统(WADGNSS)

广域差分 GNSS 是针对单基准站差分和局部区域差分所存在的问题，将观测误差按不同来源划分成星历误差、卫星钟差及大气折射误差来进行改正，以提高差分定位的精度和可靠性。

1) 基本思想

在一个相当大的区域中用相对较少的基准站组成差分 GNSS 网，各基准站将求得的距离改正数发送给数据处理中心，由数据处理中心统一处理，将各种观测误差来源加以区分，然后再传送给用户，这种系统称为广域差分 GNSS 系统。

广域差分 GNSS 系统是通过对用户站的误差源直接改正，达到削弱这些误差、改善用户定位精度的目的。广域差分 GNSS 系统主要对三种误差源加以分离，并单独对每一种误差源分别进行"模型化"。

(1) 星历误差：广播星历是一种外推星历，精度较低，其误差影响与基准站和用户站之间的距离成正比，是 GNSS 定位的主要误差来源之一。广域差分 GNSS 是依赖区域中基准站对卫星的连续跟踪，对卫星进行区域精密定轨，确定精密星历，取代广播星历。

(2) 大气延时误差(包括电离层和对流层延时)：普通差分 GNSS 提供的综合改正值，包含基准站处的大气延时改正，当用户站的大气电子密度和水汽密度与基准站不同时，对 GNSS 信号的延时也不一样，使用基准站的大气延时量来代替用户站的大气延时将会引起误差。广域差分技术通过建立精确的区域大气延时模型,能够精确地计算出其对区域内不同地方的大气延时量。

(3) 卫星钟差误差：普通差分是利用广播星历提供的卫星钟差改正数，这种改正数近似反映卫星钟与标准 GNSS 时间的物理差异，残留的随机钟误差约有 $\pm 30ns$，等效伪距为 $\pm 9m$，如果考虑 SA 政策中的 δ 抖动，其对伪距的影响达近百米。广域差分可以计算出卫星钟各时刻的精确钟差值。

2）系统的构成与工作流程

该系统主要由主站、监测站、数据通信链和用户设备组成(图 7-9)。

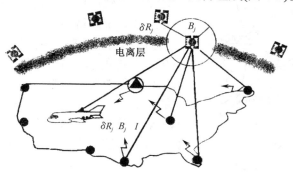

图 7-9　广域差分 GNSS 系统

δR_j：星历参数修正量　　B_j：卫星时钟偏差修正量
I：电离层参数　　▲主站　　■监测站　　✈用户

(1) 主站。根据各监测站的 GNSS 观测量，以及各监测站的已知坐标，计算卫星星历并外推 12h 星历，建立区域电离层时延改正模型，拟合出改正模型中的 8 个参数；计算出卫星钟差改正值及其外推值，并将这些改正信息和参数传送到各发射台站。

(2) 监测站。一般设有一台铯钟和一台双频卫星信号接收机。各测站将伪距观测值、相位观测值、气象数据等，通过数据通信链实时地发射到主站。测站的三维地心坐标应精确已知，监测站的数量一般不应少于 4 个。

(3) 数据通信链。数据通信包括两部分：监测站与主站之间的数据传递，广域差分 GNSS 网与用户之间进行的数据通信。这两种数据传递均可采用数据通信网，如 Internet 网或其他数据通信专用网，或选用通信卫星进行。

(4) 用户设备。一般包括单频卫星信号接收机和数据链的用户端，以便用户在接收 GNSS 卫星信号的同时，还能接收主站发射的差分改正数，并据此修正原始观测数据，最后解出用户站的位置。

3）系统特点

广域差分 GNSS 系统提供给用户的改正量，是每颗可见 GNSS 卫星星历的改正量、时钟偏差修正量和电离层时延改正，其目的就是最大限度地降低监测站与用户站间定位误差的时空相关性和对时空的强依赖性，改善和提高实时差分定位的精度。与一般的差分系统相比，广域差分 GNSS 系统具有如下特点：

(1) 主站、监测站与用户站的站间距离从 100km 增加到 200km，定位精度不会出现明显的下降，即定位精度与用户和基准站(监测站)之间的距离无关。

(2) 在大区域内建立广域差分 GNSS 网比区域 GNSS 网需要的监测站数量少，投资小。例如，在美国大陆的任意地方要达到 5m 的差分定位精度，使用区域差分方式需要建立 500 个基准站，而使用广域差分方式的监测站个数将不超过 15 个，其经济效益可见一斑。

(3) 广域差分 GNSS 系统具有较均匀的精度分布，在其覆盖范围内任意地区定位精度大致相当，而且定位精度比区域差分 GNSS 系统高。

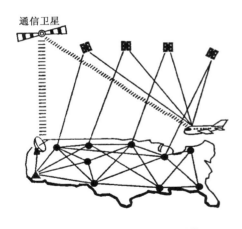

图 7-10　广域增强 GNSS 系统

●基准站　▲主站　♒卫星通信地面站

(4) 广域差分 GNSS 系统的覆盖区域可以扩展到区域差分 GNSS 系统不宜作用的地域，如海洋、沙漠、森林等。

(5) 广域差分 GNSS 系统使用的硬件设备及通信工具昂贵，软件技术复杂，运行和维持费用比区域差分 GNSS 系统高得多。

另外，近年来，美国联邦航空局在广域差分 GNSS 系统的基础上，提出利用地球同步卫星，采用 L1 波段转发差分修正信号，同时发射调制在 L1 上的 C/A 码伪距的思想，称为广域增强 GNSS 系统 (WAAS)(图 7-10)。这一系统完全抛弃了附加的差分数据通信链系统，直接利用卫星信号接收机天线识别、接收、解调由地球同步卫星发送的差分数据链。而且，该系统利用地球同步卫星发射的 C/A 码测距信号，以增加测距卫星源，提高该系统导航的可靠性和精度。

7.5　GNSS 卫星信号接收机

GNSS 卫星信号接收机是用来接收、记录和处理卫星信号的专门设备。因为 GNSS 卫星信号的应用领域较多，其信号的接收和测量又有多种方式，所以，卫星信号接收机的类型也较多。

7.5.1　GNSS 卫星信号接收机的分类

随着 GNSS 卫星定位技术发展和应用领域的拓宽，世界上卫星信号接收机生产厂家生产的种类繁多。根据卫星信号接收机的工作原理、用途、接收机所接收卫星信号频率及接收信号通道数目可分成许多不同的类型。

1. 按接收机工作原理分类

按接收机的工作原理可分为码相关型接收机、平方型接收机、混合型接收机。

码相关型接收机采用码相关技术获得伪距观测量。这类接收机要求知道伪随机噪声码的结构，因为 P 码对非特许用户保密，所以这类接收机又分为 C/A 码接收机和 P 码接收机。C/A 码接收机供一般用户使用，P 码接收机专供特许用户使用。目前国内销售的导航型接收机都是 C/A 码接收机。

平方型接收机是利用载波信号的平方技术去掉调制信号获取载波信号的，并通过接收机内产生的载波信号与接收到的载波信号间的相位差测定伪距。这类接收机无须知道测距码的结构，所以又称为无码接收机。

混合型接收机则综合以上两类接收机的优点，既可获取码相位伪距观测量，又可测定载波相位观测量。目前常用的接收机均属于此类。

2. 按接收机的用途分类

按接收机的用途可分为导航型接收机、测量型接收机和授时型接收机。

1) 导航型接收机

导航型接收机主要用来确定船舶、车辆、飞机和导弹等运动载体的实时位置和速度，主要用于导航，即保障上述载体按预定的路线航行。这种接收机都是采用 C/A 码伪距单点实时定位，精度较低(5~10m)。但它的结构简单，操作方便，价格便宜，应用十分广泛。导航型接收机又可分为低动态型、中动态型、高动态型 3 种。低动态型主要是指车载和船载导航型接收机；中动态型是指用于飞行速度低于 400km/h 的民用机载接收机；而高动态型则是指用于飞行速度大于 400km/h 的飞机、导弹的机载接收机，拥有这类接收机的用户往往为特许用户，可利用 P 码，因此精度较高，可达±2m 左右。

2) 测量型接收机

测量型接收机早期主要用于大地测量和工程控制测量，一般均采用载波相位观测量进行相对定位，通常定位精度可在厘米级甚至更高。近年来测量型接收机在技术上取得了重大进展，开发出实时差分动态定位(real time differential GNSS，RTD GNSS)技术和实时相位差分动态定位(real time kinematic GNSS，RTK GNSS)技术。前者以伪距观测量为基础，可实时提供流动观测站米级精度的坐标；后者以载波相位观测量为基础，可实时提供流动观测站厘米级精度的坐标。RTD GNSS 主要用于精密导航和海上定位；RTK GNSS 则主要用于精密导航、工程测量、三维动态放样、一步法成图等许多方面，并成为地理信息系统采集数据的重要手段。某些测量型接收机，也可以升级 RTD 功能或者 RTK 功能。测量型 GNSS 信号接收机结构复杂，通常配备有功能完善的数据处理软件，因此其价格也比较昂贵。

3) 授时型接收机

授时型接收机主要用于天文台或地面监测站进行时间频标的同步测定。

3. 按接收机接收的载波频率分类

按接收机接收的载波频率可分为单频接收机和双频接收机两种类型。

1) 单频接收机

单频接收机只能接收 L_1 载波信号，测定载波相位观测值进行定位。由于不能有效消除电离层延迟影响，单频接收机一般只适用于短基线(小于 15km)的精密定位。

2) 双频接收机

双频接收机可以同时接收 L_1、L_2 载波信号，利用双频信号对电离层延迟的不同，可以消除电离层对电磁波信号延迟的影响，提高定位精度，因此双频接收机可用于长达几千公里的精密定位。

4. 按接收机的通道数分类

GNSS 卫星接收机可同时接收多颗卫星信号，为了分离接收到的不同卫星信号，从而实现对卫星信号的跟踪、处理和测量，具有这种功能的器件称为天线信号通道。按接收机的通道数目可分为多通道接收机、序贯通道接收机、多路复用通道接收机。

1) 多通道接收机

多通道接收机具有多个信号通道，且每个信号通道只连续跟踪一颗卫星信号。来自天空中不同卫星的信号，分别在不同的通道中处理、测量而获得不同卫星信号的观测量。

2) 序贯通道接收机

序贯通道接收机只有一个通道。为了跟踪多颗卫星的信号，需在相应软件的控制下，按时序顺次对各颗卫星的信号进行跟踪和测量。由于顺序对各颗卫星测量，一个循环所需时间较长(数秒钟)，当对一颗卫星信号进行测量时，将丢失另外一些卫星信号的信息。所以，这类接收机对卫星信号的跟踪是不连续的，并且也不能获得完整的导航电文。为了获得导航电文，往往需要再设一个通道。序贯通道接收机结构简单、体积小、重量轻，在早期导航型接收机中常被采用。

3) 多路复用通道接收机

多路复用通道接收机同样只设一两个通道，也是在相应软件控制下按顺序测量卫星信号。但它测量一个循环所需的时间要短得多，通常不超过 20ms，因此可保持对 GNSS 卫星信号的连续跟踪，并可同时获得多颗卫星的完整的导航电文。这类接收机的信噪比低于多通道接收机。

7.5.2　GNSS 接收机的组成

GNSS 接收机主要由主机天线单元、主机接收单元和电源三个部分组成。天线单元的主要功能是将 GNSS 卫星信号非常微弱的电磁波转化为电流，并对这种信号电流进行放大和变频处理。接收单元主要功能则是对经过放大和变频处理的信号电源进行跟踪、处理和测量。图 7-11 所示为 GNSS 信号接收机的基本构成。

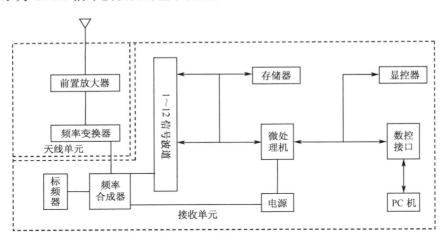

图 7-11　GNSS 信号接收机的基本构成

1. 主机天线单元

天线单元由接收机天线和前置放大器两部分组成。天线的作用是将 GNSS 卫星信号极微弱的电磁波能转化为相的电流，而前置放大器则是将信号电流予以放大。为便于接收机对信号进行跟踪、处理和量测，对天线部分有以下要求：

(1) 天线与前置放大器应密封为一体，以保障其正常工作，减少信号损失。

(2) 能够接收来自天线上半球的卫星信号，不产生死角，以保障能接收到天空任何方向的卫星信号。

(3) 应有防护与屏蔽多路径效应的措施。

(4) 保持天线相位中心高度稳定，并与其几何中心尽量一致。

目前，GNSS 信号接收机采用的天线类型有单极或偶极天线、四线螺旋形结构天线、微波传输带状天线、圆锥螺旋天线等。这些天线的性能各有特点，需结合接收机的性能选用。

微波传输带状天线(简称微带天线，microstrip antenna)，因其体积小、重量轻、性能优良而成为 GNSS 信号接收机天线的主要类型。通常微带天线由一块厚度远小于工作波长的介质基片和两面各覆盖一块用微波集成技术制作的辐射金属片(钢或金片)构成(图 7-12)。

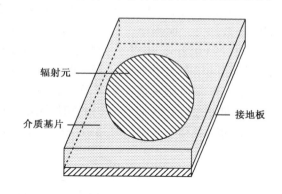

图 7-12　微带天线示意图

其中覆盖基片底部的辐射金属片称为接地板；而处于基片另一面的辐射金属片，其大小近似等于工作波长，称为辐射元。微带天线结构简单且坚固，可用于单频、双频收发天线，更适宜与振荡器、放大器、调制器、混频器、移相器等固体元件敷设在同一声介质基片上，使整机的体积和重量显著减少。这种天线的主要缺点是增益较低，但可用低噪声前置放大器弥补。目前，大部分测量型 GNSS 信号接收机用的都是微带天线，这种天线更适于安装在飞机、火箭等高速运动的物体上。

2. 主机接收单元

GNSS 信号接收机的接收单元主要由信号通道单元、存储单元、计算和显示控制单元等三部分组成。

1) 信号通道单元

信号通道是接收单元的核心部分，由硬件和软件组合而成。每一个通道在某一时刻只能跟踪一颗卫星，当某一颗卫星被锁定后，该卫星占据这一通道直到信号失锁为止。因此，目前大部分接收均采用并行多通道技术，可同时接收多颗卫星信号。对于不同类型的接收机，信号通道的数目为 1~12 个不等。现在一些厂家已推出可同时接收 GPS 卫星、GLONASS 卫星及北斗卫星(BDS)信号的接收机，其信号通道多达 72 个。信号通道有平方型、码相位型和相关型等三种不同类型，它们分别采用不同的解调技术。

平方型信号通道

$$f(t) = c(t)\cos(\omega t + \varphi_0) \tag{7-31}$$

平方后得

$$f^2(t) = c^2(t)\cos^2(\omega t + \varphi_0)$$

式中，$c(t)$ 为调制码振幅，其值为 +1 或 -1，平方后有 $c^2(t) = 1$。于是有

$$f^2(t) = [1 + \cos(2\omega t + 2\varphi_0)] / 2 \tag{7-32}$$

这说明接收到的卫星信号经平方后，调制码信号(C/A 码、P 码和数据码)完全被消除，而得到频率为原载波频率 2 倍的纯载波信号(称为重建载波)，利用该信号便可进行精密的载波相应测量。平方型信号通道的优点是，无需掌握测距码(C/A 码、P 码)的结构便能获得载波信号。但平方型信号通道也完全消除了信号的测距码和数据码，从而无法解译出卫星信号中的导航电文。

码相位型信号通道所得到的信号不是重建载波，而是一种所谓的码率正弦波(图 7-13)。它是由从 A 点输入的接收码(C/A 码或 P 码)乘以延迟 1/2 码元宽度的时延码而得到。码相位测量是依靠时间计数器实现的。时间计数器由接收机时钟的秒脉冲启动，并开始计数，当码率正弦波的正向过零点时关闭计数器。开关计数器的时间之差，相应于码率正弦波中不足一整周的小数部分，而码相位的整周数仍为未知，还需利用其他方法解算。C/A 码的码元宽度(码相位)为 293.052m，相当于 977.517ns；P 码的码元宽度为 29.305m，相当于 97.752ns。码相位通道测定站星距离中不足一个码元宽度的小数部分，而站星距离是 C/A 码或 P 码码元宽度的多少倍，通常可用多普勒测量予以解决。码相位信号通道的优点是，用户无须知道伪噪声码的结构即可进行 C/A 码和 P 码的相位测量，这对 GNSS 非特许用户有很大的好处。码相位信号通道的缺点和平方型信号通道一样，需要另外提供 GNSS 卫星星历，用以测后数据处理。

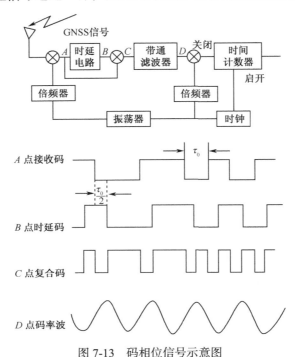

图 7-13　码相位信号示意图

相关型信号通道广泛用于现代各种 GNSS 信号接收机。它可从伪噪声码信号中提取导航电文，实现运动载体的实时定位。伪噪声码跟踪环路用于从 C/A 码和 P 码中提取伪距观测量，并通过对卫星信号的解调，获取仅含导航电文和载波的解扩信号。载波跟踪环路的主要作用是根据已除去测距码的解调信号实现载波相位测量，并可获取导航电文(数据码)。此外，它还具有良好的信噪比，因此被 GNSS 接收机普遍采用。当然相关型信号通道也有缺点，即要求用户掌握伪随机噪声码的结构，以便接收机产生复制码信号。但是由于美国政府实施 SA 技术，非特许用户不能解译 P 码，也就无法用码相关技术获得 L_2 载波的观测值。为了获得 L_2 载波的相位观测量，尚需补充其他技术。

2) 存储单元

GNSS 信号接收机内设有存储器以存储所解译的卫星星历、伪距观测量、载波相位观测量及各种测站信息数据。保存在接收机内存中的数据可以通过数据传输接口输入到微机内，以便保存和处理观测数据。存储器内通常还装有多种工作软件，如自测试软件、天空卫星预报软件、导航电文解码软件和 GNSS 单点定位软件等。

3) 计算和显示控制单元

计算和显示控制单元由微处理器和显示器构成。微处理器是 GNSS 信号接收机的控制系统，接收机的一切工作都在微处理器的指令控制下自动完成。其主要工作任务是：

(1) 在接收机开机后立即对各个通道进行自检，并显示自检结果，测定、校正和储存各个通道的时延值。

(2) 根据各通道跟踪环路所输出的数据码，解译出 GNSS 卫星星历，并根据实际测量得到的信号到达接收机天线的传播时间，计算出测站的三维地心点坐标(WGS-84 坐标系)，并按预置的位置更新率不断更新测站坐标。

(3) 根据已得的测站点近似坐标和 GNSS 卫星历书，计算所有在轨卫星的升降时间、方位和高度角。

(4) 记录用户输入的测站信息，如测站名、天线高、气象参数等。

(5) 根据预先设置的航路点坐标和测得的测站点近似坐标计算导航参数，如航偏距、航偏角、航行速度等。

GNSS 信号接收机一般都配备液晶显示屏向用户提供接收机工作状态信息，并配备控制键盘，用户通过键盘控制接收机工作。某些导航型接收机还配有大显示屏，直接显示导航信息甚至导航数字地图。

3. 电源

GNSS 信号接收机一般采用蓄电池做电源，机内一般配备锂电池，用于为 RAM 存储器供电，以防止关机后数据丢失。机外另配有外接电源，通常为可充电的 12V 直流镉镍电池，也可采用普通汽车电瓶。

7.6 GNSS 测量外业实施

GNSS 测量的外业实施主要包括点位选埋、观测、数据传输及数据预处理等工作。

7.6.1 GNSS 点的选择

1. 选点

GNSS 测量观测站之间不一定要求相互通视，而且网的图形结构比较灵活，所以选点工作比常规控制测量的选点要简便。因为点位的选择对于保证观测工作的顺利进行和保证测量结果的可靠性具有重要意义，所以在选点工作开始前，除收集和了解有关测区的地理情况和原有控制点分布及标架、标型、标石的完好状况，决定其适宜的点位外，选点工作还应遵守以下原则：

(1) 点位应选易于安置接收设备、视野开阔的位置。视场周围 15° 以上不应有障碍物，以避免卫星信号被吸收或遮挡。

(2) 点位应远离大功率无线电发射源(如电视台、微波站等)，其距离不小于 200m；远离高压输电线，其距离不得小于 50m，以避免电磁场对卫星信号的干扰。

(3) 点位附近不应有大面积水域或强烈干扰卫星信号接收的物体，以减弱多路径效应的影响。

(4) 点位应选交通方便、有利于其他观测手段扩展与联测的地方。

(5) 点位应选在地面基础稳定，易于点保存的地方。

(6) 选点人员应按技术设计进行踏勘，在实地按要求选定点位。

(7) 网形应有利于同步观测及边、点联结。

(8) 当所选点位需要进行水准联测时，选点人员应实地踏勘水准路线，提出有关建议。

(9) 当利用旧点时，应对旧点的稳定性、完好性，以及觇标是否安全可用做一检查，符合要求后方可利用。

2. 标志埋设

GNSS 网点一般应埋设具有中心标志的标石，以精确标志点位。点的标石和标志必须稳定、坚固以利长久保存和利用。在基岩露头地区，也可直接在基岩上嵌入金属标志。每个点位标石埋设结束后，应按表 7-2 填写点之记录并提交以下资料：

表 7-2　GNSS 点之记

网区：平陆区					所在图幅	149E008013
					点号	C002

点名	南疙疸	类级	A	概略位置	B=34°50′ L=111°10′ H=484m		
所在地	山西省××县城关镇上岭村			最近信所及距离	××县城县招待所距点 8km		
地类	山地	土质	黄土	冻土深度		解冻深度	
最近邮电设施	××县城邮电局 (电报电话)			供电情况	上岭村每天有交流电		
最近邮电及距离	上岭村有自来水，距点 800m			石子来源	山上有石块	沙子来源	县城建筑公司

本点交通情况(至本点通路与最近车站、码头名称及距离)	由三门峡过黄河向北到山西××县城约8km，再由××县城搭车向东南到上岭村约7km(每天有两班车)，再步行到点上约800m，两轮人力车可到达点位	交通路线图	1：200000
选点情况			点位略图

单位	黄河水利委员会测量队		
选点员	李纯	日期 1990.6.5	单位：m
是否需联测坐标与高程	联测高程		1：20000
建议联测等级与方法	Ⅲ 等水准测量		
起始水准点及距离	1.5km		

(1) 点之记录。

(2) GNSS 网的选点网图。

(3) 土地占用批准文件与测量标志委托保管书。

(4) 选点与埋石工作技术总结。

点名应向当地政府部门或群众进行调查后确定，一般取村名、山冈名、地名、单位名。利用原有旧点时，点名不宜更改，点号编排(码)应适应计算机计算。

7.6.2 外业观测

1. 观测依据的技术指标

各级 GNSS 测量的技术指标应符合表 7-3 的要求。

表 7-3 各级 GNSS 测量基本技术要求规定

项目			级别					
			AA	A	B	C	D	E
卫星形式上高度角/(°)			10	10	15	15	15	15
同时观测有效卫星数			≥4	≥4	≥4	≥4	≥4	≥4
有效观测卫星总数			≥20	≥20	≥9	≥6	≥4	≥4
观测时段数			≥10	≥6	≥4	≥2	≥1.6	≥1.6
时段长度/min	静态		≥720	≥540	≥240	≥60	≥45	≥40
	快速静态	双频+P(Y)码	—	—	—	≥10	≥5	≥2
		双全波	—	—	—	≥15	≥10	≥10
		单频或双频半波	—	—	—	≥30	≥20	≥15
采样间隔/s	静态		30	30	30	10～30	10～30	10～30
	快速静态		—	—	—			
时段中任一卫星有效观测时间/min	静态		≥15	≥15	≥15	≥15	≥15	≥15
	快速静态	双频+P(Y)码	—	—	—	≥1	≥1	≥1
		双全波	—	—	—	≥3	≥3	≥3
		单频或双频半波	—	—	—	≥5	≥5	≥5

注：(1) 在时段中观测时间符合表 7-3 中第七项规定的卫星，为有效观测卫星。

(2) 计算有效观测卫星总数时，应将各时段的有效观测卫星数扣除其间的重复卫星数。

(3) 观测时段长度，应为开始记录数据到结束记录的时间段。

(4) 观测时段数大于或等于 1.6，指每站观测一时段，至少 60% 的测站再观测一时段。

2. 天线安置

天线安置要求有以下几点。

(1) 在正常点位，天线应架设在三脚架上，并安置在标志中心的上方直接对中，天线基座上的圆水准气泡必须整平。

(2) 在特殊点位，当天线需要在三角点觇标的观测台或回光台上时，应先将觇标顶部拆除，以防止对 GNSS 卫星信号的遮挡。这时可将标志中心反投影到观测台或回光台上，作为安置天线的依据。如果觇标顶部无法拆除，接收天线若安置在标架内观测，就会造成卫星信号中断，影响测量的精度。在这种情况下，可进行偏心观测。

(3) 天线的定向标志应指向正北，以减弱相位中心偏差的影响。天线定向误差因定位精度不同而异，一般不应超过±(3°～5°)。

(4) 刮风天气安置天线时，应将天线进行三方向固定，以防倒地碰坏。雷雨天气安置天线时，应注意将其底盘接地，以防雷击天线。架设的天线不宜过低，一般应距地面 1m 以上。天线架设好后，在圆盘间隔 120° 的三个方向分别量取天线高，三次测量结果之差不应超过 3mm，取其三次结果的平均值记入测量手簿中，天线高记录取值 0.001m。

(5) 测量气象参数：在高精度 GNSS 测量中，要求测定气象元素。每时段气象观测应不少于 3 次(时段开始、中间、结束)。气压读至 0.1mPa，气温读至 0.1℃，对一般城市及工程测量只记录天气状况。

(6) 复查点名并记入测量手簿中，将天线电缆与仪器进行连接，经检查无误后方能通电启动仪器。

3. 开机观测

观测作业的主要目的是捕获 GNSS 卫星信号，并对其进行跟踪、处理和量测，以获得所需要的定位信息和观测数据。在天线安置完成后，在离开天线适当位置的地面上安置卫星信号接收机，接通接收机与电源、天线、控制器的连接电缆，并经过预热和静置，即可启动接收机进行观测。

接收机锁定卫星并开始记录数据后，观测员可按照仪器随机提供的操作手册进行输入和查询操作，在未掌握有关操作系统之前，不要随意按键和输入，一般在正常接收过程中禁止更改任何设置参数。

在外业观测时，应注意如下事项。

(1) 当确认外接电源电缆及天线等各项连接完全无误后，方可接通电源，启动接收机。开机后接收机有关指示显示正常并通过自检后，方能输入有关测站和时段控制信息。

(2) 接收机在开始记录数据后，应注意查看有关观测卫星数量、卫星号、相位测量残差、实时定位结果及其变化、存储介质记录等情况。

(3) 一个时段观测过程中，不允许进行以下操作：关闭后又重新启动，进行自测试(发现故障除外)，改变卫星高度角，改变天线位置，改变数据采样间隔，按动关闭文件和删除文件等功能键。

(4) 每一观测时段中，气象元素一般应在始、中、末各观测记录一次，当时段较长时可适当增加观测次数。

(5) 观测过程中要特别注意供电情况，除在观测前认真检查电池容量是否充足外，作业中观测人员不要远离接收机，听到仪器的低电压报警应及时予以处理，否则可能会造成仪器内部数据的破坏或丢失。

(6) 对仪器高一定要按规定始、末各量测一次，并及时输入到仪器及记入测量手簿中。

(7) 接收机在观测过程中，不要靠近接收机使用对讲机；雷雨季节，架设天线要防止雷击，雷雨过境时应关机停测，并卸下天线。

(8) 观测站的全部预定作业项目，经检查均已按规定完成，且记录与资料完整无误后方可迁站。

(9) 观测过程中要随时查看仪器内存或硬盘容量，每日观测结束后，应及时将数据转存至计算机硬、软盘上，确保观测数据不丢失。

4. 观测过程记录

在外业观测工作中，所有信息资料均须妥善记录。记录形式主要有以下两种。

1) 观测记录

观测记录由 GNSS 接收机自动进行，均记录在存储介质(如硬盘、硬卡记忆卡等)上，其主要内容有：载波相位观测值及相应的观测历元；同一历元的测码伪距观测值；GNSS 卫星星历及卫星钟差参数；实时绝对定位结果和测站控制信息及接收机工作状态信息。

2) 观测手簿

观测手簿是在接收机启动前和观测过程中由观测者实时填写的，其记录格式可参照现行规范执行。

观测记录和测量手簿都是 GNSS 精密定位的依据，必须认真、及时填写，坚决杜绝事后补记或追记。

外业观测中存储介质上的数据文件应及时拷贝一式两份，分别保存在专人保管的防水、防静电的资料箱内。存储介质的外面应贴制标签，注明文件名、网区名、点名、时段名、采集日期、测量手簿编号等。

接收机内存数据文件在转录到外存介质上时，不得进行任何剔除或删改，不得调用任何对数据实施重新加工组合的操作指令。

7.6.3 数据预处理

为了获得 GNSS 观测基线向量并对观测成果进行质量检核，首先要进行 GNSS 观测数据的预处理。根据预处理结果对观测数据的质量进行分析并做出评价，以确保观测成果和定位结果的预期精度。

1. 数据处理软件选择

GNSS 观测网数据处理分基线向量解算和网平差两个阶段。各阶段数据处理软件可采用随机所带软件或经正规鉴定过的软件，高精度的 GNSS 观测网成果处理则可采用国际著名的 GAMIT/ GLOBK、BERNESE、GIPSY、GFZ 等软件。

2. 基线解算(数据预处理)

对两台及两台以上接收机同步观测值进行独立基线向量(坐标差)的平差计算称为基线解算，有的也称为观测数据预处理。

预处理的主要目的是对原始数据进行编辑、加工整理、分流并产生各种专用信息文件，为进一步平差计算做准备。它的基本内容包括以下几点。

(1) 数据传输。将 GNSS 接收机记录的观测数据传输到磁盘或其他介质上。

(2) 数据分流。从原始记录中，通过解码将各种数据分类整理，剔除无效观测值和冗余信息，形成各种数据文件，如星历文件、观测文件和测站信息文件等。

(3) 统一数据文件格式。将不同类型接收机的数据记录格式、项目和采样间隔，统一为标准化的文件格式，以便统一处理。

(4) 卫星轨道的标准化。采用多项式拟合法，平滑 GNSS 卫星每小时发送的轨道参数，使观测时段的卫星轨道标准化。

(5) 探测周跳，修复载波相位观测值。

(6) 对观测值进行必要改正。在 GNSS 观测值中加入对流层改正，单频接收的观测值中加入电离层改正。

基线向量的解算一般采用多站、多时段自动处理的方法进行，具体处理中应注意以下几个问题。

(1) 基线解算一般采用双差相位观测值，对于边长超过 30km 的基线，解算时则可采用三差相位观测值。

(2) 卫星广播星历坐标值，可作为基线解的起算数据。对于特大城市的首级控制网，也可采用其他精密星历作为基线解算的起算值。

(3) 基线解算中所需的起算点坐标，应按以下优先顺序采用：①国家 GNSS A、B 级网控制点或其他高级 GNSS 网控制点的已有 WGS-84 坐标系的坐标值。②国家或城市较高等级控制点转到 WGS-84 坐标系后的坐标值。③不少于 30min 观测的单点定位平差值所提供的 WGS-84 坐标系的坐标。

(4) 在采用多台接收机同步观测的一同步时段中，可采用单基线模式解算，也可以只选独立基线按多基线处理模式统一解算。

(5) 同一等级的 GNSS 网，根据基线长度的不同，可采用不同的数据处理模型。若基线长小于 0.8km，需采用双差固定解；基线长小于 30km，可在双差固定解和双差浮点解中选择最优结果；大于 30km 时，则可采用三差解作为基线解算结果。

(6) 在同步观测时间小于 30min 时的快速定位基线，应采用合格的双差固定解作为基线解算的最终结果。

7.6.4　观测成果外业检核

对野外观测资料首先要进行复查，包括成果是否符合调度命令和规范的要求、进行的观测数据质量分析是否符合实际。然后进行以下项目的检核。

1. 独立闭合环检核

(1) 数据剔除率：剔除的观测值个数与应获取的观测值个数的比值称为数据剔除率。同一时段观测值的数据剔除率，其值应小于 10%。

(2) B 级以下各级网外业的预处理结果，其独立闭合环或附合路线坐标闭合差应满足

$$
\begin{cases}
\omega_x \leqslant 3\sqrt{n}\delta \\
\omega_y \leqslant 3\sqrt{n}\delta \\
\omega_z \leqslant 3\sqrt{n}\delta \\
\omega \leqslant 3\sqrt{3n}\delta
\end{cases}
\tag{7-33}
$$

式中，n 为闭合环边数；δ 为相应级别规定精度(按实际平均边长计算)；$\omega = \sqrt{\omega_x^2 + \omega_y^2 + \omega_z^2}$。

2. 重复观测边的检核

同一条基线边若观测了多个时段，则可得到多个边长结果。这种具有多个独立观测结果的边就是重复观测边。对于重复观测边的任意两个时段成果的互差，均应小于相应等级规定精度(按平均边长计算)的 2 倍。

3. 同步观测环检核

当环中各边为多台接收机同步观测时，因为各边是不独立的，所以其闭合差应恒为零。例如，三边同步环中只有两条同步边可以视为独立的成果，第三边成果应为其余两边的代数和。但是由于模型误差和处理软件的内在缺陷，这种同步环的闭合差实际上仍可能不为零。这种闭合差一般数值很小，不至于对定位结果产生明显影响，所以也可把它作为成果质量的一种检核标准。

一般规定，三边同步环中第三边处理结果与前两边的代数和之差值应小于下列数值：

$$\omega_x \leqslant \frac{\sqrt{3}}{5}\sigma, \quad \omega_y \leqslant \frac{\sqrt{3}}{5}\sigma, \quad \omega_z \leqslant \frac{\sqrt{3}}{5}\sigma, \quad \omega = \sqrt{\omega_x^2 + \omega_y^2 + \omega_z^2} \leqslant \frac{3}{5}\delta \qquad (7\text{-}34)$$

对于 4 站以上的多边同步环，可以产生大量同步闭合环，在处理完各边观测值后，应检查一切可能的环闭合差。以图 7-14 为例，A、B、C、D 4 站应检核：①AB-BC-CA；②AC-CD-DA；③AB-BD-DA；④BC-CD-DB；⑤AB-BC-CD-DA；⑥ AB-BD- DC-CA；⑦AD-DB-BC-CA。

所有闭合环的分量闭合差不应大于 $\frac{n}{5}\sigma$，而环闭合差

$$\omega = \sqrt{\omega_x^2 + \omega_y^2 + \omega_z^2} \leqslant \frac{\sqrt{3n}}{5}\sigma \qquad (7\text{-}35)$$

4. 异步观测环检核

无论采用单基线模式或多基线模式解算基线，都应在整个 GNSS 网中选取一组完全的独立基线构成独立环。各独立环的坐标分量闭合差和全长闭合差应符合

图 7-14 同步闭合环

$$\begin{cases} \omega_x = 2\sqrt{n}\sigma \\ \omega_y = 2\sqrt{n}\sigma \\ \omega_z = 2\sqrt{n}\sigma \\ \omega = 2\sqrt{3n}\sigma \end{cases} \qquad (7\text{-}36)$$

当发现边闭合数据或环闭合数据超出上述规定时，应分析原因并对其中部分或全部成果重测。需要重测的边，应尽量安排在一起进行同步观测。

7.6.5 野外返工

在对经过检核超限的基线进行充分分析的基础上，进行野外返工观测，基线工作应注意以下几个问题：

(1) 无论何种原因造成一个控制点不能与两条合格独立基线相连接，在该点上都应补测或重测不少于一条独立基线。

(2) 可以舍弃在复测基线边长较差、同步环闭合差、独立环闭合差检中超限的基线，但必须保证舍弃基线后的独立环所含基线数不得超过表 7-4 的规定，否则，应重测该基线或者有关的同步图形。

表 7-4 最简独立闭合环或附合路线边数规定

级别	A	B	C	D	E
闭合环或附合路线边数	≤ 5	≤ 6	≤ 6	≤ 8	≤ 10

(3) 当点位不符合 GNSS 测量要求而造成一个测站重复观测仍不能满足限差的要求时,则应按技术设计要求重新选择点位进行观测。

7.6.6 GNSS 网平差处理

在各项质量检核符合要求后,以所有独立基线组成闭合图形,以三维基线向量及其相应方差协方差阵作为观测信息,以一个点的 WGS-84 坐标系的三维坐标作为起算点,进行 GNSS 网的无约束平差。无约束平差应提供各控制点在 WGS-84 坐标系下的三维坐标、各基线向量三个坐标差观测值的总改正数、基线边长及点位和边长的精度信息。

在无约束平差确定的有效观测量基础上,在国家坐标系或城市独立坐标系下进行三维约束平差或二维约束平差。约束点的已知点坐标、已知距离或已知方位,可作为强制约束的固定值,也可作为加权观测值。平差结果应输出在国家或城市独立坐标系中的三维或二维坐标,基线向量改正数、基线边长、方位及坐标,边长、方位的精度信息,转换参数及其精度信息。有关 GNSS 网平差处理的具体内容可参阅相关资料。

7.7 技术总结与上交资料

7.7.1 技 术 总 结

在 GNSS 测量工作完成后,应按要求编写技术总结报告,其具体内容包括外业和内业两大部分。

1. 外业技术总结内容

外业技术总结内容包括:
(1) 测区及其位置,自然地理条件与气候特点,交通、通信及供电等情况。
(2) 任务来源,项目名称,测区已有测量成果情况,本次施测的目的及基本精度要求。
(3) 施工单位,施测起讫时间,技术依据,作业人员的数量及技术状况。
(4) 作业仪器类型、精度、检验及使用状况。
(5) 点位观测质量的评价,埋石与重合点情况。
(6) 联测方法、完成各级点数量、补测与重测情况以及作业中存在问题的说明。
(7) 外业观测数据质量分析与野外数据检核情况。

2. 内业技术总结内容

内业技术总结内容包括:
(1) 数据处理方案、所采用的软件、所采用的星历、起算数据、坐标系统,以及无约束、约束平差情况。
(2) 误差检验及相关参数与平差结果的精度估计等。
(3) 上交成果中尚存问题和需要说明的其他问题,建议或改进意见。
(4) 综合附表与附图。

7.7.2 上 交 资 料

在 GNSS 测量任务完成后,应提交的资料包括:
(1) 测量任务书及技术设计书。

(2) 点之记录、环视图、测量标志委托保管书、选点资料和埋石资料。

(3) 接收设备、气象及其他仪器的检验资料。

(4) 外业观测记录、测量手簿及其他记录。

(5) 数据处理中生成的文件、资料和成果表以及 GNSS 网点图。

(6) 技术总结和成果验收报告。

习　题

1. GNSS 系统的主要组成部分包括哪些?各部分的作用是什么?
2. 简述全球定位系统原理。
3. 论述全球定位系统应用前景。
4. GNSS 测量定位技术设计及技术总结包括哪些内容?

第8章　测量误差基本理论

自然界任何客观事物或现象都具有其不确定性，在科学技术不断发展的基础上，人们的认识也在不断提高，尽管如此，人们对客观事物或现象的认识还是会存在不同程度的偏差。而在对变量进行观测和量测过程中反映的偏差被称为测量误差。由此可见，测量中的误差是不可避免的，但我们可以根据误差产生的原因及其性质找出规律，从而寻找到消除或削弱误差的方法。

8.1　测量误差的概念

8.1.1　误差产生的原因

测量实践表明，对某一客观事物的量值，如距离、高差及角度等，尽管采用了合格的测量仪器与合理的观测方法，但多次重复测量的结果总是存在着差异，这表明观测值中存在测量误差。测量误差产生的原因概括起来有仪器因素、人为因素和外界条件的影响三个方面。

1. 仪器因素

由于受到测量仪器精确度的限制，测量误差受到一定的影响。例如，J6 级经纬仪水平度盘分划误差可能达到 3″，由此引起所测水平角中必然存在误差。另外，若仪器结构不完善，如水准仪的视准轴不平行于水准管轴，其观测的高差中也会存在误差。

2. 人为因素

由于受观测者的感觉器官鉴别能力的影响，在对仪器进行对中、整平、照准、读数等方面均会产生误差。例如，在厘米分划的水准尺上，观测者直接估读其毫米数，则 1mm 以下的估读误差是不可避免的。另外，观测者的技能熟练程度也会给观测成果带来不同程度的影响。

3. 外界条件的影响

测量时所处的外界环境中的空气温度、压力、风力、日光照射、大气折光、烟尘等客观因素的不断变化，必将使测量结果产生误差。例如，温度变化使钢尺产生伸缩，风吹或日光照射使仪器安置不稳定，大气折光使照准目标产生偏差等。

人、仪器及外界条件是测量的必要条件，然而，这些条件均具有局限性和对测量成果的不利因素，使得测量成果中必然存在着一定的误差。观测条件相同的各种观测称为"同精度观测"；反之，称为"非同精度观测"。

8.1.2　测量误差的分类

测量误差按其产生的原因及其对测量结果的影响性质不同，可分为偶然误差和系统误差。

1. 偶然误差

在相同的观测条件下，对某一量进行多次观测，若其误差出现的符号及数值的大小都不相同，从表面上看没有任何规律，这种误差被称为"偶然误差"。偶然误差是人力无法控制的因素或无法估计的因素(如人眼分辨力、仪器精度限制及气象因素等)共同引起的测量误差，其数值的大小及正负纯属偶然。例如，在厘米分划的水准尺上直接估读毫米时，可能估读大，也可能估读小；大气折光使望远镜中目标成像不稳定，使照准目标时有可能偏左或偏右。

偶然误差反映了观测结果的准确程度。准确程度是指在相同观测条件下，用同一种观测方法对某量进行多次观测时，其观测值之间相互离散的程度。

2. 系统误差

在相同的观测条件下，对某一量进行一系列的观测，若其误差在符号和数值上都相同，或按一定规律变化，这种误差称为"系统误差"。例如，用同一把名义长度为 30m 而实际长度为 30.005m 的钢尺进行量距，则用其量一个尺段必然产生 0.005m 的误差，其量距误差的符号不变，且与量距的长度成正比。

系统误差具有积累性，它随着单一观测值观测次数的增多而积累。系统误差对观测值的影响具有一定的数学或物理上的规律性，其结果是给观测成果造成系统性偏差，使观测成果的准确度降低。

为了提高观测成果的准确度，必须找出系统误差对观测值的影响规律并加以改正，或采用一定的测量方法加以消除或削弱。通常有以下 3 种方法：

(1) 测量系统误差的大小，并对观测值进行改正。如用钢尺量距时，可通过钢尺检定求出尺长方程式，对观测成果加尺长改正和温度改正，从而消除尺长和温度变化引起的误差。

(2) 采用对称测量法。使系统误差在观测值中以相反的符号出现，从而在最终成果中加以抵消。

(3) 检校仪器。通过检校仪器使其存在的系统误差降低到最小限度，或减弱其对观测成果的影响。

3. 粗差

粗差也称错误，是由于观测者使用的仪器不合格、观测者的疏忽大意或外界条件发生意外变动而引起的。粗差可使观测成果明显偏离真值。因此，一旦发现观测值中含有粗差，则必须将其从观测成果中剔除。

在观测过程中，系统误差和偶然误差往往同时存在。当观测值中有显著的系统误差时，偶然误差居于次要地位，观测误差必然呈现系统性；反之，则呈现偶然性。因此，对一组剔除了粗差的观测值，首先应判断并排除系统误差，或将其控制在一定范围内，然后根据偶然误差的性质对其进行数据处理，求出最接近未知量的估值(最或是值)，评定观测成果的质量(精度)。该项工作在测量上被称为测量平差(简称平差)。

8.1.3　测量误差的处理原则

为了提高观测成果的精度和防止粗差的发生，在测量时，通常应进行多于必要的观测，称为多余观测。例如，丈量地面两点间距离时，采用往返丈量，若视往测为必要观测，则返测即为多余观测；在确定地面三角形的形状时，在三个顶点上进行了水平角测量，其中只有两个角度为必要观测，另外一个角度的观测就是多余观测。因为观测值中的偶然误差是不可避免的，所以，只要有多余观测，观测值之间必然产生矛盾(往返丈量差、三角形闭合差)，通过这些差值的大小，来评定测量的精度。当差值大到一定程度，就认为观测值中含有粗差，称为误差超限，则应进行重测。若差值没有超限，则可按偶然误差的规律处理。例如，取其平均值或按闭合差进行改正，从而求得较为可靠的结果。因此，在测量工作中采取适当的多余观测，不但可以发现粗差，评定观测值的精度，而且可以提高观测成果的精度。

对于观测值中存在的系统误差，应尽量找出产生的原因和规律进行改正，抵消或削弱其对观测成果的影响。例如，距离丈量时，测定气温，对测得的距离进行尺长改正；经纬仪的检验校正和测角时的盘左、盘右观测而取其平均值；水准仪检验校正和高差测量时尽量使前后视距离相等，都是为了消除或削弱由测量环境和测量仪器产生的系统误差。

8.2 偶然误差的特性

测量误差理论主要是讨论如何从含有偶然误差的一系列观测值中求得最可靠的结果并评定其精度。因此，需要对偶然误差的性质做进一步讨论。

设某一量的真值为 x，对其进行了 n 次观测，得到相应的观测值为 l_1、l_2、$\cdots$、l_n，在每次观测值中产生的偶然误差(真误差)为 Δ_1、Δ_2、$\cdots$、Δ_n，则定义

$$\Delta_i = x - l_i \quad (i=1, 2, \cdots, n) \tag{8-1}$$

若从单个的偶然误差来看，其符号与数值的大小无任何规律性。但如果从多次观测值的偶然误差来看，即可发现隐藏在偶然性中的必然规律。参加统计的观测值数量越大，其规律就越明显。这种规律可根据概率原理，用统计学的方法来研究。

在某测区，在相同的观测条件下共观测了 358 个平面三角形的全部内角。因为各三角形内角和的真值均为 180°，所以可按式(8-1)来计算各三角形内角和的偶然误差 Δ_i (三角形闭合差)，将它们分为正误差、负误差和误差绝对值，并按绝对值大小排列次序。取误差区间(间隔) $d\Delta = 3''$ 进行误差个数 k 的统计，同时计算其相对个数 k/n ($n = 358$)，k/n 称为误差出现的频率。偶然误差的统计如表 8-1 所示。

为了更直观地表示偶然误差的正、负及大小的分布情况，可利用表 8-1 中的数据作图 8-1。图中横坐标表示误差的正负和大小，纵坐标表示误差出现在各区间的频率(k/n)与区间($d\Delta$)之比，所有区间按纵坐标做成矩形小条的面积总和等于 1。该图在统计学中称为频率直方图。

从表 8-1 中的统计数字中，可以总结出在相同的条件下进行独立观测而产生的一组偶然误差具有以下特性：

表 8-1　偶然误差的统计

误差区间 dΔ/('')	负误差		正误差		误差绝对值	
	k	k/n	k	k/n	k	k/n
0~3	45	0.126	46	0.126	91	0.254
3~6	40	0.112	41	0.115	81	0.226
6~9	33	0.092	33	0.092	66	0.184
9~12	23	0.064	21	0.059	44	0.123
12~15	17	0.047	16	0.045	33	0.092
15~18	13	0.036	13	0.036	26	0.073
18~21	6	0.017	5	0.014	11	0.031
21~24	4	0.011	2	0.006	6	0.017
24 以上	0	0	0	0	0	0
Σ	181	0.505	177	0.495	358	1.000

(1) 在一定观测条件下，偶然误差的绝对值不会超过一定的限度，即偶然误差是有界的。

(2) 绝对值小的误差比绝对值大的误差出现的频率大。

(3) 绝对值相等的正、负误差出现的频率大致相同。

(4) 当观测次数无限增大时，偶然误差的理论平均值(算术平均值)趋于零，即偶然误差具有抵偿性，则有

$$\lim_{n\to\infty}\frac{\Delta_1+\Delta_2+\cdots+\Delta_n}{n}=\lim_{n\to\infty}\frac{[\Delta]}{n}=0 \tag{8-2}$$

式中，[ ]表示求和。

上述第四个特性是由第三个特性导出的，它说明偶然误差具有抵偿性。这个特性对进一步研究偶然误差具有极其重要的意义。

根据 358 个三角形角度观测的闭合差做出的频率直方图(图 8-1)表现为中间高，两边低，并向横轴逐渐逼近的对称图形不是一种特例，而是统计偶然误差时出现的普遍规律，并且可以用数学公式表示。

若误差的个数无限增大($n\to\infty$)，同时又无限缩小误差的区间 dΔ，则图 8-1 中各个长条的顶边的折线就逐渐成为一条光滑的曲线。该曲线在概率论中称为正态分布曲线，它完整地表示了偶然误差出现的概率 P。即当 $n\to\infty$ 时，上述误差区间内误差出现的概率将趋于稳定，称为误差出现的概率。

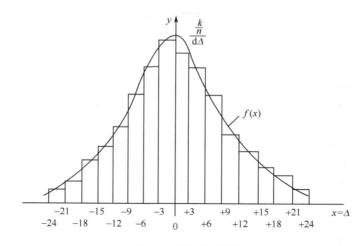

图 8-1　频率直方图

正态分布曲线的方程式为

$$y=f(\Delta)=\frac{1}{\sqrt{2\pi}\delta}\cdot e^{-\frac{\Delta^2}{2\delta^2}} \tag{8-3}$$

式中，π为圆周率，π=3.1416；e 为自然对数的底，e=2.7183；δ 为标准差；δ^2 为标准差的平方，即方差。方差为偶然误差平方的理论平均值：

$$\delta^2=\lim_{n\to\infty}\frac{\Delta_1^2+\Delta_2^2+\cdots+\Delta_n^2}{n}=\lim_{n\to\infty}\frac{[\Delta^2]}{n} \tag{8-4}$$

标准差为

$$\delta=\pm\lim_{n\to\infty}\sqrt{\frac{[\Delta\Delta]}{n}} \tag{8-5}$$

由式(8-5)可知，标准差的大小取决于在一定条件下偶然误差出现的绝对值的大小。因为在计算标准差时取各个偶然误差的平方和，所以，当有较大绝对值的偶然误差出现时，则在标准差的数值中会有明显的反映。

我们将式(8-3)称为正态分布的密度函数，它是以偶然误差Δ为自变量，以标准差δ为密度函数的唯一参数，也是曲线拐点的横坐标值。

8.3　评定精度的标准

8.3.1　中　误　差

为了统一衡量在一定观测条件下观测值的精度，即取标准差δ作为衡量精度的依据是比较合适的。但在实际测量工作中，不可能对某一量进行无穷多次观测。因此，定义按有限次数的观测值偶然误差求得的标准差为中误差m，即

$$m = \pm\sqrt{\frac{\Delta_1^2 + \Delta_2^2 + \cdots + \Delta_n^2}{n}} = \pm\sqrt{\frac{\Delta\Delta}{n}} \tag{8-6}$$

例如，对 10 个三角形的内角进行两组观测，其结果列于表 8-2，根据两组观测值中的偶然误差(三角形闭合差——真误差)，分别计算其中误差为$\pm2.7''$和$\pm3.6''$，并列于表 8-2 中。

表 8-2　按观测值的真误差计算中误差

次序	第一组观测			第二组观测		
	观测值 l	真误差 $\Delta/('')$	Δ^2	观测值 l	真误差 $\Delta/('')$	Δ^2
1	180°00′03″	−3	9	180°00′00″	0	0
2	180°00′02″	−2	4	179°59′59″	+1	1
3	179°59′58″	+2	4	180°00′07″	−7	49
4	179°59′56″	+4	16	180°00′02″	−2	4
5	180°00′01″	−1	1	180°00′01″	−1	1
6	180°00′00″	0	0	179°59′59″	+1	1
7	180°00′04″	−4	1	6179°59′52″	+8	64
8	179°59′57″	+3	9	180°00′00″	0	0
9	179°59′58″	+2	4	179°59′57″	+3	9
10	180°00′03″	−3	9	180°00′01″	−1	1
Σ		24	72		24	130
中误差	$m_i = \pm\sqrt{\dfrac{\sum\Delta^2}{10}} = \pm2.7''$			$m = \pm\sqrt{\dfrac{\sum\Delta^2}{10}} = \pm3.6''$		

由此可见，第一组观测值的中误差 m_1 小于第二组观测值的中误差 m_2。虽然这两组观测值的误差绝对值之和是相等的，可是在第二组观测值中出现了较大的误差($-7''$和$+8''$)，因此，计算出来的中误差也就较大，或者说其相对精度较低。

在一组观测值中，若其标准差δ已确定，即可画出与其对应的偶然误差的正态分布图。根据式(8-3)，当$\Delta=0$时，$f(\Delta)$取得最大值。如果以中误差代替标准差，则其最大值为$1/\sqrt{2\pi}m$。

因此，当 m 值较小时，则曲线在纵轴方向的顶峰较高，在纵轴两侧迅速逼近横轴，表示小误差出现的频率较大，误差分布比较集中；当 m 值较大时，则曲线的顶峰较低，曲线形状

平缓，表示误差分布比较离散。以上两种情况的正态分布曲线如图 8-2 所示。

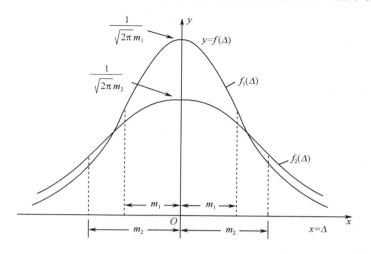

图 8-2 不同中误差的正态分布曲线

利用式(8-6)计算中误差时，需要知道观测值的真误差Δ，而通常情况下，观测值的真值 X 是无法知道的，所以真误差Δ也不能求出。这时，就只能利用观测值的算术平均值 L 来计算观测值 l 的最或然误差 v，通常也称为改正数。即

$$\begin{cases} v_1 = L - l_1 \\ v_2 = L - l_2 \\ \quad\cdots\cdots \\ v_n = L - l_n \end{cases} \tag{8-7}$$

若该量的真值 X 为已知，则其真误差为

$$\begin{cases} \Delta_1 = X - l_1 \\ \Delta_2 = X - l_2 \\ \quad\cdots\cdots \\ \Delta_n = X - l_n \end{cases} \tag{8-8}$$

再将式(8-8)及式(8-7)两式对应项相减，消去观测值后，即得

$$\begin{cases} \Delta_1 - v_1 = X - L \\ \Delta_2 - v_2 = X - L \\ \quad\cdots\cdots \\ \Delta_n - v_n = X - L \end{cases} \tag{8-9}$$

或

$$\begin{cases} \Delta_1 = X - L + v_1 \\ \Delta_2 = X - L + v_2 \\ \quad\cdots\cdots \\ \Delta_1 = X - L + v_n \end{cases} \tag{8-10}$$

将式(8-10)两边求和得

$$[\Delta] = n(X - L) + [v] \tag{8-11}$$

亦可将式(8-10)分别平方并求和得

$$[\Delta\Delta] = n(X-L)^2 + 2[v](X-L) + [vv] \qquad (8\text{-}12)$$

若将式(8-7)求和得

$$[v] = nL - [l]$$

因算术平均值 $L = \dfrac{[l]}{n}$，将其代入上式得

$$[v] = n \cdot \frac{[l]}{n} - [l] = 0 \qquad (8\text{-}13)$$

所以，式(8-11)为

$$[\Delta] = n(X-L) \qquad (8\text{-}14)$$

式(8-12)为

$$[\Delta\Delta] = [vv] + n(X-L)^2 \qquad (8\text{-}15)$$

再将式(8-14)代入式(8-15)，可得

$$[\Delta\Delta] = [vv] + n \cdot \frac{[\Delta]^2}{n^2} \qquad (8\text{-}16)$$

将式(8-16)展开后得

$$[\Delta\Delta] = [vv] + \frac{\Delta_1^2 + \Delta_2^2 + \cdots + \Delta_n^2}{n}$$
$$+ \frac{2}{n} \cdot (\Delta_1 \cdot \Delta_2 + \Delta_1 \cdot \Delta_3 + \cdots + \Delta_1 \cdot \Delta_n + \cdots + \Delta_{n-1} \cdot \Delta_n)$$

因为 Δ_1、Δ_2、$\cdots$、Δ_n 为偶然误差，所以 $\Delta_1 \cdot \Delta_2$、$\Delta_2 \cdot \Delta_3$、$\cdots$、$\Delta_{n-1} \cdot \Delta_n$ 均具有偶然误差的特性。根据偶然误差的第 4 个特性，上式第三项应为零。则

$$[\Delta\Delta] = [vv] + \frac{[vv]}{n}$$

或

$$\frac{[\Delta\Delta]}{n} = \frac{[vv]}{n-1} \qquad (8\text{-}17)$$

根据中误差的定义可得以改正数表示的中误差为

$$m = \pm\sqrt{[vv]/(n-1)}$$

例 8-1　对某段距离进行了 6 次丈量，其结果列于表 8-3，现按改正数来计算其观测值的中误差。

表 8-3　算术平均值

次序	观测值	算术平均值	改正值
1	248.13		− 0.032
2	248.08		+ 0.02
3	248.20	248.10	− 0.10
4	247.93		+ 0.12
5	248.17		− 0.07
6	248.04		+ 0.06

解

$$L = \frac{[l]}{n} = 248.10(\text{m})$$

观测值的中误差

$$m = \pm\sqrt{\frac{[vv]}{n-1}} = \pm 0.083(\text{m})$$

8.3.2 极 限 误 差

由偶然误差的第一个特性可知，偶然误差的绝对值不会超过一定的限值，该限值被称为极限误差。

由频率直方图 8-1 可知：图中各矩形的面积代表了误差出现在该区间的频率，当所统计误差个数无限增大，误差区间无限缩小时，频率逐渐趋于稳定而成为概率，此时直方图的顶边即形成正态分布曲线。因此，可根据正态分布曲线表示出误差在微小区间 dΔ 出现的概率：

$$P(\Delta) = f(\Delta) \cdot \mathrm{d}\Delta = \frac{1}{\sqrt{2\pi}m} \mathrm{e}^{-\frac{\Delta^2}{2m^2}} \mathrm{d}\Delta \tag{8-18}$$

对式(8-18)进行积分，即可得到偶然误差在任意区间内出现的概率。

若以 k 倍的中误差作为积分区间，则在该区间内误差出现的概率可表示为

$$P(|\Delta| < km) = \int_{-km}^{km} \frac{1}{\sqrt{2\pi}m} \mathrm{e}^{-\frac{\Delta^2}{2m^2}} \mathrm{d}\Delta \tag{8-19}$$

若分别以 $k=1, 2, 3$ 代入式(8-19)，即可分别求得偶然误差绝对值不大于中误差、2 倍中误差及 3 倍中误差的概率：

$$P(|\Delta| < m) = 0.683 = 68.3\%$$

$$P(|\Delta| < 2m) = 0.954 = 95.4\%$$

$$P(|\Delta| < 3m) = 0.997 = 99.7\%$$

从以上计算可见，出现绝对值大于 1 倍和 2 倍中误差的偶然误差概率分别为 31.9% 和 4.6%；而出现绝对值大于 3 倍中误差的偶然误差概率仅为 0.3%，已是概率接近于零的小概率事件了。在实际测量中，由于观测的次数有限，出现绝对值大于 3 倍中误差的概率会极小，故通常以 2 倍中误差作为偶然误差的极限，称为允许误差或极限误差(在特殊情况下，可将其放宽为 3 倍中误差)。即

$$\Delta_{\text{允}} = 2m \tag{8-20}$$

8.3.3 相 对 误 差

在某些测量工作中，仅用中误差来衡量观测值的精度还是不能完全反映出观测结果的质量。例如，用钢尺分别丈量了 100m 和 200m 两段距离，其距离丈量中误差均为 ±10cm。但不能认为两者的丈量精度是相同的，这是由于在距离丈量的单位长度上其精度并不相同。因此，应采用另一种衡量精度的标准，即相对误差。

相对误差是中误差与观测值之比，是一个无量纲数，在测量中通常将其分子化为 1，分母为 10 的整倍数(M)的形式，即可用 $k = 1/M$ 的形式来表示。在上例中前者的相对中误差为

1/1000，后者则为 1/2000。显然，相对中误差越小(分母越大)，则表明观测结果的精度越高，反之越低。

相对中误差的分子既可以是闭合差(距离往返测量较差)，也可以是容许误差，此时则分别称为相对闭合差或相对容许误差。

8.4 误差传播定律

8.4.1 观测值函数

1. 倍数函数

若用尺子在 1 : 500 的地形图上量得两点间的距离为 d，则其相应的实地距离为 $D = 500 \times d$，称该函数为倍数函数。

2. 和差函数

若地面上两点间的水平距离 D 是分为 n 段来测量，各段的测量长度分别为 d_1、d_2、$\cdots$、d_n，则 $D = d_1 + d_2 + \cdots + d_n$，即距离 D 为各分段距离观测值之和，称该函数为和差函数。

3. 线性函数

例如，在计算算术平均数时，其公式为

$$x = \frac{1}{n}(l_1 + l_2 + \cdots + l_n) = \frac{1}{n}l_1 + \frac{1}{n} + l_2 + \cdots + \frac{1}{n}l_n$$

式中，在直接观测值 l_i 之前乘了某一系数(式中系数不一定完全相同)，并取其代数和。因此，算术平均值函数、倍数函数及和差函数也属于线性函数。

4. 一般函数

例如，在测得直角三角形斜边 c 及锐角 α 时，则可求得其对边 a 和邻边 b，公式为 $a = c \times \sin\alpha$，$b = c \times \cos\alpha$。凡是在函数的自变量之间用到乘、除、乘方、开方及三角函数等数学运算符的均称为非线性函数。线性函数和非线性函数在此均称为一般函数。

8.4.2 一般函数误差传播定律

在实际测绘工作中，某些量的大小并不是直接观测的，而是间接观测到的，即观测其他未知量，并通过一定的函数关系间接计算得到的。研究观测值函数的中误差与观测值中误差之间关系的规律称为误差传播定律。

设有独立观测值 x_1、x_2、$\cdots$、x_n，其对应的中误差分别为 m_1、m_2、$\cdots$、m_n。若有 n 个独立观测值的函数为 $Z = f(x_1, x_2, \cdots, x_n)$，试求出该函数的中误差 m_Z。

为了求出函数的中误差 m_Z，可对函数 $Z = f(x_1, x_2, \cdots, x_n)$ 进行全微分，即

$$dZ = \frac{\partial f}{\partial x_1}dx_1 + \frac{\partial f}{\partial x_2}dx_2 + \cdots + \frac{\partial f}{\partial x_n}dx_n \tag{8-21}$$

由于真误差 Δx_i 及 ΔZ 均极小，故可用其代替式(8-21)中的微分变量 dx_i 及 dZ，从而可得真误差的关系为

$$\Delta Z = \frac{\partial f}{\partial x_1} \Delta x_1 + \frac{\partial f}{\partial x_2} \Delta x_2 + \cdots + \frac{\partial f}{\partial x_n} \Delta x_n \qquad (8\text{-}22)$$

因为 $\frac{\partial f}{\partial x_i}$ 是可以用 x_i 的观测值代入求得的常数，所以式(8-22)就是函数的线性表达式。

若对函数 Z 进行了 N 组观测，将式(8-22)平方求和，并取其平均值，即

$$\frac{\left[\Delta Z^2\right]}{N} = \left(\frac{\partial f}{\partial x_1}\right)^2 \frac{\left[\Delta x_1^2\right]}{N} + \left(\frac{\partial f}{\partial x_2}\right)^2 \frac{\left[\Delta x_2^2\right]}{N} + \cdots + \left(\frac{\partial f}{\partial x_n}\right)^2 \frac{\left[\Delta x_n^2\right]}{N}$$

$$+ \frac{2}{N}\left(\frac{\partial f}{\partial x_1} \cdot \frac{\partial f}{\partial x_2}[\Delta x_1 \Delta x_2] + \frac{\partial f}{\partial x_1} \cdot \frac{\partial f}{\partial x_3}[\Delta x_1 \Delta x_3] + \cdots + \frac{\partial f}{\partial x_{n-1}} \cdot \frac{\partial f}{\partial x_n}[\Delta x_{n-1} \Delta x_n]\right)$$

不难证明，独立观测值 x_i、x_j 的偶然误差 Δx_i、Δx_j 之乘积 $\Delta x_i \Delta x_j$ 也为偶然误差。根据偶然误差的抵偿特性，有

$$\lim_{n \to \infty}\left(\frac{\partial f}{\partial x_i}\right)\left(\frac{\partial f}{\partial x_j}\right)\frac{\left[\Delta x_i \Delta x_j\right]}{N} = 0 \quad (i \neq j)$$

根据中误差定义得

$$m_z^2 = \left(\frac{\partial f}{\partial x_1}\right)^2 m_{x_1}^2 + \left(\frac{\partial f}{\partial x_2}\right)^2 m_{x_2}^2 + \cdots + \left(\frac{\partial f}{\partial x_n}\right)^2 m_{x_n}^2 \qquad (8\text{-}23)$$

式(8-23)即为观测值中误差与函数中误差的一般关系式，称为误差传播公式。据此可以推导出简单函数的误差传播公式，见表8-4。

表 8-4　几种函数的误差传播公式

函数	函数表达式	误差传播定律
倍数	$Z = km$	$m_z^2 = k^2 m_x^2$
和差	$Z = \pm x_1 \pm x_2 \pm \cdots \pm x_n$	$m_z^2 = m_{x_1}^2 + m_{x_2}^2 + \cdots + m_{x_n}^2$
线性	$Z = \pm k_1 x_1 \pm k_1 x_2 \pm \cdots \pm k_1 x_n$	$m_z^2 = k_1^2 m_{x_1}^2 + k_2^2 m_{x_2}^2 + \cdots + k_n^2 m_{x_n}^2$
均值	$Z = \frac{[x]}{n} = \frac{1}{n}x_1 + \frac{1}{n}x_2 + \cdots + \frac{1}{n}x_n$	$m_z^2 = m_x^2 / n$ （为等精度观测）

中误差传播公式在测量中应用极广，下面举例说明其应用方法。

例 8-2　在 $1:2000$ 的地形图上量得两点间距离为 $d = 188.5\text{mm}$，其对应的中误差为 $m_d = \pm 0.2\text{mm}$，试求两点间的地面水平距离 D 及其中误差 m_0。

解
$$D = 2000d = 377.00(\text{m})$$
$$m_0 = 2000m_d = \pm 0.40(\text{m})$$

例 8-3　设对某一平面三角形的两内角 α 及 β 进行了测量，其测角中误差分别为 $m_\alpha = \pm 3.6''$，$m_\beta = \pm 4.0''$，试求该三角形第三角 γ 的中误差。

解　因为
$$\gamma = 180° - (\alpha + \beta)$$

所以
$$m_\gamma = \sqrt{m_\alpha^2 + m_\beta^2} = \pm 5.4('')$$

例 8-4　在相同条件下，用钢尺对某段距离进行了往返丈量，往返丈量中误差 $m_s = \pm 5\text{mm}$，试求该段距离平均值的中误差。

解 因为距离平均值为

$$s_0 = \frac{s_往 + s_返}{2}$$

所以距离平均值的中误差为

$$m_{s_0} = m_s / \sqrt{2} = \pm 3.5(\text{mm})$$

例 8-5 设 D 和 α 为距离及方位角的独立观测值，其对应的中误差分别为 m_D、m_α[以秒为单位]，试求因 m_D 和 m_α 引起的纵横坐标增量 Δx、Δy 及待定点 p 的位置中误差。

解

$$\Delta x = D\cos\alpha; \qquad \Delta y = D\sin\alpha$$

则

$$\frac{\partial \Delta x}{\partial D} = \cos\alpha; \quad \frac{\partial \Delta x}{\partial \alpha} = -D\sin\alpha = -\Delta y$$

$$\frac{\partial \Delta y}{\partial D} = \sin\alpha; \quad \frac{\partial \Delta y}{\partial \alpha} = D\cos\alpha = \Delta x$$

根据误差传播公式得

$$m_{\Delta x}^2 = \cos^2\alpha \cdot m_D^2 + (\Delta y)^2 \left(\frac{m_\alpha}{\rho}\right)^2$$

$$m_{\Delta y}^2 = \sin^2\alpha \cdot m_D^2 + (\Delta x)^2 \left(\frac{m_\alpha}{\rho}\right)^2$$

$$m_p^2 = m_{\Delta x}^2 + m_{\Delta y}^2 = m_D^2 + D^2 \left(\frac{m_\alpha}{\rho}\right)^2$$

式中，$\rho = 206265''$。

例 8-6 在水准测量中，已知测站高差中误差为 m_h，设每站高差均以同精度观测，试推导每公里高差中误差与 $S(\text{km})$ 高程中误差的关系式。

解

$$H = H_0 + h_1 + h_2 + \cdots + h_n$$

$$m_{h_1} = m_h = \cdots = m_h, H_0 为起始点高程(无误差)$$

$$m_H = \sqrt{n}\, m_h$$

设每站水准路线长度为 d，n 站水准路线可观测 $S(\text{km})$，则 $n = S/d$，代入上式得

$$m_H = \frac{m_h}{\sqrt{d}} \cdot \sqrt{S}$$

显然，当 $S = 1\text{km}$，则 $m_H = m_h / \sqrt{d}$，故称 $m_h / \sqrt{d}$ 为每公里高差中误差，并定义 $m_{h_0} = m_h / \sqrt{d}$，则 $m_H = m_{h_0}\sqrt{S}$。

若已知 $m_h = \pm 2\text{mm}, d = 100\text{m} = 0.1\text{km}$，则 $m_{h_0} = m_h / \sqrt{d} = \pm 6\text{mm}$；观测 4km 时，其终点高程的中误差为 $m_H = m_{h_0}\sqrt{S} = \pm 12\text{mm}$。

8.5 不同精度观测值的直接平差

在对某量进行同精度观测时，其平差值即为其算术平均值。但当对某量进行不同精度观测时，各观测结果的中误差也不同。显然，不能将不同精度的各观测结果简单地取其算术平均值作为平差值并评定精度。此时，需要选定某一个比值来表示各观测值的可靠程度，该比值被称为权。

8.5.1 权的概念

权是用来衡量轻重的概念，其应用较为广泛。在测量工作中权是用来衡量观测结果可靠程度的相对性数值，用 P 来表示。

1. 权的定义

在一定的观测条件下，必然对应一定的误差分布，同时也对应着一个确定的中误差。对不同精度的观测值来说，其中误差越小，精度越高，观测结果也就越可靠，而将这种可靠程度用数字表示称为权。可靠程度越高则其权值越大，故可用中误差来定义其权。

设有一组不同精度观测值 l_i，其对应的中误差为 $m_i(i=1,2,\cdots,n)$，选定任一大于零的常数 C，定义权

$$P_i = \frac{C}{m_i^2} \tag{8-24}$$

P_i 称为观测值 l_i 的权。对一组已知中误差的观测值而言，若选定一个 C 值，就有一组权与之对应。

由式(8-25)可得出各观测值权之间的比例关系

$$P_1 : P_2 : \cdots : P_n = \frac{C}{m_1^2} : \frac{C}{m_2^2} : \cdots : \frac{C}{m_n^2} = \frac{1}{m_1^2} : \frac{1}{m_2^2} : \cdots : \frac{1}{m_n^2} \tag{8-25}$$

2. 权的性质

根据式(8-24)及式(8-25)可知权具有如下性质：
(1) 权与中误差均是用来衡量观测值精度的指标，但中误差是绝对性数值，表示观测值的绝对精度；权是相对性数值，表示观测值的相对精度。
(2) 权与中误差的平方成反比，中误差越小，其权越大，表示观测值越可靠，精度越高。
(3) 权是一个相对数值，对于单个观测值而言，权无意义。
(4) 权衡取正值，权的大小是随 C 值的不同而异，但其比例关系不变。
(5) 在同一问题中只能选定一个 C 值，否则就破坏了权之间的比例关系。

8.5.2 测量中确定权的方法

1. 同精度观测值算术平均值的权

设一次观测值的中误差为 m，则 n 次同精度观测算术平均值的中误差 $M = m/\sqrt{n}$。根据权的定义设 $C = m^2$，则一次观测值的权为

$$P = \frac{C}{m^2} = 1$$

n 次观测算术平均值的权为

$$P_L = \frac{C}{\frac{m^2}{n}} = n$$

由此可见，若取一次观测值的权为 1，则 n 次观测算术平均值的权为 n。故权与观测次数成正比。

在不同精度观测中引入权的概念，可以建立各观测值之间的精度比关系，以便合理地处理观测数据。

例如，假设一次观测值的中误差为 m，其权为 P_0，并取 $C = m^2$，则

$$P_0 = \frac{C}{m^2} = 1$$

我们称等于 1 的权为单位权，而权等于 1 的中误差称为单位权中误差，常用 μ 来表示。对于中误差为 m_i 的观测值(观测值的函数)，其权 P_i 为

$$P_i = \frac{\mu^2}{m_i^2} \tag{8-26}$$

则相应的中误差的另一表达式可写为

$$m_i = \mu\sqrt{\frac{1}{P}} \tag{8-27}$$

2. 权在水准测量中的应用

设每一测站观测高差的精度相同，其中误差为 $m_{站}$，则不同测站数的水准路线观测高差的中误差为

$$m_i = m_{站}\sqrt{N_i} \quad (i=1, 2, \cdots, n)$$

式中，N_i 为水准路线的测站数。

若取单位权中误差 $\mu = \sqrt{C}m_{站}$ (C 为测站数)，则各水准路线的权为

$$P_i = \frac{\mu^2}{m_i^2} = \frac{C}{N_i} \tag{8-28}$$

同理可得

$$P_i = \frac{C}{L_i} \tag{8-29}$$

式中，L_i 为水准路线的长度。

由此可见，在各测站高差精度相同的情况下，水准路线的权与测站数或路线长度成反比。

3. 权在距离丈量中的应用

设单位长度(1km)的距离丈量中误差为 m，则长度为 S 千米的距离丈量权为

$$P_i = \frac{\mu}{m_s^2} = \frac{C}{S} \tag{8-30}$$

式(8-30)表明，距离丈量的权与长度成反比。

总而言之，在权的确定中，无需预先知道各观测值中误差的具体数值，只要确定了具体的观测方法就可以预先定权。这说明在测量之前即可事先对最终观测结果的精度进行估算，以便指导实际工作。

8.5.3 不同精度观测值的最或是值(加权算术平均值)计算

设对某量进行了 n 次不同精度观测，观测值为 l_1、l_2、$\cdots$、l_n，其对应的权为 P_1、P_2、$\cdots$、P_n，则可取加权平均值为该量的最或是值，即

$$L = \frac{P_1 L_1 + P_2 L_2 + \cdots + P_n L_n}{P_1 + P_2 + \cdots + P_n} = \frac{[PL]}{P} \tag{8-31}$$

最或是值的误差为

$$v_i = l_i - L$$

将上式两边乘以相应的权

$$P_i v_i = P_i l_i - P_i L$$

两边求和得

$$[PV] = [Pl] + [P]L$$

即

$$[PV] = 0 \tag{8-32}$$

式(8-32)可用于计算中的检核。

8.5.4 不同精度观测的精度评定

1. 最或是值的中误差

由式(8-31)可知不同精度观测值的最或是值为

$$L = \frac{[PL]}{[P]} = \frac{P_1}{[P]} l_1 + \frac{P_2}{[P]} l_2 + \cdots + \frac{P_n}{[P]} l_n$$

根据误差传播公式，最或是值 L 的中误差为

$$M^2 = \frac{1}{[P]^2} (P_1^2 m_1^2 + P_2^2 m_2^2 + \cdots + P_n^2 m_n^2) \tag{8-33}$$

式中，m_1、m_2、$\cdots$、m_n 为相应观测值的中误差。

若令单位权中误差 μ 等于第一个观测值 l_1 的中误差，即 $\mu = m_1$，则各观测值的权为

$$P_i = \frac{\mu^2}{m_i^2} \tag{8-34}$$

将式(8-34)代入式(8-33)可得

$$M^2 = \frac{P_1}{[P]^2} \mu^2 + \frac{P_2}{[P]^2} \mu^2 + \cdots + \frac{P_n}{[P]^2} \mu^2 = \frac{\mu^2}{[P]}$$

则

$$M = \pm\mu/\sqrt{[P]} \tag{8-35}$$

式(8-35)即为不同精度观测值的最或是值中误差的计算公式。

2. 单位权观测值中误差

由式(8-34)得

$$\mu^2 = P_1m_1^2$$
$$\mu^2 = P_2m_2^2$$
$$\vdots$$
$$\mu^2 = P_nm_n^2$$

对其等号两边进行求和可得

$$n\mu^2 = P_1m_1^2 + P_2m_2^2 + \cdots + P_nm_n^2 = [Pmm]$$

则
$$\mu = \pm\sqrt{\frac{[Pmm]}{n}}$$

当 $n \to \infty$ 时，用真误差 Δ 代替中误差 m，衡量精度的意义不变，则上式可改写为

$$\mu = \pm\sqrt{\frac{[P\Delta\Delta]}{n}} \tag{8-36}$$

式(8-36)即为用真误差计算单位权观测值中误差的公式。也可推出用观测值改正数来计算单位权中误差的公式

$$\mu = \pm\sqrt{\frac{[Pvv]}{n-1}} \tag{8-37}$$

将式(8-37)代入式(8-35)可得

$$M = \pm\sqrt{\frac{[Pvv]}{[P](n-1)}} \tag{8-38}$$

式(8-38)即为用观测值改正数来计算不同精度观测值最或是值中误差的公式。

例 8-7　如图 8-3 所示的水准测量中，从已知水准点 A、B、C、D 经四条水准路线，求得 E 点的观测高程 H_i 及各段水准路线长度 S_i 列于表 8-5 相应栏中。

解　取各水准路线 S_i 的倒数乘以 C 为权值，并令 C =1km，计算见表 8-5。

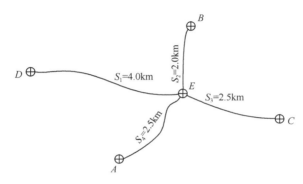

图 8-3　水准路线

表 8-5　高程计算

测段	高程观测值/m	水准路线长度 S_i / km	$P_i = \dfrac{1}{S_i}$ 权	v	Pv	Pvv
DE	40.347	4.0	0.25	+17.0	4.2	71.4
BE	40.320	2.0	0.50	−10.0	−5.0	50.0
CE	40.332	2.5	0.40	+2.0	0.8	1.6
AE	40.330	2.5	0.40	0	0	0
			[P]=1.55		[Pv]=0	[Pvv]=123.0

E 点高程的最或是值为

$$H_Z = \frac{0.25 \times 40.347 + 0.50 \times 40.320 + 0.40 \times 40.332 + 0.40 \times 40.330}{0.25 + 0.50 + 0.40 + 0.40} = 40.330(\text{m})$$

单位权观测值中误差为

$$\mu = \pm \sqrt{\frac{[Pvv]}{n-1}} = \pm \sqrt{\frac{123.0}{4-1}} = \pm 6.4(\text{mm})$$

最或是值中误差为

$$M = \pm \frac{\mu}{\sqrt{[P]}} = \pm \frac{6.4}{\sqrt{1.55}} = \pm 5.1(\text{mm})$$

习　题

1. 在"角度测量中正倒镜观测","水准测量中前后视距相等",这些规定都是为了消除什么误差?

2. 用钢尺丈量距离,有下列几种情况使量得的结果产生误差,试分别判定误差的性质及符号。

(1) 尺长不准确。

(2) 测钎插位不准确。

(3) 估计小数不准确。

(4) 尺面不水平。

(5) 尺端偏离直线方向。

3. 在水准测量中,有下列几种情况使水准尺读数带有误差,试判别误差的性质。

(1) 视准轴与水准轴不平行。

(2) 仪器下沉。

(3) 读数不正确。

(4) 水准尺下沉。

4. 为鉴定经纬仪的精度,对已知精确测定的水平角(α=45°00′00″.0)做 n 次观测,结果为

45°00′06″	44°59′55″	44°59′58″	45°00′04″
45°00′03″	45°00′04″	45°00′00″	44°59′58″
44°59′59″	44°59′59″	45°00′06″	45°00′03″

设 α 没有误差,试求观测值的中误差。

5. 有一段距离,其观测值及中误差为 345.675m±5mm,试估计这个观测值的误差的实际可能范围是多少?

6. 已知两段距离的长度及中误差分别为 300.465m±4.5cm，660.894m±4.5cm，试说明这两个长度的真误差是否相等？它们的最大限差是否相等？它们的精度是否相等？

7. 下列各式中的 l 均为等精度独立观测值，其中误差为 m，试求 x 的中误差。

(1) $x = \frac{1}{2}(l_1 + l_2) + l_3$。

(2) $x = \frac{l_1 l_2}{l_3}$。

(3) $x = \sin l_1 / \sin(l_1 + l_2)$。

8. 在水准测量中，已知每 100m 观测高差的中误差为 ±3.00mm，求图 1 中 AB，BC，AC 间观测高差的中误差。

图 1

9. 在同样观测条件下，做了四条路线的水准测量，它们的长度分别为 S_1=10.5km，S_2=8.8km，S_3=3.9km，S_4=15.8km，试求各条路线的权，并说明单位权观测的线路长度。

第9章 控制测量

9.1 控制测量概述

为了保证测绘成果具有一定的准确性和可靠性，测绘工作的首要任务就是控制测量，即首先在整个测区范围内以较高精度测定少量地面点的平面位置和高程。这些少量点称为控制点，把相关的控制点连接起来就构成控制网。控制测量分为平面控制测量和高程控制测量。

9.1.1 控制测量作用及原则

1. 控制测量作用

控制测量的作用可归纳为：

(1) 控制测量是各项测量工作的基础。如在工程测量中，控制点能提供位置和标准方向。

(2) 控制测量具有控制全局的作用。如在地形图测绘时，不但可提供测站点位置，而且可保证各图幅之间的拼接。

(3) 控制测量可以限制误差的传递和积累。任何测量都可能带来误差，如水准测量、导线测量等，每站都会产生误差，控制测量可使工程的待测点附近均有控制点，无须通过远距离引测。

2. 控制测量原则

控制测量方法可分为常规控制测量和现代控制测量。常规控制测量主要为三角测量、导线测量、水准测量和三角高程测量，而现代控制测量主要是 GNSS 测量。

为了在建网和使用过程中能最大限度地节约人力、物力资源和时间，并满足不同地区经济建设对控制网精度、密度等的不同要求，控制网布网应遵循如下原则：

(1) 先整体，后局部，分级布网，逐级控制。

(2) 要有足够的精度及密度。

(3) 应具有统一的规格。

国家相关部门专门制定了各种测量规范(规程)，作为测绘工作的法规文件，以保证上述原则的贯彻与实施。

9.1.2 国家控制网

在全国范围内建立的大地测量控制网称为国家大地测量控制网。它是全国各种比例尺测图(包括地籍图)的基本控制，并为确定地球的形状和大小提供研究资料，也是城市测量控制网和城市地籍测量控制网的基础。

国家大地测量控制网是用精密测绘仪器施测而建立的，按照施测精度分一、二、三、四共 4 个等级。它的低级点受高级点的逐级控制。

1. 一等三角锁布设方案

一等三角锁是国家大地控制网的骨干，其主要作用是控制二等以下各级大地测量和控制测量，并为研究地球形状和大小提供资料。

一等三角锁应尽可能沿经纬方向布设纵横锁，以构成网状图形，如图9-1所示。

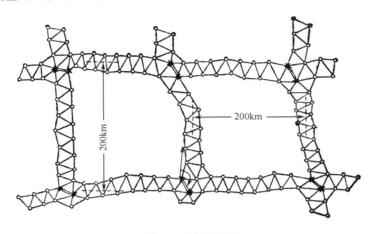

图9-1　网状图形

一等三角锁在纵横交叉处应测设起算边，以获得精确的起算边长，以便控制锁中边长误差的积累。起算边长度测定的相对中误差 $m_b / b \leqslant 1:350000$。

起算边的长度过去是采用基线测量的方法求得的，现在，起算边的测定已采用电磁波测距法获得。

一等三角锁在起算边两端点应精密测定天文经纬度和天文方位角，以获得起算方位角，并可控制锁、网中方位角误差的积累。一等天文点测定精度：纬度测定中误差 $m_\varphi \leqslant \pm 0.3''$，经度测定的中误差 $m_\lambda \leqslant \pm 0.02''$；天文方位角测定的中误差 $m_\alpha \leqslant \pm 0.05''$。

一等三角锁两起算边之间的锁段长度一般为 200km 左右，锁段内的三角形个数一般为 16～20 个。角度观测的精度，按一锁段三角形闭合差计算所得的测角中误差应不大于 $0.7''$。

一等三角锁一般采用单三角锁，根据地形条件，也可组成大地四边形或中点多边形，但对于不能显著提高精度的长对角线应当尽量避免，在一等三角锁交叉处，一般应布设中点多边形，避免两条锁邻接边相交成锐角。一等三角锁的平均边长，山区一般约 25km，平原区一般约 20km。每一段锁图形权倒数之和应不超过 100。

2. 二等三角网布设方案

二等三角网是在一等三角锁控制下布设的，它是国家三角网的基础，同时又是地形图的基本控制。因此，必须兼顾精度和密度两个方面的要求。

二等三角网以连续三角网的形式布设在一等三角锁环内，四周与一等三角锁衔接，如图9-2所示。

为了控制边长和角度误差的积累，以保证和提高二等三角网的精度，应在二等三角网中央处测定起算

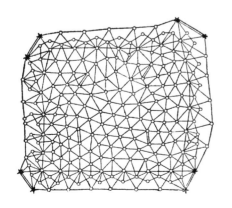

图9-2　连续三角网

边及其两端点的天文经纬度和方位角，测定的精度与一等点相同，当一等三角锁环过大时，

还要在二等三角网的适当位置，酌情加测起算边，使任一条二等边距最近的一等或二等起算边不多于 12 个二等三角形，或距最近的一等边不多于 7 个二等三角形。

二等三角网的边长可在 10～18km 变通，平均边长应为 13km。由三角形闭合差计算所得的测角中误差应小于 ±1.0″。

3. 三、四等三角网的布设方案

三、四等三角网是在一、二等三角锁网控制下布设的，是为了加密控制点，以满足测图和工程建设的需要。三、四等点以高等级三角点为基础，尽可能采用插网方法布设，但也可采用插点方法布设，还可以越级布网，即在二等网内直接插入四等全面网，而不经过三等三角网的加密。

三等三角网的平均边长为 8km，四等三角网的边长可在 2～6km 内变通。由三角形闭合差计算所得的测角中误差，三等三角网为 ±1.8″，四等三角网为 ±2.5″。

三、四等插网的图形结构如图 9-3 所示。图 9-3(a)为边长较长，与高级网接边的图形大部分为直接相接；图 9-3(b)为边长较短，低级网只闭合于高级点而不直接与高级边相接。

三、四等三角点也可采用插点的形式加密，其图形结构如图 9-4 所示。图中，插入 A 点的图形叫做三角形内插一点的典型图形；插入 B、C 两点的图形是三角形内外各插一点的典型图形。

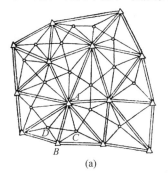 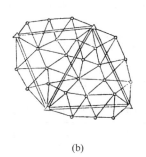

(a)　　　　　　　　　　(b)

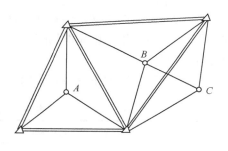

图 9-3　三、四等插网图形结构　　　　　图 9-4　三、四等三角点

国家三角测量规范中规定，采用插网法(或插点法)布设三、四等网时，因故未做联测的相邻点间的距离(如图 9-4 中的 AB 两点间距离)，三等应大于 5km，四等应大于 2km，否则必须联测。因为不联测的边，当其边长较短时，边长相对中误差较大，会给进一步加密造成困难。为了克服上述缺点，必须在 AB 两点间距离小于上述限值时进行联测。

国家三角锁、网的布设规格及其精度要求如表 9-1 所示。表中所列推算元素的精度，是在最不利情况下三角网应达到的最低精度。

表 9-1　国家三角锁、网的布设规格及其精度

等级	边长		图形强度限制				测角中误差/(″)	三角形最大闭合差/(″)	起算元素精度	最弱边边长相对中误差 $\frac{m_s}{S}$
	边长范围/km	平均边长/km	单三角形任意角/(°)	中点多边形任意角/(°)	大地四边形任意角/(°)	个别最小角/(°)			起算边长相对中误差 $\frac{m_b}{b}$	
一	15～45	平原 20 山区 25	40	30	30		±0.7	2.5	1：350000	1：150000
二	10～18	13				25	±1.0	3.5	1：350000	1：150000
三		8	30	30		25	±1.8	7.0		1：80000
四	2～6		30	30		25	±2.5	9.0		1：40000

表 9-1 中所列数据是国家三角测量规范所规定的布设规格及其精度，是质量区别的数量界线，是最低指标。

9.1.3 工程控制网

工程测量是城市建设的基础。它为城市规划，市政工程，工业和民用建筑设计、施工，城市管理以及科学研究等方面提供各种测绘资料，以满足现代化市镇建设发展的需要。

工程控制网无一等。控制网的二、三、四等和国家大地测量控制网二、三、四等的体系是一致的。

建立工程控制网，可采用三角测量(三角网)、三边测量(三边网)和导线测量(导线网)等，也可采用边角网。

工程控制网等级的划分依次为：二、三、四等，一、二级小三角或一、二、三级导线。根据城市的规模，各级工程控制网均可作为首级控制。

1. 三角网的布设方案及技术要求

首级网应布设为近似等边三角形的网(锁)。一般三角形的内角不应小于 30°，如受地形限制时，个别角也不应小于 25°。

当三角网估算精度偏低时，宜适当加测对角线或增设起始边，以提高网的精度。

加密网可采用插网或插点的方法。一、二级小三角可布设成线形锁。无论采用插网或插点，因故未做联测的相邻点的距离，三等不应小于 3.5km，四等不应小于 1.5km，否则，应改变设计方案。

各等级三角网的主要技术要求应符合表 9-2 的规定。

表 9-2　各等级三角网的主要技术要求

等级	平均边长/km	测角中误差/(″)	起始边边长相对中误差	最弱边边长相对中误差
二等	9	±1	1/300000	1/120000
三等	5	±1.8	1/200000(首级) 1/120000(加密)	1/80000
四等	2	±2.5	1/120000(首级) 1/80000(加密)	1/450000
一级小三角	1	±5	1/40000	1/20000
二级小三角	0.5	±10	1/20000	1/10000

注：当测区测图的最大比例尺为 1:1000 时，一、二级小三角的边长可适当放长，但最长不应超过表中规定的 2 倍。

2. 三边网的布设方案及技术要求

各等级三边网的设计应和三角网的规格一致，在设计选点时，也必须重视图形结构，以边长接近该等级平均边长的近似正三角形为理想图形。各三角形的内角不应大于 120°和不宜小于 30°，特殊情况也不应小于 25°。

为了加强三边网的图形强度和增加检核，宜在适当的图形中增测对角线。此时角度大小的限制可按短对角线组成的三角形内角来衡量。

对于测边网中的中点多边形、大地四边形和扇形，应根据各项改正后的观测值进行圆周角条件及组合角条件的检核。

以测边法进行插点的交会定点时，至少应有一条多余观测的边。根据多余观测与必要观测算得的插点纵横坐标差值，不应大于 3.5cm。

各等级三边网的主要技术要求应符合表 9-3 的规定。

表 9-3　三边网的主要技术要求

等级	平均边长/km	测距中误差/mm	测距相对中误差
二级	9	±30	1/300000
三级	5	±301	/160000
四级	2	±16	1/120000
一级小三边	1	±16	1/60000
二级小三边	0.5	±16	1/30000

3. 导线的布设方案及技术要求

导线宜布设成直伸等边，相邻边长之比不宜超过 1∶3，其图形可布设成单线、单结点或多结点等形式。当导线用作首级控制时，宜布设成多边形网。

一、二、三级导线可用光电测距或用钢尺量距。三角副点传算网角度观测的测回数，应较相应级别导线增加 1～2 个测回。三角形闭合差：一级不得大于 ±15″，二级不得大于 ±25″，三级不得大于 ±40″。

传算网中基线应比导线量距时增加一次往返观测，各次观测较差的相对误差：一级不得大于 1∶28000，二级不得大于 1∶21000，三级不得大于 1∶14000。

表 9-4 所示为三、四等及一、二、三级电磁波测距导线的主要技术要求，一、二、三级钢尺量距导线的主要技术要求如表 9-5 所示。

表 9-4　电磁波测距导线的主要技术要求

等级	附合导线长度/km	平均边长/m	每边测距中误差/mm	测角中误差/(″)	导线全长相对闭合差
三等	15	3000	±18	±1.8	1/60000
四等	10	1600	±18	±2.5	1/40000
一级	3.6	300	±15	±5	1/14000
二级	2.4	200	±15	±8	1/10000
三级	1.5	120	±15	±12	1/6000

表 9-5　钢尺量距导线的主要技术要求

等级	附合导线长度/km	平均边长/m	往返丈量较差相对误差	测角中误差/(″)	导线全长相对闭合差
一级	2.5	250	1/20000	±5	1/10000
二级	1.8	180	1/15000	±8	1/7000
三级	1.2	120	1/10000	±12	1/5000

9.1.4 GNSS 控制网

全球导航卫星系统(global navigation satellite system，GNSS)技术的应用，使 GNSS 网逐步代替了国家及城市平面控制网，但其构网形式基本上仍采用三角网或多边形格网(闭合环线附合线路)。我国 GNSS 国家大地控制网按其精度和控制范围可分为 AA、A、B、C、D、E 六个等级。

城市 GNSS 控制网一般用国家 GNSS 网作为起始数据，并由若干个独立闭合环构成，或构成附合线路。城市平面控制网若用 GNSS 方法布网时，其主要技术指标见表 9-6。

表 9-6 城市 GNSS 平面控制网的主要技术指标

等级	平均边长/km	a/mm	$b/10^{-6}$	最弱边相对中误差
二等	9	≤5	≤2	1/120000
三等	5	≤5	≤2	1/80000
四等	2	≤10	≤5	1/45000
一级	1	≤10	≤5	1/20000
二级	<1	≤10	≤5	1/10000

表 9-6 中 a 为 GNSS 网基线向量的固定误差，b 为比例误差系数，因此，基线向量的弦长中误差为

$$\delta = \sqrt{a^2 + (bd)^2}$$

式中，d 为基线长度。

9.2 地方坐标系及坐标系统转换

9.2.1 地方独立坐标系

在我国许多城市和工程测量中，若直接采用国家坐标系，可能会因为远离中央子午线或测区平均高程较大，而导致长度投影变形较大，难以满足工程上或实用上的精度要求。另外，对于一些特殊性质的测量，如大桥施工测量、水利水坝测量、滑坡变形测量等，若采用国家坐标系在实用中也极不方便。因此，根据限制变形、方便、实用、科学的目的，常常会建立适合本地区的地方独立坐标系。

建立地方独立坐标系，实际上就是通过一些元素的确定来决定地方参考椭球体与投影面。地方参考椭球体一般选择与当地平均高程相对应的参考椭球体，该椭球体的中心、轴向和扁率与国家参考椭球体相同，其椭球体半径 a 增大为

$$\begin{cases} a_1 = a + \Delta a_1 \\ \Delta a_1 = H_m + \xi_0 \end{cases}$$

式中，H_m 为当地平均海拔高程；ξ_0 为该地区的平均高程异常。

在地方投影面的确定中，选取过测区中心的经线或某个起算点的经线作为独立中央子午线。以某个特定的点和方位为地方独立坐标系的起算原点和方位，并选取当地平均海拔高程面 H_m 为投影面。

9.2.2 国家坐标系

目前我国常用的 1954 年北京坐标系和 1980 年西安坐标系，均为参心坐标系。

1. 1954 年北京坐标系

1954 年北京坐标系采用了苏联的克拉索夫斯基椭球体，其参数是：长半轴 a 为 6378245m，扁率 f 为 1/298.3。1954 年北京坐标系虽然是苏联 1942 年坐标系的延伸，但并不完全相同。因为该椭球体的高程异常是以苏联 1955 年大地水准面重新平差结果为起算数据，按我国天文水准路线推算而得，而高程又是以 1956 年青岛验潮站的黄海平均海水面为基准。

2. 1980 年西安坐标系

为了解决 1954 年北京坐标系存在的缺点，1978 年我国决定建立新的国家大地坐标系统，并且在该系统中进行全国天文大地网的整体平差，该坐标系统取名为 1980 年西安大地坐标系统。其原点位于我国中部——陕西泾阳县永乐镇。椭球体参数采用 1975 年国际大地测量与地球物理联合会推荐值：椭球体长半轴 a =6378140m，重立场二阶带谐系数 $J_2 = 1.08263 \times 10^{-3}$，地心引力常数 $\mu = 3.986005 \times 10^{14} \mathrm{m}^3 / \mathrm{s}^2$，地球自转角速度 $\omega = 7.292115 \times 10^{-5} \mathrm{rad} / \mathrm{s}$。

根据以上参数可得 1980 椭球体的几何参数为：a =6378140m；f=1/298.257。

椭球体定位是按我国范围高程异常值平方和最小为原则求解参数。椭球体的短轴平行于地球自转轴并指向 1968.0 地极原点(JYD)的方向，起始大地子午面平行于格林尼治天文台子午面。长度基准与国际统一长度基准一致。高程基准以青岛验潮站 1956 年黄海平均海水面为高程起算基准，水准原点高出黄海平均海水面 72.289m。

1980 年西安大地坐标系建立后，利用该坐标系进行了全国天文大地网平差，提供了全国统一的、精度较高的 1980 年国家大地坐标系坐标，据分析，它完全可以满足 1/500 测图的需要。

3. 新 1954 年北京坐标系

由于 1980 年西安坐标系与 1954 年北京坐标系的椭球体参数和定位均不同，因而大地控制点在两坐标系中的坐标存在较大差异，最大的达 100m 以上，这将引起成果换算的不便与地形图图廓和方格线位置的变化，且已有的测绘成果大部分是 1954 年北京坐标系下的。所以，作为过渡，产生了所谓的新 1954 年北京坐标系。

新 1954 年北京坐标系是通过将 1980 年西安坐标系的三个定位参数平移至克拉索夫斯基椭球体中心，长半轴与扁率仍取克拉索夫斯基椭球体几何参数，而定位与 1980 年大地坐标系相同（即大地原点相同），定向也与 1980 椭球体相同。因此，新 1954 年北京坐标系的精度和 1980 年坐标系精度相同，而坐标值与旧 1954 年北京坐标系的坐标接近。

9.2.3 坐标系统转换

为了建立各种比例尺地形图的控制及工程测量控制，一般应将椭球体面上各点的大地坐标，按照一定的规律投影到平面上，并以相应的平面直角坐标表示。

因为地球椭球体面是不可展的曲面，无论采用何种数学模型进行投影都会产生变形。所以，只能根据具体的需要与用途，对一些变形加以限制，以满足需求。按变形性质，我们可以将投影分为等角投影、等面积投影、等距离投影以及任意投影。

目前世界各国常采用的是高斯投影和 UTM 投影。这两种投影具有下列特征：

(1) 椭球体面上任一角度，投影到平面上后保持不变。

(2) 中央子午线投影为纵坐标轴，并且是投影点的对称轴。

(3) 高斯投影的中央子午线长度比 $m_0 = 1$，而 UTM 投影的 $m_0 = 0.9996$。

在上述条件下，椭球体面投影到高斯平面的数学模型为

$$\begin{cases} x = X + \dfrac{1}{2}N \times t \times \cos^2 B \times l^2 + \dfrac{1}{24}N \times t(5 - t^2 + 9\eta^2 + 4\eta^4)\cos^4 B \times l^4 \\ \qquad + \dfrac{1}{720}N \times t(61 - 58t^2 + t^4 + 330\eta^2 t^2)\cos^6 B \times l^6 \\ y = N \times \cos B \times l + \dfrac{1}{6}N(1 - t^2 + \eta^2)\cos^3 B \times l^3 \\ \qquad + \dfrac{1}{120}N(5 - 18t^2 + t^4 + 14\eta^2 - 58\eta^2 t^2)\cos^5 B \times l^5 \end{cases} \tag{9-1}$$

式中，B 为投影点的大地纬度；$l = L - L_0$，L 为投影点的大地经度，L_0 为轴子午线的大地经度；N 为投影点的卯酉圈曲率半径；$t = \tan B$；$\eta = e' \cos B$，e' 为椭球体第二偏心率；X 为当 $l = 0$ 时，从赤道起算的子午线弧长，其计算公式的一般形式为

$$X = a(1 - e^2)(A_0 B + A_2 \sin 2B + A_4 \sin 4B + A_6 \sin 6B + A_8 \sin 8B) \tag{9-2}$$

其中系数

$$A_0 = 1 + \frac{3}{4}e^2 + \frac{45}{64}e^4 + \frac{350}{512}e^6 + \frac{11025}{16384}e^8$$

$$A_2 = -\frac{1}{2}\left(\frac{3}{4}e^2 + \frac{60}{64}e^4 + \frac{525}{512}e^6 + \frac{17640}{16384}e^8\right)$$

$$A_4 = +\frac{1}{4}\left(\frac{15}{64}e^4 + \frac{210}{512}e^6 + \frac{8820}{16384}e^8\right)$$

$$A_6 = -\frac{1}{6}\left(\qquad + \frac{35}{512}e^6 + \frac{2520}{16384}e^8\right)$$

$$A_8 = +\frac{1}{8}\left(\qquad\qquad + \frac{315}{16384}e^8\right)$$

式中，e 为椭球体第一偏心率。

上述根据大地坐标计算高斯平面坐标的公式，通常也称为高斯投影正算公式，其反算公式的形式为

$$\begin{cases} B = B_f - \dfrac{t_f}{2M_f N_f}y^2 + \dfrac{t_f}{24M_f N_f^3}\left(5 + 3t_f^2 + \eta_f^2 - 9\eta_f^2 t_f^2\right)y^4 \\ \qquad - \dfrac{t_f}{720M_f N_f^5}(61 + 90t_f^2 + 45t_f^4)y^6 \\ l = \dfrac{1}{N_f \cos B_f}y - \dfrac{1}{6N_f^3 \cos B_f}(1 + 2t_f^2 + \eta_f^2)y^3 \\ \qquad + \dfrac{1}{120N_f^5 \cos B_f}(5 + 28t_f^2 + 24t_f^4 + 6\eta_f^2 + 8\eta_f^2 t_f^2)y^5 \end{cases} \tag{9-3}$$

式中，B_f 为底点纬度；下标"f"表示与 B_f 有关的量；M_f 为子午圈曲率半径；N_f 为卯酉圈曲率半径。底点纬度 B_f 是高斯投影反算公式的重要量，其数学模型的一般形式为

$$B_f = B_0 + \sin 2B_0 \{K_0 + \sin^2 B_0 [K_2 + \sin^2 B_0 (K_4 + K_6 \sin^2 B_0)]\} \tag{9-4}$$

式中，

$$B_0 = \frac{X}{a(1-e^2)A_0}$$

$$K_0 = \frac{1}{2}\left[\frac{3}{4}e^2 + \frac{45}{64}e^4 + \frac{350}{512}e^6 + \frac{11025}{16384}e^8\right]$$

$$K_2 = -\frac{1}{3}\left[\frac{63}{64}e^4 + \frac{1108}{512}e^6 + \frac{58239}{16384}e^8\right]$$

$$K_4 = -\frac{1}{3}\left[\frac{604}{512}e^2 + \frac{68484}{16384}e^8\right]$$

$$K_6 = -\frac{1}{3}\left[\frac{26328}{16384}e^8\right]$$

X 为当 $y=0$ 时，x 值所对应的子午线弧长，式(9-3)是计算底点纬度数学模型的普遍形式。当椭球体的几何参数一经确定后，公式中的系数便成为常数。数学分析表明，如果要求底点纬度的计算精度不高于 $10^{-4''}$，则式中含 e^8 的项便可忽略。

目前，我国对区域性控制测量的数据处理、各种比例尺地形图以及数字化电子地图的制作，一般均普遍应用上述平面直角坐标系统。

9.3 导 线 测 量

9.3.1 概　　述

将测区内相邻控制点用直线相连而构成的折线称为导线，这些控制点称为导线点。导线测量就是以测定各导线边长和转折角值，并根据起始点坐标及起始边方位角，推算各边的坐标方位角，从而求出各导线点坐标。

随着测距仪器的发展，导线测量已成为平面控制测量最主要的方法。根据不同的情况和要求，导线可布设成闭合导线、附合导线和支导线三种形式。

1. 闭合导线

起讫于同一点的导线称为闭合导线。如图 9-5 所示，导线从已知点 B 和已知方位 BA 出发，并经过 1, 2, 3, 4 各点，最后又回到起始点 B，形成一闭合多边形。此种导线存在着几何条件，具有检核条件。

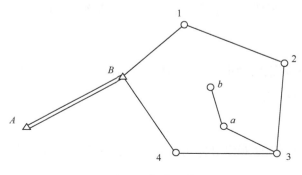

图 9-5　闭合导线

2. 附合导线

布设于两已知点之间的导线称为附合导线。如图 9-6 所示，导线从高级控制点 A 和已知方位 AB 出发，经过 1，2，3，4 各点，然后附合到另一已知高级控制点 C 和已知方向 CD。这种布设形式，具有检核观测成果的作用。

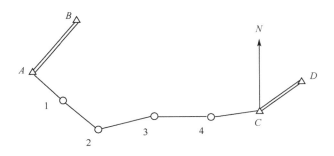

图 9-6　附合导线

3. 支导线

由一已知点和一已知边的方向出发，既不附合到另一已知点，又不回到原起点的导线称为支导线。如图 9-5 所示的 3ab 就是一条支导线，其中 3 为已知点，a 和 b 为支导线点。因其缺乏检核条件，故其边数一般不超过 3 条。

9.3.2　导线测量的外业

1. 踏勘、选点

选点前应收集测区所有测绘成果，首先在图上进行选点，然后再到实地核对，具体落实点位和建立标志。实地选点时应注意以下几点：

(1) 相邻点间地势平坦，便于测角和量距。

(2) 点位应选在土质坚实处，以便标志长期保存和安置仪器。

(3) 点位周围应视野开阔，便于进一步利用。

(4) 相邻导线边长应大致相等。

(5) 导线点应有足够密度，且应分布均匀，便于控制整个测区。

导线点位选定后，应在各点上打一木桩，在其周围浇灌混凝土，桩顶钉一小钉，作为临时标志，如图 9-7 所示。若需长期保存的导线点，则应埋设混凝土桩，桩顶刻十字，如图 9-8 所示。为了以后便于寻找导线点，应绘制点标记，如图 9-9 所示。

2. 量边

导线边长可用光电测距仪测定，测量时应同时观测竖角，以便进行倾斜改正。若用钢尺丈量，则钢尺必须经过鉴定。

3. 测角

导线转角一般采用测回法观测其左角。若为闭合导线，则应观测其内角。

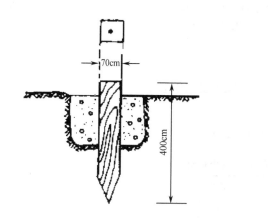

图 9-7　临时导线点

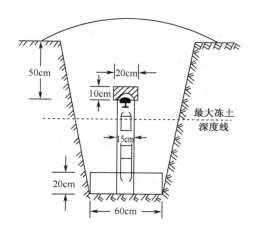

图 9-8　永久导线点

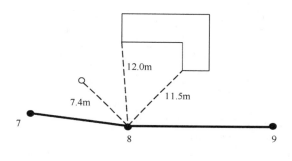

图 9-9　点标记

9.3.3　导线测量的内业计算

导线测量内业计算的目的就是求出各导线点坐标。

1. 内业计算要求

计算前，应全面检查外业记录是否合乎要求，起算数据是否正确，并在此基础上绘出导线略图，如图 9-10 所示。

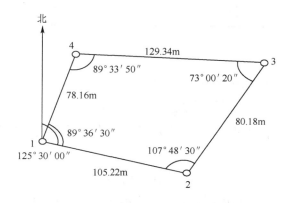

图 9-10　导线内业计算

内业计算中数据的取位，对于四等以下的小三角及导线，角值取至秒，边长及坐标取至毫米；对于图根控制，角值取至秒，边长及坐标取至厘米。

2. 闭合导线计算

现以图 9-10 中的实测数据为例，说明闭合导线内业计算步骤。

1) 准备工作

将检查过的外业观测数据及起算数据填入表 9-7 中。

表 9-7　图根闭合导线坐标计算

点号	观测角	改正数改正后角度	坐标方位角 α	距离 D/m	增量计算值		改正后增量		坐标值	
					Δx/m	Δy/m	Δx/m	Δy/m	x/m	y/m
1			125°30′00″	105.22	−2 −61.10	+2 +85.66	−61.12	+85.68	500.00	500.00
2	107°48′30″	+13″ 107°48′43″	53°18′43″	80.18	−2 +47.90	+2 +64.30	−47.88	+64.32	438.88	585.68
3	73°00′20″	+12″ 73°00′32″	306°19′15″	129.34	−3 +76.61	+2 −104.21	+76.58	−104.19	486.76	650.00
4	89°33′50″	+12″ 89°34′02″	215°53′17″	78.16	−2 −63.32	+1 −45.82	−63.34	−45.81	563.34	545.81
1	89°36′30″	+13″ 89°36′43″	125°30′00″						500.00	500.00
2										
总和	359°59′10″	+50″ 360°00′00″		392.90	+0.09	−0.07	0.00	0.00		

辅助计算

$$\sum \beta_{测} = 359°59′10″$$

$$\underline{\text{(−)} \sum \beta_{理} = 360°00′10″}$$

$$f_\beta = -50″$$

$$f_{\beta容} = \pm 60″ \cdot \sqrt{4} = \pm 120″$$

$f_x = \sum \Delta x_{测} = +0.09$；$f_y = \sum \Delta y_{测} = -0.07$

导线全长闭合差 $f_D = \sqrt{f_x^2 + f_y^2} = \pm 0.11\text{m}$

导线全长相对闭合差 $k = \dfrac{0.11}{392.90} \approx \dfrac{1}{3500}$

容许的相对闭合差 $k_{容} = \dfrac{1}{2000}$

2) 角度闭合差平差

对于 n 边形闭合导线内角和的理论值为

$$\sum \beta_{理} = (n-2) \cdot 180° \tag{9-5}$$

由于观测角含有误差，实测内角和 $\sum \beta_{测}$ 不等于其理论值而产生角度闭合差，其计算公式为

$$f_\beta = \sum \beta_{测} - \sum \beta_{理} \tag{9-6}$$

根据测角中误差求出导线角度闭合差的允许值 $f_{\beta允}$，若 f_β 超过允许值时，则说明所测转角不符合要求，应对转角进行检测；若 f_β 在允许范围以内，则可将闭合差反符号后平均分配

于各观测角中。

改正后内角之和应为$(n-2)\times180°$，在此例中应为$360°$，用以检核计算。

3) 用改正后的导线左角(右角)推算各边坐标方位角

根据起始边方位角和改正角推算其余各边的坐标方位角。

$$\alpha_{前} = \alpha_{后} + 180° \pm \beta \tag{9-7}$$

在本例中观测角为左角，则式(9-7)中取"+"号，并推算出导线各边的坐标方位角，列入表9-7中。

推算中应注意以下几点：

(1) 若推算出的$\alpha_{前} > 360°$时，则应减去$360°$。

(2) 用式(9-7)计算时，若观测角为右角时，当$(\alpha_{前} + 180°) < \beta$，则应加上$360°$再减去$\beta$。

(3) 推算闭合导线各边坐标方位角时，推出的方位角值应与原已知方位角值相等，否则应重新检查计算过程。

4) 坐标增量计算

如图9-11所示，1号点的坐标(x_1, y_1)及$1\sim 2$边的坐标方位角(α_{12})均为已知，边长D_{12}为实测值，则2号点的坐标为

$$\begin{cases} x_2 = x_1 + \Delta x_{12} \\ y_2 = y_1 + \Delta y_{12} \end{cases} \tag{9-8}$$

式中，Δx_{12}、Δy_{12}为坐标增量，即为1，2两点的坐标差。

根据图9-11中的几何关系，坐标增量的计算公式为

$$\begin{cases} \Delta x_{12} = D_{12}\cos\alpha_{12} \\ \Delta y_{12} = D_{12}\sin\alpha_{12} \end{cases} \tag{9-9}$$

式中，Δx_{12}及Δy_{12}的正负号是由其函数值的正负号来决定的。

按式(9-9)计算出对应边的坐标增量值，并填入表9-7中。

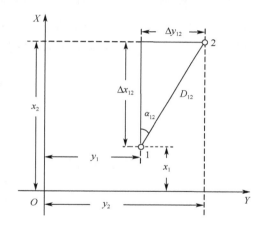

图9-11　坐标增量计算

5) 坐标增量闭合差的计算与调整

闭合导线坐标增量是从一点出发，最后再回到同一点上，因此，其纵、横坐标增量代数和的理论值应为零，即

$$\begin{cases} \sum \Delta x_{理} = 0 \\ \sum \Delta y_{理} = 0 \end{cases} \tag{9-10}$$

实际上存在着边长测量误差和角度闭合差调整后的残差，往往使得$\sum \Delta x_{测}$和$\sum \Delta y_{测}$不等于零，从而产生纵坐标增量闭合差f_x与横坐标增量闭合差f_y，即

$$\begin{cases} f_x = \sum \Delta x_{测} \\ f_y = \sum \Delta y_{测} \end{cases} \tag{9-11}$$

f_x 和 f_y 的存在使得导线无法闭合，如图 9-12 所示。其中 f_D 即被称为导线全长闭合差，并可用下式计算

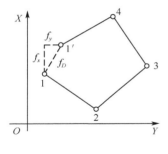

$$f_D = \sqrt{f_x^2 + f_y^2} \tag{9-12}$$

因为单靠 f_D 值的大小还无法准确地反映导线测量的精度，所以，还应将 f_D 与导向全长 $\sum D$ 相比，并以分子为 1 的分数形式来表示导线全长的相对闭合差，即

$$k = \frac{f_D}{\sum D} = \frac{1}{\dfrac{\sum D}{f_D}} \tag{9-13}$$

图 9-12　坐标闭合差

用导线全长相对闭合差 k 来衡量导线测量的精度，k 值越小，则导线测量的精度越高。对于不同等级的导线测量，其全长相对闭合差的允许值也不同，具体数值见表 9-4 及表 9-5。

若 $k > k_允$ 时，则表明其测量成果不合格。此时应首先检查内业计算是否正确，然后再对外业观测成果进行检查，必要时应进行外业返工；若 $k < k_允$，则表明其测量成果符合精度要求，即可进行调整，此时可将 f_x 及 f_y 反其符号后，并按边长成比例分配到各边的纵、横坐标增量中去。若以 v_{x_i}、v_{y_i} 分别表示第 i 条边的纵、横坐标增量改正数，则有

$$\begin{cases} v_{x_i} = -\dfrac{f_x}{\sum D} \cdot D_i \\[2mm] v_{y_i} = -\dfrac{f_y}{\sum D} \cdot D_i \end{cases} \tag{9-14}$$

纵、横坐标改正数之和应满足下式

$$\begin{cases} \sum v_x = -f_x \\ \sum v_y = -f_y \end{cases} \tag{9-15}$$

计算出各坐标增量改正数填入表 9-7 中所对应的坐标增量值的右上方，然后将各坐标增量值加上相应的改正数，即得改正后的坐标增量值，也填入相应的栏内。

改正后的纵、横坐标增量之代数和均应为零，以此作为计算检核。

6) 计算导线点各坐标

根据起点 1 的已知坐标(该例中 $x=500.00$m, $y=500.00$m)及改正后的各边坐标增量，用式 (9-16)依次推算出其余各点的坐标值

$$\begin{cases} x_前 = y_后 + \Delta x_改 \\ y_前 = y_后 + \Delta y_改 \end{cases} \tag{9-16}$$

将计算得到的坐标值填入表中相应的栏内。最后推算出起点 1 的坐标，其值应与原有的点 1 坐标数值一致，以便进行检核。

综上所述，根据已知点的坐标、已知边长及已知坐标方位角来计算待定点坐标，称为坐标正算；若利用两已知点的平面直角坐标值来计算其边长及坐标方位角，则称为坐标反算。

3. 附合导线计算

附合导线与闭合导线仅是形式上的差异，因此，其坐标增量计算过程完全相同，只是角度闭合差和坐标闭合差的计算不同，在此重点介绍其不同之处。

图 9-13 所示的是一实测附合导线，其中 A、B、C 及 D 为高级控制点，α_{BA}、α_{CD} 及 B、C 两点的坐标为已知的起算数据，β_i 与 D_i 分别为实测的角度和边长值。因为已知的起算数据精度远高于实测数据的精度，所以可以认为它们是无误差的。这样附合导线必然存在以下几何条件：①方位角闭合条件，即从已知方位角 α_{AB} 出发，利用 β_i 的观测值推算出的坐标方位角 α'_{CD} 应等于已知的 α_{CD}；②纵、横坐标闭合条件，即由 B 点的已知坐标 x_B、y_B 推算出 C 点坐标 x'_C、y'_C 应与已知的 x_C、y_C 相等。

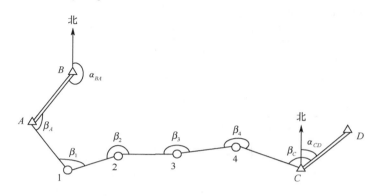

图 9-13　附合导线

1) 角度闭合差计算

根据起始边的已知坐标方位角 α_{BA} 及实测的左角可计算出 CD 边的坐标方位角 a'_{CD}。

$$\alpha_{A1} = \alpha_{BA} - 180° + \beta_A$$
$$\alpha_{12} = \alpha_{A1} - 180° + \beta_1$$
$$\alpha_{23} = \alpha_{12} - 180° + \beta_2$$
$$\alpha_{34} = \alpha_{23} - 180° + \beta_3$$
$$\alpha_{4C} = \alpha_{34} - 180° + \beta_4$$
$$\alpha'_{CD} = \alpha_{4C} - 180° + \beta_C$$

将以上各式求和可得

$$\alpha'_{CD} = \alpha_{AB} - 6 \times 180° + \sum \beta_i$$

写成一般公式为

$$\alpha'_{CD} = \alpha_{BA} - n \times 180° + \sum \beta_i \tag{9-17}$$

角度闭合差 f_β 为

$$f_\beta = \alpha'_{CD} - \alpha_{CD} \tag{9-18}$$

附合导线坐标方位角闭合差的调整与闭合导线相同。

2) 坐标增量闭合差计算

根据附合导线应满足的几何条件，其各边坐标增量代数和的理论值应与 C、B 坐标之差相等，即

$$\begin{cases} \sum \Delta x_{理} = x_C - x_B \\ \sum \Delta y_{理} = y_C - y_B \end{cases} \qquad (9\text{-}19)$$

计算出 $\Delta x_{测}$ 和 $\Delta y_{测}$，则其坐标增量闭合差为

$$\begin{cases} f_x = \sum \Delta x_{测} - (x_C - x_B) \\ f_y = \sum \Delta y_{测} - (y_C - y_B) \end{cases} \qquad (9\text{-}20)$$

附合导线的全长闭合差、全长相对闭合差、允许相对闭合差的计算及坐标增量闭合差计算与闭合导线相同。附合导线的计算见表 9-8。

表 9-8　图根附合导线坐标计算

点号	观测角	改正数 改正角	坐标方位角 α	距离 D/m	增量计算值		改正后增量		坐标值	
					Δx/m	Δy/m	Δx/m	Δy/m	x/m	y/m
B			<u>237°59′30″</u>							
A	99°01′00″	+6″ 99°01′06″	157°00′36″	225.85	+5 −207.91	−4 +88.21	−207.86	+88.17	<u>2507.69</u>	<u>1215.63</u>
1	167°45′36″	+6″ 167°45′42″	144°46′18″	139.03	+3 −113.57	−3 +80.20	−113.54	+80.17	2299.83	1303.80
2	123°11′24″	+6″ 123°11′30″	87°57′48″	172.57	+3 +6.13	−3 +172.46	+6.16	+172.43	2186.29	1383.97
3	189°20′36″	+6″ 189°20′42″	97°18′30″	100.07	+2 −12.73	−2 +99.26	−12.71	+99.24	2192.45	1556.40
4	179°59′18″	+6″ 179°59′24″	97°17′54″	102.48	+2 −13.02	−2 +101.65	−13.00	+101.63	2179.74	1655.64
C	129°27′24″	+6″ 129°27′30″	<u>46°45′24″</u>						<u>2166.74</u>	<u>1757.27</u>
D										
总和	888°45′18″	+36″ 888°45′54″		740.00	−341.10	+541.78	−340.95	+541.64		

辅助计算

$$\alpha_{BA} = 237°59′30″$$
$$\underline{+\sum \beta_{理} = 888°45′18″}$$
$$1126°44′18″$$
$$\underline{-6×180° = 1080°}$$
$$\alpha'_{CD} = 46°44′48″$$
$$\underline{-\alpha_{CD} = 46°45′24″}$$
$$f_\beta = -36″$$
$$f_{\beta容} = ±40″\sqrt{6} = ±97″$$

$$\sum \Delta x_{测} = -341.10 \qquad \sum \Delta y_{测} = +541.78$$
$$\underline{-)x_C - x_A = -340.95} \qquad \underline{-)y_C - y_A = +541.64}$$
$$f_x = -0.15 \qquad\qquad f_y = +0.14$$

导线全长闭合差 $f_D = \sqrt{f_x^2 + f_y^2} = ±0.20\text{m}$

导线全长相对闭合差 $k = \dfrac{0.20}{740} = \dfrac{1}{3700}$

容许的相对闭合差 $k_{容} = \dfrac{1}{2000}$

9.3.4　坐标导线计算

坐标导线是随着全站仪的普及，以及其快速全自动的三维坐标测量的特点备受测绘工作者的青睐。针对全站仪可以直接用来测定地面点三维坐标的情况，目前在导线测量中以直接测定待定导线点坐标已经成为普遍现象，直接对坐标观测值进行平差以求得合理的结果。

1. 常规导线计算方法

以测定的坐标数据为基础，通过坐标反算的方式间接获取导线转折角和导线边边长，然后利用常规导线角度闭合差调整以及坐标闭合差调整的方式计算各待定导线点的平差坐标。

2. 直接坐标平差法

如图 9-14 所示，首先将全站仪安置于起始导线点 B(已知导线点)，通过设站定向后，直接测定 1 号点坐标，然后依次在 1、2、3、4 点上设站定向，并测定 2、3、4、C 点的坐标。在条件允许的情况下亦可通过一次设站定向测定多个导线点的坐标。

直接平差的思路是：将测定的 C 点坐标与其已知的 C 点坐标值比较，直接求出坐标闭合差，通过坐标反算出距离后，以距离加权方式计算各导线点坐标改正值，然后利用改正后的观测值求得待定点坐标。

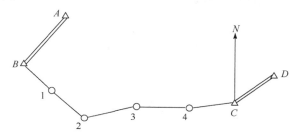

图 9-14　坐标导线测量

(1) 坐标闭合差计算：

$$\begin{cases} f_x = x'_C - x_C \\ f_y = y'_C - y_C \end{cases}$$
(9-21)

式中，x'_C、y'_C 为 C 点的观测坐标；x_C、y_C 为 C 点的已知坐标。

(2) 导线全长闭合差及其相对误差计算：

$$f = \sqrt{f_x^2 + f_y^2}$$
(9-22)

$$K = f / \sum_{i=1}^{n} D_i$$
(9-23)

式中，D_i 表示各导线边边长，可以通过观测坐标直接求得。

(3) 导线点坐标改正数计算：

$$\begin{cases} v_{x_i} = -\dfrac{f_x}{\sum\limits_{i=1}^{n} D_i} \cdot \sum\limits_{j=1}^{i} D_j \\ v_{y_i} = -\dfrac{f_y}{\sum\limits_{i=1}^{n} D_i} \cdot \sum\limits_{j=1}^{i} D_j \end{cases}$$
(9-24)

(4) 导线点坐标平差值计算：

$$\begin{cases} \hat{x}_i = x_i' - v_{x_i} \\ \hat{y}_i = y_i' - v_{y_i} \end{cases} \tag{9-25}$$

9.3.5　无定向导线

无定向附合导线的起、终两点为已知点，但两端均未能连测已知方位角，如图 9-15 所示，在导线测量中只观测了各导线边 D 和转折角 β(左角)。

由于该导线没有起始方位角，无法直接推算各导线边的方位角，但可以利用起、终两点的已知坐标间接计算起始方位角。其计算方法如下：首先对第一条导线边假定一个方位角值，如图 9-16 所示，假定 $\alpha_{A1} = 90°00'00''$，然后根据导线各转折角推算出各边的假定方位角 α'，再根据导线的观测边长 D' 和 α' 计算各边的假定坐标增量 $\Delta x_2'$、$\Delta y_2'$，并求得其总和 $\sum x'$、$\sum y'$，最后根据已知点 A 坐标求得 B' 点坐标为

$$\begin{cases} x_B' = x_A + \sum \Delta x' \\ y_B' = y_A + \sum \Delta y' \end{cases} \tag{9-26}$$

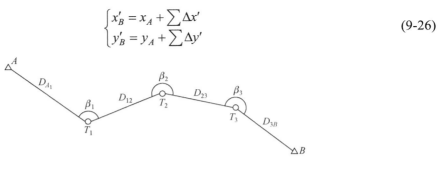

图 9-15　无定向导线

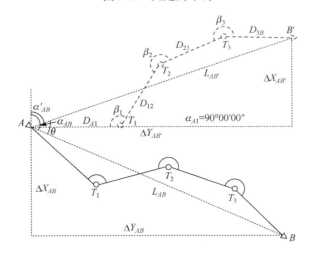

图 9-16　无定向导线计算

根据 A、B 两点的坐标，利用坐标反算公式计算出 A、B 两点连线的方位角 α_{AB} 和闭合边长 L_{AB}；再根据 A、B' 两点坐标，计算出 A、B 两点连线的方位角 α_{AB}' 和假定闭合边长 L_{BC}'。由此即可计算(真、假)闭合边长度比 R，即

$$\theta = \alpha_{AB} - \alpha_{AB}' \tag{9-27}$$

$$R = \frac{L_{AB}}{L'_{AB}} \tag{9-28}$$

闭合边长度比 R 是无定向导线计算中唯一可以检验导线测量精度的指标，R 的值应该接近于 1。无定向导线的精度指标可以用导线全长相对闭合差 K 的形式表示为

$$K = \frac{L_{AB} - L'_{AB}}{\sum D} = \frac{1}{\dfrac{\sum D}{L_{AB} - L'_{AB}}} \tag{9-29}$$

式中，$\sum D$ 为导线的全长。

根据方位角差 θ 即可将该导线边长的假定方位角 α'_i 改算成真方位角 α_i，并根据闭合边长度比 R 计算出改正后的导线边长 D_i，其计算公式为

$$\begin{cases} \alpha_i = \alpha'_i + \theta \\ D_i = D'_i \times R \end{cases} \tag{9-30}$$

用改正后的边长和方位角计算各边的坐标增量之和，应满足其等于两端已知坐标之差的条件，即

$$\begin{cases} \sum \Delta x = x_B - x_A \\ \sum \Delta y = y_B - y_A \end{cases} \tag{9-31}$$

9.3.6　导线测量错误查找

在导线测量的内业计算中，若发现闭合差超限时，应首先复查外业观测记录、内业计算时数据抄录和计算。如果都没有问题，说明导线的边长或角度测量中有粗差，必须进行外业返工。然而，若返工前能分析判断出错误可能出现的位置，则可以节省返工时间。下面针对导线测量常出现错误的几种情况进行分析。

1. 一个转折角出现错误的查找方法

如图 9-17 所示，若附合导线的 2 号点上的转折角 β_2 产生了 $\Delta\beta$ 的错误，从而使角度闭合差超限。这时可分别从两端的已知方位角来推算各边的方位角，则到测错角度的 2 号点为止，推算出的方位仍然是正确的。但经过 2 号点的转折角 β_2 以后，导线边的方位角将开始向错误方向偏转，而且使导线点位置的偏转越来越大。

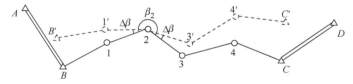

图 9-17　导线一个转角测错

导线测量中一个转折角错误的查找方法为：分别从导线两端的已知点和已知方位角出发，按支导线计算各点的坐标，从而得到两套坐标。若此时某一导线点的两套坐标值非常接近，则该点的转折角极有可能测错。对于闭合导线，亦可采用该方式查找。

2. 一条边长出现错误的查找方法

当导线的角度闭合差符合要求，而导线全长闭合差超限时，则说明边长测量有错误。如

图 9-18 所示，当导线边 D_{12} 发生粗差 ΔD，而其他各边没有粗差，则从 2 号点开始及以后各点均产生了一个平行于 D_{12} 边的位移量 ΔD。若其他各边和各角中的偶然误差可以忽略不计，则计算所得的导线全长闭合差的数值 f 即等于 ΔD，闭合差向量的方位角 a_f 等于 D_{12} 边的方位角，即

$$f = \sqrt{f_x^2 + f_y^2} = \Delta D$$

$$\alpha_f = \arctan\left(\frac{f_y}{f_x}\right) = \alpha_{12} \text{（或} \pm 180°\text{）} \tag{9-32}$$

依此同导线计算中各边的方位角相对照，即可找出可能含有测距粗差的边。

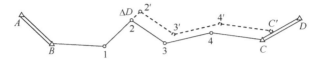

图 9-18　导线一条边测错

9.4　三 角 测 量

9.4.1　三角测量概念

三角测量是将地面上的控制点相互连接成三角形，从而构成三角网(图 9-19)。三角网中的控制点被称为三角点。已知网中 A、B 两点坐标值，即 AB 边的坐标方位角和边长已知，若实测出网中所有三角形的内角，则可用正弦公式求得所有的三角形边长，再由 AB 边的坐标方位角推算出所有边的坐标方位角，进而利用推算导线点坐标的方法计算出待定三角点坐标值。

在三角测量中，必要的已知数据是：一个点的坐标值(x, y)，一条边的边长和其坐标方位角 α。只有必要已知数据的三角网，称为自由网。若三角网中已知数据多于必要的已知数据时，则称该三角网为非自由网，也称附合三角网。

三角网的基本形式有三种：①大地四边形，如图 9-20 所示；②中点多边形，如图 9-21 所示；③三角锁，如图 9-22 所示。

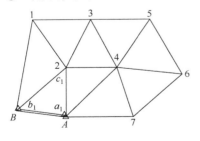

图 9-19　三角网

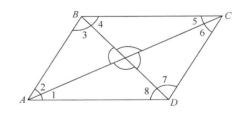

图 9-20　大地四边形

三角测量可以避免繁重的测距工作，因此，在 20 世纪 90 年代以前应用较为广泛。但随着光电测距仪的迅速发展，测距精度越来越高，测距工作十分简单快捷，三角网的应用就越来越少了。

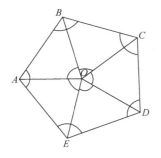

图 9-21　中点多边形

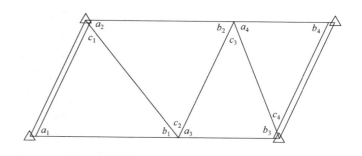

图 9-22　三角锁

9.4.2　前方交会法

前方交会法就是在已知的控制点上进行角度测量，通过计算求得待定点的坐标值。

如图 9-23 所示，M、N 为已知控制点，P 为待定点。为了测定 P 点的坐标，在 M、N 两点分别安置经纬仪，测得 α 和 β 角，则 P 点坐标计算方法如下。

根据坐标反算，求出 MN 的坐标方位角及其边长，即

$$\begin{cases} \alpha_{MN} = \arctan \dfrac{y_N - y_M}{x_N - x_M} \\ D_{MN} = \sqrt{(x_N - x_M)^2 + (y_N - y_M)^2} \end{cases}$$

(9-33)

MP 和 NP 的坐标方位角为

$$\alpha_{MP} = \alpha_{MN} - \alpha$$

$$\alpha_{MN} = \alpha_{MN} + 180° + \beta = \alpha_{NM} + \beta$$

在 $\triangle MNP$ 中，利用正弦公式计算出 MP 及 NP 的长度，即

$$D_{MP} = \frac{D_{MN} \sin \beta}{\sin(\alpha + \beta)}$$

$$D_{NP} = \frac{D_{MN} \sin \alpha}{\sin(\alpha + \beta)}$$

则待定点 P 的坐标为

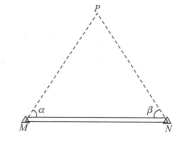

图 9-23　前方交会法

$$\begin{cases} x'_P = x_M + D_{MP} \cos \alpha_{MP} \\ y'_P = y_M + D_{MP} \sin \alpha_{MP} \end{cases}$$

(9-34)

同理可得

$$\begin{cases} x''_P = x_N + D_{NP} \cos \alpha_{NP} \\ y''_P = y_N + D_{NP} \sin \alpha_{NP} \end{cases}$$

(9-35)

如果计算无误差，则 $x'_P = x''_P$，$y'_P = y''_P$，并以此进行计算检核。为了有利于计算机计算，也可用余切公式计算出 P 点的坐标：

$$\begin{cases} x_P = \dfrac{x_M \cot \beta + x_N \cot \alpha - y_M + y_N}{\cot \alpha + \cot \beta} \\ y_P = \dfrac{y_M \cot \beta + y_N \cot \alpha + x_M - x_N}{\cot \alpha + \cot \beta} \end{cases}$$

(9-36)

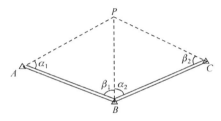

图 9-24　三点前方交会法

为了检核角度测量的错误，提高交会精度，前方交会法一般应在三个已知控制点上安置仪器测角，如图 9-24 所示。在两个三角形中测得 α_1、β_1、α_2 及 β_2，通过两个三角形分别计算出待定点 P 的坐标。若两组计算坐标差值在允许范围内，则可取其平均值作为待定点 P 的最终坐标。

图 9-24 为一实测前方交会法图形，根据实测角值，利用余切公式(9-36)进行计算，具体计算过程见表 9-9。

表 9-9　前方交会法计算

点名	α β 观测值	x		余切		y	
P		x_P''	37194.57		1.162641	y_P'	16226.42
A	40°41′45″ 75°19′02″	x_A	37477.54	$\cot\alpha_1$ $\cot\beta_1$	0.262024	y_A	16307.24
B		x_B	37327.20		$\sum 1.424665$	y_B	16078.90
P		x_P''	37194.54		0.596284	y_P'	16226.42
B	59°11′35″ 69°06′23″	x_B	37327.20	$\cot\alpha_2$ $\cot\beta_2$	0.381735	y_B	16078.90
C		x_C	37163.69		$\sum 0.978019$	y_C	16046.65
		x_P	37194.56			y_P	16226.42

9.4.3　侧 方 交 会 法

侧方交会法是在一个已知点和待定点上安置仪器并测定其角度来计算待定点坐标的一种方法。如图 9-25 所示，A、B 为已知点，P 为待定点，α(或β)及 γ 为实测角。由图可见

图 9-25　侧方交会法

$$\beta = 180° - (\alpha + \gamma)$$

或

$$\alpha = 180° - (\beta + \gamma)$$

因此，也可按前方交会法计算出待定点 P 的坐标。

9.4.4　距 离 交 会 法

距离交会法是在两个已知点上分别测定其至待定点间的距离，进而求得待定点的坐标，如图 9-26 所示。

首先根据已知 A、B 两点坐标值，计算出其边长及方位角，即

$$D_{AB} = \sqrt{(x_B - x_A)^2 + (y_B - y_A)^2}$$

$$a_{AB} = \arctan \frac{y_B - y_A}{x_B - x_A}$$

然后根据所测的 D_{AP}、D_{BP} 和计算出的 D_{AB}，利用余弦公式求出 α、β分别为

$$\alpha = \arccos \frac{D_{AB}^2 + D_{AP}^2 - D_{BP}^2}{2D_{AP} \cdot D_{AB}}$$

$$\beta = \arccos \frac{D_{AB}^2 + D_{BP}^2 + D_{AP}^2}{2D_{BP} \cdot D_{AB}}$$

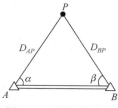

图 9-26 距离交会法

最后再根据余切公式(9-36)计算出 P 点的坐标值。

为了检核并防止粗差，一般应采用三边或者四边进行交会。

9.4.5 后方交会法

在用全站仪进行测图时，常采用任意设站现场计算测站点坐标。后方交会法仅需架设一次仪器，在外业测量中优点特别明显。后方交会法不同于前方交会法、侧方交会法及距离交会法，因此其坐标计算公式也不一样。

如图 9-27 所示，将仪器安置于待定点 P 上，并观测 P 点至 A、B、C 三个已知点间的交角 α 和 β，可用式(9-37)计算 P 点的平面坐标：

$$\begin{cases} x_P = x_C + \Delta x_{CP} = x_C + \dfrac{a - bk}{1 + k^2} \\ y_P = y_C + \Delta y_{CP} = y_C + k\Delta x_{cp} \end{cases} \tag{9-37}$$

式中，

$$\begin{cases} a = (y_A - y_C)\cot\alpha + (x_A - x_C) \\ b = (x_A - x_C)\cot\alpha - (y_A - y_C) \end{cases} \tag{9-38}$$

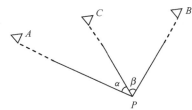

图 9-27 后方交会法

另外，$c = (x_B - x_C)\cot\beta + (y_B - y_C)$，$d = (y_B - y_C)\cot\beta + (x_B - x_C)$，$a - bk = ck - d$，以此来检核 k、a、b、c、d 计算的正确性。

在使用计算公式(9-37)时，起算点 C 的选择应避免使 α_{CP} 接近 $90°$ 或 $270°$。若 $\alpha_{CP} = 90°$(或 $270°$)则式(9-37)是无解的。另外，点名及角度的编号必须按照下面的规定进行：PC 边的左边观测角为 α，对应的已知点为 A；PC 边右边的观测角为 β，对应的已知点为 B。

后方交会法计算的算例见表 9-10。

表 9-10 后方交会法计算

计算者：××   检查者：××

点名	x/m		y/m	计算略图
$(A)T_2$	3145701.47		217193.50	
$(B)T_4$	3145613.70		217576.12	
$(C)T_3$	3145777.74		217490.27	
$(P')P_t$	3145532.88		217322.32	
α_1	71°49′50″	β_1	37°53′26″	
a		b		
c		d		
Δx_{CP}	−244.858	Δy_{CP}	−167.948	

点名	x/m		y/m	计算略图
(A)新村	3145532.34		217016.43	
$(B)T_4$	3145613.70		217576.12	
$(C)T_3$	3145777.74		217490.27	
$(P'')P_t$	3145532.90		217332.30	
α_2	124°33′17″	β_2	37°53′26″	
a		b		
c		d		
Δx_{CP}	−244.843	Δy_{CP}	−167.963	
x_P	3145532.89	y_P	217322.31	e 0.03m

9.5 高程控制测量

高程控制测量主要是采用水准测量方法。对于小区域的高程控制测量，可根据具体情况采用三、四等水准测量或三角高程测量。

9.5.1 三、四等水准测量

三、四等水准测量除用于国家高程控制网加密外，还可以用作小区域首级高程控制。三、四等水准点可以单独埋设标石，也可用平面控制点标石代替。

1. 三、四等水准测量的要求及实施方法

(1) 三、四等水准测量通常应使用双面水准尺，以便对测站观测成果进行检核。

(2) 三、四等水准测量通常应使用 S_3 型以上的水准仪进行观测。

(3) 视线长度与读数误差的限差和高差闭合差的规定见表 9-11。

表 9-11 视线长度与读数误差的限差

等级	标准视线长度/m	前后视距差/m	前后视距累积差/m	红黑面读数差/mm	红黑面高差之差/mm	往返较差、附合或环线闭合差
三等	75	3.0	5.0	2.0	3.0	$12\sqrt{L}$
四等	100	5.0	10.0	3.0	5.0	$20\sqrt{L}$

注：L 为往返测段，附合或环线的水准路线长度(km)。

2. 三、四等水准测量的观测与计算方法

1) 一个测站上的观测顺序

一个测站上的观测顺序(表 9-12)：

照准后视尺黑面，读取上、下丝读数(1)、(2)及中丝读数(3)(括号中的数字代表观测和记录顺序)；

照准前视黑面，读取上、下丝读数(4)、(5)及中丝读数(6)；

照准前视尺红面，读取中丝读数(7)；

照准后视尺红面，读取中丝读数(8)。

这种"后—前—前—后"的观测顺序，主要是为抵消水准仪与水准尺下沉产生的误差。四等水准测量每站的观测顺序也可以为"后—后—前—前"，即"黑—红—黑—红"。

表 9-12 中各次中丝读数(3)、(6)、(7)、(8)是用来计算高差的，因此，在每次读取中丝读数前，都要注意使符合气泡的两个半球的影像严密重合。

2) 测站的计算、检核与限差

(1) 视距计算：

后视距离 (9) = (1) − (2)；

前视距离 (10) = (4) − (5)；

前、后视距差 (11) = (9) − (10)。

三等水准测量中，差值不得超过±3m；四等水准测量中，差值不得超过±5m。

前、后视距累积差，本站(12)=前站(12)+本站(11)，三等不得超过±5m，四等不得超过±10m。

(2) 同一水准尺黑、红面读数差：

前尺 (13)=(6) + K_1 − (7)；

后尺 (14) = (3) + K_2 − (8)。

三等不得超过±2mm，四等不得超过±3mm。K_1、K_2 分别为前尺、后尺的红面分划常数。

(3) 高差计算：

黑面高差 (15) = (3) − (6)；

红面高差 (16) = (8) − (7)；

检核计算 (17) = (14) − (13) = (15) − (16) ± 0.100。

三等不得超过 3mm，四等不得超过 5mm。

高差中数 $(18)=\frac{1}{2}[(15) + (16) \pm 0.100]$。

上述各项记录、计算见表 9-12。观测时，若发现本测站某项限差超限，应立即重测本测站。只有各项限差检查无误后，方可搬站。

表 9-12 三(四)等水准测量观测手簿

测自 <u>A</u> 至 <u>B</u>　　　　日期 <u>1993</u> 年 <u>5</u> 月 <u>10</u> 日　　　　仪器：<u>苏光 60252</u>

开始 <u>7</u> 时 <u>05</u>　　　　天气：<u>晴，微风</u>　　　　观测者：<u>××</u>

结束 <u>8</u> 时 <u>07</u>　　　　成像：<u>清晰稳定</u>　　　　记录者：<u>××</u>

测站编号	点号	后尺 下丝 上丝		前尺 下丝 上丝		方向及尺号	中丝水准尺读数		K+黑−红	平均高差	备注
		后视距离		前视距离			黑色面	红色面			
		前后视距差		累积差							
		(1) (2) (9) (11)		(4) (5) (10) (12)		后 前 后−前	(3) (6) (15)	(8) (7) (16)	(14) (13) (17)	(18)	
1	A—转1	1.587 1.213 37.4 −0.2		0.755 0.379 37.6 −0.2		后 01 前 02 后−前	1.400 0.567 +0.833	6.187 5.255 +0.932	0 −1 +1	+0.8325	

测站编号	点号	后尺 下丝 / 上丝 后视距离 前后视距差	前尺 下丝 / 下丝 前视距离 累积差	方向及尺号	中丝水准尺读数 黑色面	红色面	K+黑-红	平均高差	备注
2	转1—转2	2.111 1.737 37.4 −0.1	2.186 1.811 37.5 −0.3	后02 前01 后−前	1.924 1.998 −0.074	6.611 6.786 −0.175	0 −1 +1	−0.0745	
3	转2—转3	1.916 1.541 37.5 −0.2	2.057 1.680 37.7 −0.5	后01 前02 后−前	1.728 1.868 −0.140	6.515 6.556 −0.041	0 −1 +1	−0.1405	
4	转3—转4	1.945 1.680 26.5 −0.2	2.121 1.854 26.7 −0.7	后01 前02 后−前	1.812 1.987 −0.175	6.499 6.773 −0.274	0 +1 −1	−0.1745	
5	转4—B	0.675 0.237 43.8 +0.2	2.902 2.466 43.6 −0.5	后01 前02 后−前	0.466 2.684 −2.218	5.254 7.371 −2.117	−1 0 −1	−2.2175	

3. 水准路线测量成果的计算、检核

三、四等附合或闭合水准路线高差闭合差的计算及调整方法与普通水准测量相同，其高差闭合差的限差见表 9-11。

9.5.2 水准路线测量成果的平差计算

在布设水准高程控制网时，通常应从不少于两个高级水准点出发，并由水准路线连测若干待定水准点，构成水准网。

1. 附合水准路线的平差计算

附合水准路线是两端均有一个高级水准点，如图 9-28 所示，线路中待定水准点 C 的高程可按线路 L_1 的高差观测值 h_1 计算，或按 L_2 的高差观测值 h_2 计算。按式(8-34)可知，水准路线高差观测值的权为路线长度(一般以 km 为单位)的倒数，即 L_1 和 L_2 线路高差观测值的权分别为

$$P_1 = \frac{1}{L_1}, \quad P_2 = \frac{1}{L_2} \tag{9-39}$$

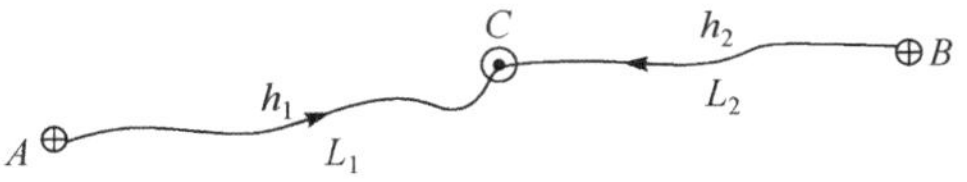

图 9-28　附合水准路线

由两条路线计算 C 点的高程分别为

$$H_{C_1} = H_A + h_1$$

$$H_{C_2} = H_B + h_2$$

C 点高程的最或然值 H_C 即为两条线路计算高程加权平均值：

$$H_C = \frac{P_1 H_{C1} + P_2 H_{C2}}{P_1 + P_2} = \frac{P_1(H_A + h_1) + P_2(H_B + h_2)}{P_1 + P_2} \qquad (9\text{-}40)$$

2. 单结点水准网平差计算

单结点水准网的平差计算中，首先应算出结点高程，然后按各条线路作闭合差的调整，再计算出线路中各水准点的高程。结点高程的平差计算可按一组不同精度观测值取其加权平均值的方法进行。设有单结点四等水准网如图 9-29 所示，其中 A、B、C 为已知高程的三等水准点，网中有 3 条线路集于结点 N，结点 N 的高程最或然值计算步骤及方法为：

(1) 根据各条线路的起始点高程及高差观测值，分别计算出结点观测高程 H_i。

(2) 取线路长度的倒数分别作为其高差观测值的权 P_i。

(3) 取线路结点高程近似值 H_0，计算各条线路的观测高程 H_i 与近似值 H_0 之差 ΔH_i。

(4) 计算结点的加权平均值

$$H_N = H_0 + \frac{(P_1 \cdot \Delta H_1 + P_2 \cdot \Delta H_2 + P_3 \cdot \Delta H_3)}{P_1 + P_2 + P_3} = H_0 + \frac{\sum (P \cdot \Delta H)}{\sum P}$$

(5) 计算单位权中误差 $m_0 = \pm \sqrt{\dfrac{\sum Pvv}{n-1}}$。

(6) 计算结点加权平均值的中误差 $m_n = \pm \dfrac{m_0}{\sqrt{\sum P}}$。

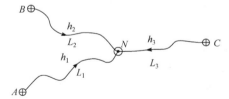

图 9-29　单结点水准网

9.5.3　三角高程测量

三角高程测量是一种高程的间接测量方法，它不仅不受地形起伏的限制，而且施测速度快。虽其测定高差的精度略低于水准测量，但尚可满足一些实际工作的要求。所以，在山区进行地形测量、航测外业时，通常采用三角高程测量的方法。

1. 三角高程测量原理

三角高程测量的基本原理是，根据测站点到照准点所观测的竖直角和两点间的水平距离来计算两点之间的高差。如图 9-30 所示，已知 A 点高程 H_A，欲求 B 点高程 H_B。可将仪器安置在 A 点，照准 B 点目标顶端 N，测得竖直角 α，量取仪器高 i 和目标高 S。

如果已知 AB 两点之间的水平距离 D，则高差 h_{AB} 为

$$h_{AB} = D \cdot \tan\alpha + i - S \qquad (9\text{-}41)$$

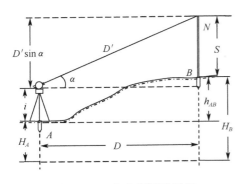

图 9-30　三角高程测量原理

如果用测距仪测得 AB 两点间的斜距 D'，则高差为

$$h_{AB} = D' \cdot \sin\alpha + i - S \quad (9\text{-}42)$$

B 点高程为

$$H_B = H_A + h_{AB}$$

2. 地球曲率和大气折光对高差的影响

式(9-41)和式(9-42)是在假定地球表面为水平面(即把水准面当作水平面)，认为观测视线是直线的条件下推出的，当地面上两点的距离小于 300m 时是适用的。两点间距离大于 300m 时要顾及地球曲率的影响，此时应加曲率改正，称为球差改正。同时，观测视线受大气垂直折光的影响而成为一条向上凸起的弧线，必须加大气垂直折光差改正，称为气差改正。以上两项改正合称为球气差改正，简称二差改正。

如图 9-31 所示，O 为地球中心，R 为地球曲率半径$(R = 6371\text{km})$，A, B 为地面上两点，D 为 A, B 两点间的水平距离，R' 为过仪器高 P 点的水准面曲率半径，PE 和 AF 分别为过 P 点和 A 点的水准面。当实际观测竖直角为 α 时，其水平线交于 G 点，GE 就是由于地球曲率而产生的高程误差，即球差，用符号 c 表示。由于大气折光的影响，来自目标 N 的光线沿弧线 PN 进入仪器中的望远镜，而望远镜的视准轴却位于弧线 PN 的切线 PM 上，MN 即为大气垂直折光带来的高程误差，即气差，用符号 γ 表示。

由于 A, B 两点间的水平距离 D 与曲率半径 R' 之比值很小，例如，当 $D = 3\text{km}$ 时，其所对圆心角约为 2.8′，故可认为 PG 近似垂直于 OM，则

$$MG = D\tan\alpha$$

于是，A, B 两点间的高差为

$$h = D\tan\alpha + i - S + c - \gamma \quad (9\text{-}43)$$

令 $f = c - \gamma$，则式(9-43)为

$$h = D\tan\alpha + i - S + f \quad (9\text{-}44)$$

从图 9-31 可知，

$$(R' + c)^2 = R'^2 + D^2$$

即

$$c = \frac{D^2}{2R' + c}$$

c 与 R' 相比很小，可略去，并考虑到 R' 与 R 相差甚小，故以 R 代替 R'，则上式变为

$$c = \frac{D^2}{2R}$$

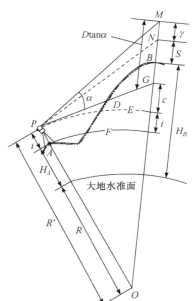

图 9-31　地球曲率及大气折光影响

根据研究，因大气垂直折光而产生的视线变曲的曲率半径约为地球曲率半径的 7 倍，则

$$\gamma = \frac{D^2}{14R}$$

所以二差改正为

$$f = c - \gamma = \frac{D^2}{2R} - \frac{D^2}{14R} \tag{9-45}$$

$$f \approx 0.43\frac{D^2}{R} = 6.7 \times D^2 \,(\text{cm})$$

式中，水平距离 D 以 km 为单位。

表 9-13 给出了 1km 内不同距离的二差改正数。

表 9-13　二差改正数

D/km	0.1	0.2	0.3	0.4	0.5	0.6	0.7	0.8	0.9	1.0
f/cm ($f=6.7D^2$)	0	0	1	1	2	2	3	4	6	7

三角高程测量一般都采用对向观测，即由 A 点观测 B 点，又由 B 点观测 A 点，取对向观测所得高差绝对值的平均数可抵消两差的影响。

3. 三角高程测量的观测和计算

三角高程测量分为一、二两级，其对向观测高差之差不应大于 $0.02D(\text{m})$ 和 $0.04D(\text{m})$（D 为平距，以公里为单位）。若符合要求，取两次高差的平均值。

对图根小三角点进行三角高程测量时，竖直角 α 用 DJ6 级经纬仪测 1～2 个测回。为了减少折光差的影响，目标高应不小于 1m，仪器高 i 和目标高 S 用皮尺量出，取至厘米。表 9-14 是三角高程测量观测与计算实例。

表 9-14　三角高程测量计算实例

待求点	B	
起算点	A	
	往	返
平距/m	341.23	341.23
竖直角 α	+14°06′30″	−13°19′00″
$D\tan\alpha$/m	+85.76	−80.77
仪器高 i/m	+1.31	+1.41
目标高 S/m	−3.80	−4.00
两差改正/m	+0.01	+0.01
高差/m	+83.37	−83.36
平均高差/m	+83.36	
起算点高差/m	279.25	
待求点高程/m	362.61	

三角高程测量路线应组合成闭合或附合路线。如图 9-32 所示，三角高程测量可沿 A—B—C—D—A 闭合路线进行，每边均取对向观测。观测结果列于图 9-32 上，其路线高差闭合差 f_h 的容许值按下式计算：

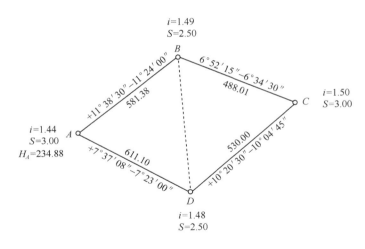

图 9-32　三角高程计算方法

$$f_{h容} = \pm 0.05\sqrt{\sum D^2} \quad (D\text{ 以 km 为单位})$$

若 $f_h \leqslant f_{h容}$，则将闭合差按与边长成正比分配给各高差，再按调整后的高差推算各点的高程。

习　题

1. 平面控制网有哪几种形式？各在什么情况下采用？

2. 导线的布设形式有哪几种？选择导线点应注意哪些事项？导线的外业工作包括哪些内容？

3. 闭合导线的观测数据如图 1 所示，已知 $B(1)$ 点的坐标 $x_{B(1)} = 48311.264\text{m}$，$y_{B(1)} = 27278.095\text{m}$；已知 AB 边的方位角 $\alpha_{AB} = 226°44'50''$，计算 2、3、4、5、6 点的坐标。

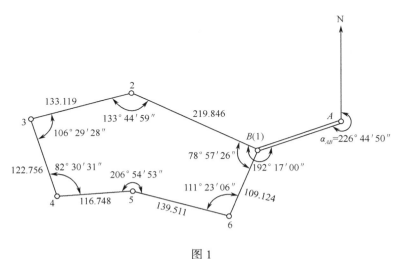

图 1

4. 附合导线的观测数据如图 2 所示，已知 $B(1)$ 点的坐标 $B(1)(507.693，215.638)$，$C(4)$ 点的坐标 $C(4)(192.450，556.403)$；已知 AB、CD 边的方位角 $\alpha_{AB} = 237°59'30''$，$\alpha_{CD} = 97°18'29''$。求 2、3 两点的坐标。

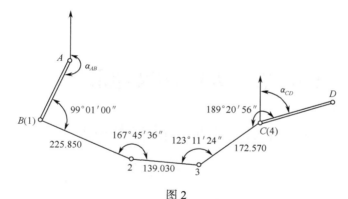

图 2

5. 无定向导线的观测数据如图 3 所示，已知 A 点坐标 A(200.000, 200.000)，B 点坐标 B(155.370, 756.060)，求 1、2 点的坐标。

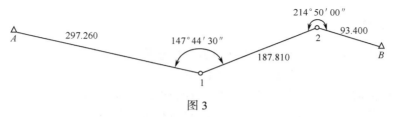

图 3

6. 高程控制测量的目的是什么?国家水准网分几个等级?三、四等水准测量的作用是什么?

7. 我国的高程基准面是怎样确定的?水准原点设在何处?

8. 四等水准测量中，一个测站上的计算和校核工作包括哪几项？限差各为多少？

9. 三、四等水准测量中，有时黑、红面尺高差会出现正负号，是否是观测错误？举例说明。

10. 在三角高程测量中，已知 $H_A = 78.29\text{m}$，$D_{AB} = 624.42\text{m}$，$\alpha_{AB} = +2°38'07''$，$i_A = 1.42\text{m}$，$V_B = 3.50\text{m}$，从 B 点向 A 点观测时 $\alpha_{AB} = -2°23'15''$，$i_B = 1.51\text{m}$，$V_A = 2.26\text{m}$，试计算 B 点高程。

11. 附合水准路线如图 4 所示，已知 A 点高程 $H_A = 486.548\text{m}$，B 点高程 $H_B = 489.583\text{m}$。各测段的高差及其对应的线路长度见图中所注，试计算各未知点 1、2、3 的高程。

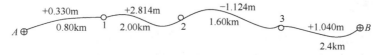

图 4 附合水准路线

12. 单结点四等水准网如图 5 所示，其中 A、B、C 为已知高程的三等水准点，网中有 3 条水准线路汇集于结点 N，试计算结点 N 的高程最或然值，并评定其精度。

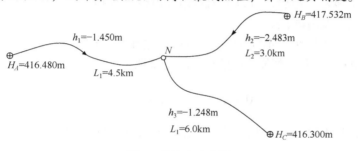

图 5 单结点水准网

第10章　大比例尺地形图测绘

10.1　地形图的基本知识

10.1.1　地形图概念

为了研究地球表面物体(地物)、地面起伏(地貌)状况及地面点之间的相互位置关系，可采用两种表示方法：一种是用数据来表示；另一种是用绘图的方法来表示，即将地面点位的测量成果绘于图上。

1. 地理空间数据

通常将地理信息中反映研究物体空间位置的信息称为基础地理信息。基础地理信息的载体是地理空间数据，它是地理信息和建立 GIS 的基础。

地理空间数据就是指通过测量所得到的地球表面地物及地貌空间位置数据。尽管地球上地物位置及形状各异，地貌复杂多样，但它们总可在某一参考坐标系统下，通过测量确定待定点的空间位置或点与点之间的相对位置，并通过相关点位的结合而形成线和面，再从点、线、面这三种基本元素及必要的说明和注记，即可完成对所研究实体空间位置的描述。例如，用坐标和相应的符号表示不同的平面和高程控制点，或某些固定地物(电杆、古塔及独立树)；用不同的线型及符号可区分河流、铁路和斜坡等；用规则或不规则的实体和面状符号，既可表示不同类型及形状的建筑物，又可区分植被的类型。

地理空间数据同其他数据一样，也有多种表示、存储及使用的形式。它既可由位置组合变量的表格表示，又可以地理空间数据库的格式由计算机存储，供人们使用。

2. 地形图的概念

地形图就是将地面上一系列地物及地貌点的位置，通过综合取舍，并把它们垂直投影到一个水平面上，再按比例尺缩小后绘制在图纸上的图。地形图投影采用正形投影，即投影后的角度不变，图纸上的地物、地貌与实地上相应的地形、地貌相比，其地理位置是一一对应，形状是相似的。

以地形图表示地物和地貌，可以增加对地面点位及其相互位置关系了解的直观性、全面性、似真性、方便性及清晰性。

现代测量学不但可以生产不同比例尺的各种用途的纸质地图，而且还可以生产多种数字地图产品，如"4D"产品，增强了测量数据的共享性。

10.1.2　地形图的比例尺

图上任一线段长度(*d*)与实地相应线段的水平长度(*D*)之比，称为地形图的比例尺。

1. 比例尺的种类

1) 数字比例尺

数字比例尺一般用分子为 1 的整分数形式来表示，即 $d/D = 1/M$。M 为比例尺分母，M 越大，比例尺越小。国家基本地形图及工程地形图数字比例尺见表 10-1。

表 10-1　地形图比例尺

地形图	小比例尺	中比例尺	大比例尺
国家基本地形图	1∶50000	1∶25000，1∶10000	1∶5000，1∶2000，1∶1000，1∶500
工程地形图	1∶50000，1∶25000	1∶10000，1∶5000	1∶2000，1∶1000，1∶500

2) 图示比例尺

为了便于使用，避免或减少因图纸伸缩而引起的误差，在绘制地形图时，通常在地形图上同时绘制图示比例尺，即在一直线上截取若干相等的线段(一般为 2cm 或 1cm)，称为比例尺的基本单位。图示比例尺最左端的一个基本单位应分成 10 等分(或 20 等分)，如图 10-1 所示是 1∶2000 的图示比例尺，其基本单位为 2cm，对应的实地长度应为 40m，分成 10 等分后，每等分为 2mm，对应的实地距离为 4m。图示距离为实地 118m。

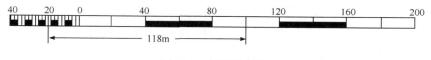

图 10-1　图示比例尺

2. 比例尺的精度

地形图上所表示的地物、地貌细微部分与实地有所差异，其精度与详尽程度也受比例尺影响。地形图精度受人眼分辨率的影响。人眼分辨角值为 60″，在明视距离(25cm)内分辨两条平行线间距的能力为 0.1mm，区别两个点的能力为 0.15mm。通常将人眼分辨率定为 0.1mm。

地形图上 0.1mm 所表示的实地水平距离称为地形图比例尺精度。

由此可见，不同比例尺的地形图其比例尺精度不同。大比例尺地形图上所绘地物、地貌要比小比例尺地形图上的更精确详尽。

综上所述，地形图比例尺精度与测量的关系为：①可根据地形图比例尺确定实测精度。如在 1∶1000 地形图上绘制地物时，其量距精度能达到 ±10cm 即可；②可根据用图需要表示地物、地貌的详细程度，确定所选用地形图的比例尺。如果要求能反映出量距精度为 ±20cm 的图，则应选 1∶2000 的地形图。

10.2　地形图的符号

地球表面的形状是极为复杂的。通常把形态比较固定的物体称为地物，地物按其成因不同可分为人工地物和自然地物。把高低起伏的地球表面各种形态称为地貌。地物与地貌统称为地形。为了既真实又概括地表示这些地理现象，地形图是以一些待定的符号在图上表示的，这些符号被称为地形图符号。

10.2.1 地物符号

地形图作为地理空间数据的一种表现形式为人们广泛认识和使用，是由于其自身的规范性。地形是地物与地貌的总称，人们可通过地形图去了解地形信息，因此地面上的地形信息就必须按统一规范的符号表示在地形图上，该规范就是《地形图图式》。表 10-2 列出了部分地物符号。

表 10-2　部分地物符号

编号	符号名称	图例(单位：mm)	编号	符号名称	图例(单位：mm)
1	坚固房屋，4 即房屋层数	坚 4	10	旱地	
2	普通房屋，2 即房屋层数	2	11	灌木丛	
3	窑洞 1. 住人的 2. 不住人的 3. 地面下的		12	菜地	
4	台阶		13	高压线	
			14	低压线	
5	花圃		15	电杆	
			16	电线架	
6	草地		17	砖、石及混凝土围墙	
7	经济作物地		18	土围墙	
8	水生经济作物地		19	栅栏、栏杆	
9	水稻田		20	篱笆	

实际地物的大小、形状差别很大，按比例尺缩小后，有的能够在图上保持其相似形状，有的则无法显示。因此，地形图上的地物符号根据使用要求和图上的显示能力不同分为以下几种。

1. 比例符号

有些地物的轮廓很大，如房屋、草地及湖泊等，它们的形状和大小可以按比例尺缩小，并用规定的符号绘于图上，这种符号称为比例符号。

2. 非比例符号

有些地物的轮廓较小，如三角点、水准点、独立树及钻孔等，无法将其形状和大小按比例尺绘于图上，则不考虑其实际大小，仅采用规定的符号表示，这种符号称为非比例符号。

非比例符号不仅其形状和大小不能按比例绘出，而且符号中心位置与该地物实地的中心位置关系，也随各种不同的地物而异，所以在测图和用图时应注意以下几点：

(1) 规则的几何图形符号(圆形、正方形、三角形等)，以图形几何中心点为实地地物的中心位置；底部为直角的符号(独立树、路标等)，以符号的直角顶点为地物的中心位置。

(2) 几何图形组合符号(路灯、消防栓等)，以符号下方图形的几何中心为地物的中心位置。

(3) 宽底符号(烟囱、岗亭等)，以符号底部中心为地物的中心位置。

(4) 下方无底线的符号(山洞、窑洞等)，以符号下方两端点连线的中心为地物的中心位置。

3. 半比例尺符号(线形符号)

对于一些带状延伸地物(如道路、管线等)，其长度可按比例尺缩绘，而宽度无法按比例尺表示的符号称为半比例尺符号。此种符号的中心线一般代表地物的中心位置，但是城墙和栅栏等，地物中心位置则在符号的底线上。

10.2.2　地貌符号

地貌是指地球表面高低起伏状态，包括山地、丘陵和平原等。在地形图上表示地貌的方法主要使用等高线。用等高线表示地貌，不仅能表示地面的高低起伏，而且可以表示地面的坡度及地面点的高程。

1. 等高线概念

等高线是由地面上高程相同的相邻点连接形成的闭合曲线。如图 10-2 所示，为一位于平静湖水中的小山丘，当山顶被湖水恰好淹没时的水面高程为 100m，当水位下降 5m 时，此时水面与山坡就有一条交线，该交线为闭合曲线，且曲线上各点的高程是相等的，该曲线即是高程为 95m 的等高线。当水位连续下降 5m 时，在山坡周围就分别留下一条交线，这就是高程为 90m、85m、80m 及 75m 的等高线，将其高程投影到水平面 H 上，并按规定的比例尺绘制到图纸上，即可得到用等高线表示的这一山丘的地貌图。

2. 等高距和等高线平距

相邻等高线之间的高差称为等高距，常用 h 表示，图 10-2 中的等高距为 5m。同一幅地形图中等高距相等。

相邻等高线间的水平距离称为等高线平距，常用 d 表示。因为同一幅地形图上等高距相同，所以，等高线平距的大小将反映地面坡度的变化。如图 10-3 所示，地面上 *CD* 段的坡度大于 *BC* 段，而等高线平距 *cd* < *bc*；相反，地面上 *CD* 段的坡度小于 *AB* 段，则 *cd* > *ab*。

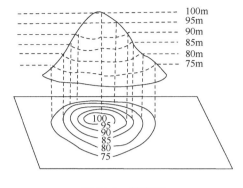

图 10-2　等高线　　　　　　　　　　　图 10-3　等高距和平距

由此可见，等高线平距越小，地面坡度越大；平距越大，则坡度越小；平距相同，则坡度也相同。故可根据等高线在地形图上的疏密情况来判定地面坡度的缓陡。

另外也可看出：等高距越小，地面显示越详细。然而等高距过小，图上等高线将过于密集，则会影响图面的清晰程度。

因此，在测绘地形图时，等高距是根据测图比例尺与测区地面坡度来确定的。国家测绘部门在地形测量规范中规定了不同比例尺地形图的基本等高距值，如表 10-3 所示。

表 10-3　地形图基本等高距

地面倾斜角	比例尺			
	1∶500	1∶1000	1∶2000	1∶5000
	等高距/m			
0°~6°	0.5	0.5	1	2
6°~15°	0.5	1	2	5
15°以上	1	1	2	5

3. 典型地貌的等高线

若将地面起伏和形态特征分解观察，则不难发现它是由一些地貌组合而成的。只有会用等高线表示各种典型地貌，才能够用等高线表示综合地貌。

1) 山顶和洼地

凡是凸出且高于四周的单独高地叫作山，大的称为山岭，小的称为山丘，山岭和山丘最高部位称山顶。比周围地面低且经常无水的地方称为凹地，大范围低地称为盆地，小范围低地称为洼地。

如图 10-4 所示，山顶与洼地的等高线都是闭合环形。为了区别山顶与洼地等高线，应使用示坡线。示坡线是指示地面斜坡下降的方向线，它是一条短线，一端与等高线连接并垂直于等高线，表示此端地形高，不与等高线连接端的地形低。示坡线指示坡度下降方向，用作判别谷地、山头的斜坡方向。图 10-4(a)为山顶，图 10-4(b)为洼地。

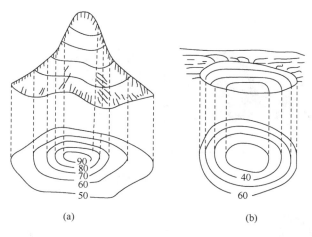

图 10-4 山顶与洼地的等高线

2) 山脊与山谷

如图 10-5 所示, 山脊是从山顶到山脚凸起部分, 很像脊背状。山脊最高点连线称山脊线。以等高线表示的山脊是等高线凸向低处, 雨水以山脊为界流向两侧坡面, 故山脊线又称为分水线。

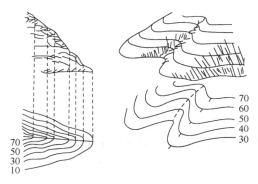

图 10-5 山脊与山谷的等高线

山谷是两个山脊间的低凹部分, 表示山谷等高线是凹向低处(或凸向高处)。雨水从山坡面汇流在山谷。山谷最低点连线称为山谷线又称合水线。

分水线(山脊线)和合水线(山谷线)统称为地性线。

3) 鞍部

鞍部是连接两山顶之间呈马鞍形的凹地, 如图 10-6 所示。鞍部(K 点处)往往是山区道路的必经之地, 又称垭口。因是两个山脊与山谷的汇合点, 所以, 其等高线是两组相对的山脊等高线和山谷等高线的对称结合。

4) 陡坡和悬崖

当地面坡度大于 70°时称为陡坡, 等高线在此处非常密集, 绘在图上几乎成重叠状。为了便于绘图和识图, 地形图图式中专门列出表示此类地貌的符号, 如图 10-7 所示。

悬崖是上部突出中间凹进的地貌, 其等高线投影在平面上呈交叉状, 如图 10-8 所示。

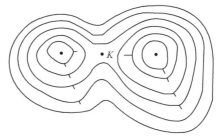

图 10-6　鞍部及其等高线

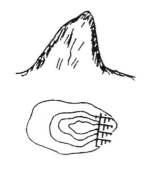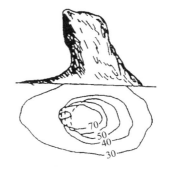

图 10-7　陡坡　　　　　　　　　　　　　图 10-8　悬崖

4. 等高线的种类

等高线有以下几种：

(1) 首曲线，也称基本等高线，即按规定等高距测绘的等高线。大比例尺地形图上首曲线是线划宽度为 0.15mm 的实线。

(2) 计曲线，也称加粗等高线，为便于查看等高线所示高程值，由零米起算，每隔 4 条基本等高线绘一条加粗等高线，其线划是宽度为 0.25mm 的实线。

(3) 间曲线，又称半距等高线，即按基本等高距的一半而绘制的等高线，用长虚线表示。线划宽度与首曲线相同。用半距等高线可以补充表示基本等高线无法显示的重要地貌形态。

(4) 助曲线，又称辅助等高线。助曲线是按基本等高距的 1/4 而绘制的等高线，用短虚线表示，线划宽度与首曲线相同。用助曲线可以补充间曲线表示不完全的地貌

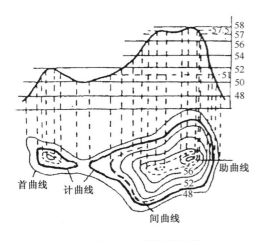

图 10-9　等高线种类

形态。图 10-9 为各种等高线示意图。

5. 等高线的特性

(1) 同一条等高线上各点高程相等。

(2) 等高线为连续闭合曲线。如不能在本幅图内闭合，必然在相邻或其他图符内闭合。等高线只能在内图廓线、悬崖及陡坡等处中断，不得在图幅内任一处中断。间曲线、助曲线在表示完局部地貌后，即可中断。

(3) 相同高程的等高线不能相交。不同高程的等高线在悬崖、陡坡处不得相交也不得重合。

(4) 同一图幅内，等高距相同时，平距小表示坡度陡，平距大则表示坡度缓，平距相等表示坡度相等。

(5) 跨越山脊、山谷的等高线，其切线方向与地性线方向垂直。

10.3 地形图的分幅编号及图廓注记

为了便于测绘、使用和保管地形图，应按照统一的规定和方法，将大面积的地形图进行分幅和编号。

地形图的分幅编号可分按坐标格网划分的正方形或矩形分幅和按经纬度划分的梯形分幅。

10.3.1 正方形或矩形分幅编号及图廓注记

1. 图幅及编号

图幅指图的幅面大小，即一幅图所测绘地形的范围。表 10-4 给出了 1：5000～1：500 比例尺的图幅大小、实地面积等。它们的编号一般采用图廓西南角的坐标公里数进行编号。如图 10-10 所示，该图廓西南角的坐标 $x=3420.0\text{km}$，$y=521.0\text{km}$，则其编号为 3420.0–521.0(x 坐标在前，y 坐标在后)。1：500 地形图取至 0.01km，1：1000、1：2000 地形图取至 0.1km。

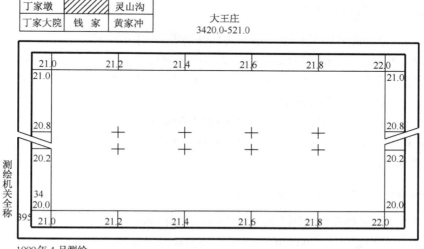

图 10-10　地形图图廓

表 10-4 不同比例尺图幅大小

比例尺	内幅大小/cm×cm	实地面积/km²	一幅 1：5000 的图幅所包含的本图幅的数目
1：5000	40×40	4	1
1：2000	50×50	1	4
1：1000	50×50	0.25	16
1：500	50×50	0.0625	64

2. 图名及接图表

地形图的图名一般是以该图幅内最大的城镇、村庄、名胜古迹或突出的地物或地貌的名字来表示，图名注记于图幅上方中央，如图 10-10 所示。

接图表是本幅图与相邻图幅之间相对位置的示意图，供查找相邻图幅之用。接图表位于图幅左上方，绘出相邻 8 幅图的图名，如图 10-10 所示。

3. 图廓

图廓有内外图廓之分，内图廓线即为测图边界线。内图廓之内绘有 10cm 间隔互相垂直交叉的短线，称为坐标格网。在外图廓线与内图廓线之间的空白处，与坐标格网对应的写出坐标值，如图 10-10 所示。

在外图廓线外，除了有接图表、图名、图号外，还应注明测量时所采用的平面坐标系、高程系统、比例尺、测绘方法、测绘日期、测绘单位及人员等。

10.3.2 梯形分幅编号及图幅注记

梯形分幅是按经纬线划分，也称国际分幅。按国际上统一规定，梯形分幅应以 1：1000000 比例尺的地形图为基础，实行全球统一的分幅编号。

1. 1：1000000 地形图分幅编号

1：1000000 地形图分幅是将整个地球表面按经差 6°划分为 60 个纵列，由经度 180°处起，自西向东用 1、2、3、…、60 编号。同时，从赤道起分别向南、向北直到纬度 88°止，每隔 4°以纬圈分成 22 个横行，用字母 A、B、C、…、V 编号。图 10-11 即为 1：1000000 地形图分幅编号情况。我国的图幅范围为北纬 0°~56°，东经 72°~138°。

每幅 1：1000000 地形图是由经差 6°和纬差 4°所构成，其图幅号由图幅行号(字母)和图幅列号(数字)组成。例如，北京某地经度 116°28′06″，纬度为 39°54′06″，其所在 1：1000000 地形图的图号为 J50。

2. 1：500000~1：5000 地形图分幅编号

根据《国家基本比例尺地形图分幅和编号》(GB/T 13989—92)的规定，1：500000~1：5000 地形图的分幅编号均以 1：1000000 地形图编号为基础，采用行列编号法。即将 1：1000000 地形图按所含各比例尺地形图的纬差和经差划分若干行和列(其图幅关系详见表 10-5)，横行从上到下，纵列从左到右按顺序分别用 3 位数字码表示(不是 3 位数者在前面补零)，各比例尺地形图分别采用不同的字母代码加以区别。按上述地形图分幅的方法，1：500000~1：5000 地形图的编号应由 10 位编码组成，如图 10-12 所示。

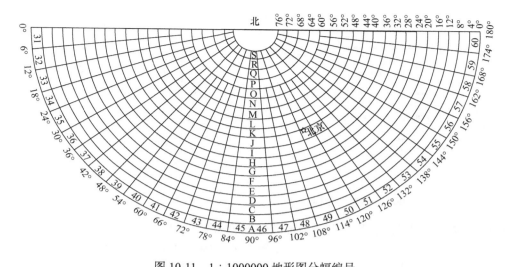

图 10-11　1:1000000 地形图分幅编号

表 10-5　不同比例尺的图幅关系

比例尺		1:1000000	1:500000	1:250000	1:100000	1:50000	1:25000	1:10000	1:5000
图幅范围	经差	6°	3°	1°30′	30′	15′	7′30″	3′45″	1′52.5″
	纬差	4°	2°	1°	20′	10′	5′	2′30″	1′15″
行列数量关系	行数	1	2	4	12	24	48	96	192
	列数	1	2	4	12	24	48	96	192
比例尺代码			B	C	D	E	F	G	H
不同比例尺的图幅数量关系		1	4	16	144	576	2304	9216	36864
			1	4	36	144	576	2304	9216
				1	9	36	144	576	2304
					1	4	16	144	576
						1	4	16	144
							1	4	16
								1	4

例如，上述北京某地的 1:500000 地形图的编号(图 10-13)，即斜线部分的图幅编号为 J50B001001。该地所在 1:250000 地形图的图幅编号为 J50C001002，如图 10-14 所示。其余比例尺地形图的分幅编号方法可以以此类推。

图 10-12　各种比例尺分幅关系

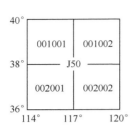

图 10-13　1:500000 地形图分幅

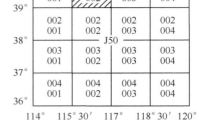

图 10-14　1:250000 地形图分幅

梯形分幅统一编号的各种比例尺地形图的图廓如图 10-15 所示，有内图廓、分图廓和外图廓之分。内图廓是由经线和纬线圈围成的梯形，也是图幅的边界线。图中的西图廓经线为东经 122°15′，南图廓线是北纬 39°50′。内外图廓之间为分图廓，绘制成若干黑白相间等距的线段，其长度表示实地经差或纬差 1′。分图廓与内图廓之间注记着以公里为单位的平面直角坐标值，如图中的 4412 表示纵坐标为 4412km(从赤道起算)，横坐标为 21436，其中 21 为该图幅所在高斯投影带的带号，436 表示该纵线的横坐标公里数。

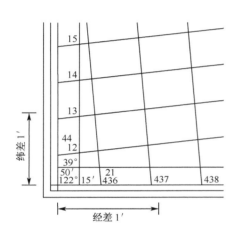

图 10-15　梯形分幅法中的外图廓

在梯形分幅中，中、小比例尺地形图外图廓的下方偏右处，还绘有三北方向图，可根据其子午线收敛角 γ 和磁偏角 δ，进行三者之间的相互换算。另外，在南、北内图廓线上还绘有标志点 p 和 p'，两点的连线即为该图幅的磁子午线方向，可利用罗盘对其进行实地定向。

10.4　图根控制测量

直接为地形图测绘所进行的控制测量称为图根控制测量，其控制点称为图根控制点，简称为图根点。图根控制测量又分为图根平面控制测量和图根高程控制测量。

10.4.1　图根平面控制测量

图根平面控制测量的坐标系应与国家或城市坐标系一致，其布设形式可根据测区的大小和地形情况而定，但应尽量利用已有的国家或城市平面控制进行加密，这样不但可以与国家或城市坐标系一致，而且也可以节省人力和物力。

1. 图根电磁波测距导线

图根电磁波测距导线一般应布设附合导线、闭合导线或导线网，其主要技术指标见表 10-6。

表 10-6　图根电磁波测距导线的主要技术指标

测图比例尺	附合导线全长/m	平均边长/m	导线相对闭合差	测回数(DJ6)	方位角闭合差
1：500	900	80	≤1/4000	1	≤±40″$\sqrt{n}$
1：1000	1800	150	≤1/4000	1	≤±40″$\sqrt{n}$
1：2000	3000	250	≤1/4000	1	≤±40″$\sqrt{n}$

注：表中 n 为测站数。

当图根电磁波测距导线布设成结点网时，结点与高级点间、结点同结点之间的导线长度应不大于其规定长度的 0.7 倍。若因地形限制，图根导线不能附合时，则可布设成不超过 4 条边的支导线，其全长不超过表 10-6 中规定的 1/2，但其转折角和边长必须往返观测。

2. GNSS 图根平面控制

若用 GNSS 方法进行图根点的平面坐标测定时，则可采用静态、快速静态或 GNSS—RTK 定位方法，作业要求可参照执行《卫星定位城市测量技术规程》(CJJ/T73—2010)。GNSS 控制网一般可布设成多边形环、附合路线或插点等形式，其外业观测应采用精度不低于(10mm+2ppm[①]×d)的各种单频或双频 GNSS 接收机，观测卫星的截止高度角为 10°，历元间隔为 20s。GNSS 平面控制网的平差计算应采用与地面数据进行联合平差。

3. 图根交会平面控制

图根交会平面控制测量可采用前方交会、侧方交会、后方交会和测边交会等形式，其交会测量的角度和距离技术指标可参照执行图根导线测量的技术指标。

10.4.2　图根高程控制测量

图根高程控制网必须在国家或城市高程各等级的水准点上布设，从而获得统一的高程基准。图根高程控制测量可采用水准测量、电磁波测距三角高程和 GNSS 高程测量方法进行。

1. 图根水准测量

图根水准测量应在城市三、四等水准点的基础上进行加密，其主要技术指标见表 10-7。

表 10-7　图根水准测量主要技术指标

附合路线长度/km	每公里高差中误差/mm	水准仪级别	水准尺	闭合差或往返互差	
				平地	山地
8	±20	DS3	双面尺	±40$\sqrt{L}$	±12$\sqrt{n}$

注：表中 L 为水准路线的全长(km)；n 为测站数。

图根水准可沿图根导线点布设成附合水准路线、闭合水准路线或水准网形式。当布设成水准网时，其结点与高级点间、结点与结点间的路线长度不应超过 6.0km。当条件困难时，也可布设成支水准路线，但其长度不应超过 4.0km，且必须进行返测。

---

① 1ppm=10⁻⁶。

图根水准测量应采用精度不低于 DS3 级光学水准仪或电子水准仪，仪器使用前必须进行检验和校正，其 i 角应小于 30″。图根水准测量视线长应小于 100m，黑、红面高差之差应小于 ±5mm，黑、红面读数差应小于 ±3mm。

2. 图根电磁波测距三角高程

图根电磁波测距三角高程路线的起讫点应为不低于四等的水准点，路线中各边均应进行对向观测。其主要技术指标见表 10-8。

表 10-8　图根电磁波测距三角高程测量的技术指标

仪器类别		角度观测	距离观测	指标差互差/(″)	垂直角互差/(″)	对向观测高差互差/mm	三角高程路线闭合差/mm
测角	测距						
DJ$_6$	Ⅱ级	对向 1	单程 1	25	25	10×S	≤±40$\sqrt{L}$

注：S 为对向观测边长，以 km 计；L 为三角高程路线全长，以 km 计。

在进行图根电磁波测距三角高程测量时，应在其观测前后用小钢卷尺精确量取仪器高和棱镜高，且两次量取的高度较差应小于 3mm，并取其中数。在计算高差时，应进行地球曲率和大气折光改正。

3. GNSS 图根高程测量

当采用 GNSS 方法进行图根高程测量时，应联测精度不低于四等水准的高程控制点，联测高程控制点数不应少于 5 个，且应均匀分布于网中，并应采取高程拟合的方法最终确定图根控制点的高程。

10.5　地　物　测　绘

10.5.1　地物测绘的一般原则

地物即地球表面上自然的和人造的固定地物。自然地物如：河流、湖泊、森林、草地、沙地、陡坎的边界、孤立岩石及沼泽等；人工地物如房屋、铁路、公路、堤坝、水渠、桥梁、输电线路、通信线路，城墙、栅栏、塔、亭、碑及气象站等。

地物在地形图上表示的原则是：凡是按比例尺表示的地物，则应将它们的几何形状按比例尺表示在地形图上，如房屋、双线水渠等，或将其边界位置按比例尺表示在地形图上，如果园、耕地、森林、沙地等；若面积较小，不能按比例尺表示的地物，在地形图上是用相应的符号表示在地物的中心位置上，如水塔、三角点、电线杆、水井、纪念碑等；凡是长度能按比例尺表示，而宽度不能按比例尺表示的地物，则应将其长度按比例尺表示，其宽度以相应的符号来表示。

在测绘地物时，必须按规定的测图比例尺、规范及图式的要求，进行综合取舍，将各种地物表示在地形图上。地物测绘主要就是将地物的几何形状、特征点测定下来。例如，地物轮廓线的转点，交叉点，曲线上的曲率变化点、独立地物的中心位置点等。连接相应的特征点，便得到与实际地物相似的图形。当然除绘制出地物形状外，还应记录和表示其属性，如楼房的结构和层数、公路的等级和路面材料、江河的名称等。

10.5.2 地物测绘

1. 居民地测绘

居民地是人类居住和进行各种活动的中心场所，也是地形图上一项非常重要的内容。

在测绘居民地时，应根据测图比例尺来进行适当的综合取舍，但对于居民地的外部轮廓，均应准确测绘，其内部的主要街道或较大的空地应区分出来，对于散列式居民地、独立房屋则应分别测绘。

(1) 固定建筑物应实测其墙的外角，并注明其结构和层数。

(2) 对于房屋的附属设施，如廊、柱，建筑物下面的通道、台阶、室外楼梯、围墙、门墩等，均应按实际进行测绘。对于房屋和建筑物轮廓的凸凹在图上小于 0.4mm(简单房屋小于 0.6mm)时，可用直线连接。

(3) 对于起着境界作用的栅栏、篱笆、铁丝网等均应实际测绘。

2. 独立地物测绘

独立地物是判定方位、确定位置、指定目标的重要标志物，在测绘时，必须准确测绘其位置，并按规定的符号予以表示。

3. 道路测绘

道路应包括铁路、公路及其他道路。所有铁路、公路、乡村路均应测绘，车站及其附属建筑物、隧道、桥涵、路堤、里程碑、道路指示牌等均应测绘。

1) 铁路和其他轨道交通

(1) 铁路、电车及缆车轨道等均应按轨道测绘。

(2) 火车站及附属设施(站台、天桥、地道、信号设备等)均应按实际位置测绘。

(3) 测绘铁路时，应测定铁轨中心线上的点，并量取轨距。在曲线部分或道岔部位，应加密测点，以便能正确表示其实际位置。

2) 公路

(1) 高速公路、等级公路及等外公路应按实际宽度测绘，并应在公路弯道处和道路交叉处加密测点，以便能准确表达公路曲线的线型，同时还应标记公路等级的代码和路面材料，若属于国道还应注明编号。

(2) 高架道路的路面宽度及其走向应按实际投影测绘。

3) 其他道路

(1) 大车路、乡村路应按实际宽度测绘。

(2) 人行小路(居民地之间来往的通道)应实测其中心线位置，若图上宽度小于 2mm 时，可用单线表示。

(3) 单位或住宅小区内部道路应按其实际形状测绘。

4) 道路的附属设施

(1) 路堑、路堤、边坡、挡土墙应按其实际位置进行测绘，里程碑应实测其位置，并标记里程。

(2) 对于立体交叉路，当铁路在上时，则公路应在铁路路基处中断；若公路在上时，铁路应在公路处中断。

5) 桥梁及渡口

(1) 公路桥、铁路桥的桥台、桥墩及桥梁应按其实际位置进行测绘，并注明其结构。

(2) 渡口应区分行人渡口和车辆渡口，分别标注"人渡"或"车渡"，并绘出示航线。

4. 水系及附属设施测绘

水系包括河流、渠道、湖泊及池塘等，一般是以岸边线进行测绘。若要求测出水压线(水面与河道的交线)、洪水位(历史上最高水位的位置)及平水位(常年一般水位的位置)时，则应按要求在调查的基础上进行测绘。关于水系的附属设施，其测绘规定有以下三点：

(1) 对于在图上宽度大于 4mm 的水闸，应按实际位置测绘；否则只测绘其中心位置，并以图式符号标示其中心位置和方位。

(2) 防洪墙应按实际宽度测绘，并用双线表示。

(3) 陡岸为人工建筑应测绘其岸线，并应根据其材质以相应的符号表示。

5. 管线测绘

1) 电力线

(1) 高压线应测定其线杆、铁塔的实际位置，并标明电线的走向，用双箭头表示。

(2) 低压线应测定其线杆，并标明电线走向，用单箭头表示。

(3) 电线杆上的变压器应实测其位置，并用符号表示。

2) 通信线

通信线应实测其线杆位置，并以符号表示其线路走向。

3) 地面管道

地面上的管线应实测其位置，对于架空的管道则应测定其管架位置，并注明管径及用途。

4) 地下管线

地下管线应实测其检修井的位置，标明管线的走向，并按管线类别用相应的符号表示。

6. 高程点测绘

在地形图上，除了要表示出地物平面位置的相互关系外，还应加测高程注记点(简称高程点)。高程点测定有以下四点规定：

(1) 高程点间距一般为图上距离 5cm 左右，若遇地形变化较大时，应适当加密高程点。

(2) 居民地高程点应设在街坊内部空地及广场内能代表一般地面的适中部位，若空地范围大时，应按规定间距测定。

(3) 农田高程点若在倾斜起伏的旱地上，则应设在高低变化处及制高部位的地面上；若在平坦田块上，则应选择有代表性的位置测定其高程点。

(4) 对于高低显著的地形，如高地、土堆、洼坑及高低田坎等，若其高差在 0.5m 以上，则应在其高处和低处分别测定高程点。

7. 植被测绘

根据覆盖地面植物的种类(植被)来区分土地类别，测定地类的界线(称为地类界)，并在各地块中以规定的符号来表示相应的植被。土地类别包括：耕地(稻田、旱田、菜地)，园地(应注明农作物名称)，林地(树林、竹林、苗圃，并注明树种)，草地(天然草地，人工草地)。公路、铁路及河流旁的行道树应测绘其首末位置，中间用符号表示；独立树应实测其位置，用符号表示其中心位置，并注明树种。

8. 土质测绘

对于地块的特殊土质，如沙泥地、砂砾地、石块地、盐碱地、小草丘地、龟裂地、沼泽地等，均应实测其边界线，并用符号表示。

10.5.3 地形图注记

注记是地形图的重要内容之一，是判读和使用地形图的依据，是对地物和地貌符号的说明和补充。因此，注记应遵照有关图式的规定。

1. 注记排列形式

(1) 水平字列：各字中心连线应平行于南、北图廓，由左向右排列。
(2) 垂直字列：各字中心连线应垂直于南、北图廓，由上向下排列。
(3) 雁行字列：各字中心连线应为直线且斜交于南、北图廓。
(4) 屈曲字列：各字字边应垂直或平行于线状地物，且依线状地物的弯曲形状排列。

2. 注记字向及名称

注记的字向一般为正向，即字头朝向北图廓。在雁行字列中，若字的中心连线与南、北图廓交角小于45°，则字向应垂直于连线；若交角大于45°，则字向应平行于连线。

注记的城市、集镇、村庄、街道、公寓等居民地名称和政府机构、企业单位名称等，均应查明注记，注记时通常采用水平字列，也可根据图形的特殊情况，采用垂直字列或雁行字列。

3. 说明注记

对于建筑物的结构及层次、道路等级及路面材料、管线的用途及属性、土地的土质及植被的种类等，凡是用图形线条和图式符号不能充分说明的地物，应进行说明注记。说明注记用的字符应尽可能简单，如房屋结构和层次，说明用"砼8"(混凝土结构8层)、"混5"(砖混结构5层)、"钢6"(钢结构6层)等。注记位置一般应在地物内部适中位置，不得妨碍地物的线条。

4. 数字注记

数字注记包括控制点的高程及点号、等高线及高程点的高程值、沿街房屋的门牌号、公路的等级代码、编号及其他数字注记等，其注记应选用图式规定的字体大小。

(1) 门牌一般采用逐号注记，当毗邻房屋过于密集时，可分段注记起讫号。
(2) 高程注记以米为单位，重要地物高程注记至厘米，如桥、坝、铁路、公路、市政道路及防洪墙等，一般地物注记至分米，注记字头一律向北。
(3) 等高线注记至每条计曲线的高程，当地势平缓、等高线较稀时，应注记每条等高线高程，数字排列方向应和等高线平列，字头应向高处。

10.6 地 貌 测 绘

地貌是地球表面上高低起伏的总称，是地形图上最主要的要素之一。在地形图上，表示地貌的方法较多，常用的方法还是等高线法。若等高线不能表示或不能单独表示的地貌，则应配以地貌符号和地貌注记来表示。

10.6.1 地形点选择及测定

1. 地形点选择

在测绘地形图时，若地面高低起伏从表面上看是没有规则的地貌，则应测定其"地貌特征点"，然后才能用等高线正确地表示其形状。虽然自然地貌十分复杂和琐碎，但只要地貌特征点选择合理，也可准确地表示出地貌的形态。

无论地形如何复杂，但总可以将地面看成是由向着不同方向倾斜和具有不同坡度的面所组成的多面体。山脊线、山谷线、山脚线(山坡与平地的交线)等可以看成是多面体的棱线，称为地性线。当测定了地性线的空间位置，则地形的轮廓即可确定下来，因此，这些地性线上的转折点(方向变化及坡度变化处)就是地貌的特征点。地貌特征点还包括山顶、鞍部、洼地的底部及其他地面坡度变化处。

2. 地形点的测定

1) 地形点的测定方法

在地形图测绘中，地物点和地形点的平面位置测定是一样的，但对于每个地形点还必须测定其高程，并注记于点旁。由此可见，地形点是测定三维坐标(x、y、H)的点，而且还应用一定的临时性线条标明山脊线、山谷线和山脚线(如用实线表示山脊线，用虚线表示山谷线)等，用临时性符号标明独立地物、山头和鞍部等，以便于正确绘制出等高线等。当等高线绘制完成后即可去掉这些临时性的线条和符号。

地形图测绘常用的方法有经纬仪测图法，电子全站仪测图法、RTK GNSS 测图法等。

2) 地形点的分布

在进行地形测图时，必须正确选择地形特征点，如山头、鞍部、山脊线、山谷线和山脚线上方向或坡度变化处的点。若某处地面坡度变化甚小，地性线的方向也没有变化，但每隔一定的距离，还应测定地形点，使其均匀分布，这样才能较准确地绘制出等高线。在进行大比例地形测图时，其地形点在图上的距离一般在 3cm 左右为宜。

10.6.2 等高线绘制

为了在地形图上详尽地表示地貌变化情况，又不使等高线过密而影响地形图的清晰，就必须选定合理的基本等高距来绘制等高线。对于无法用等高线表示的地形，如悬崖、峭壁、冲沟、土坎等，则应按图式规定的符号表示。

传统的测图中通常以手工方式勾绘等高线，其具体的方法是根据测定的地貌特征点，参照实际地形连接地性线，如图 10-16 所示，实线为山脊线，虚线为山谷线。然后在同一坡度的两个相邻地貌特征点间按高差与平距成正比的关系求出等高线通过点(一般采用目估内插法确定等高线通过点),根据等高线特性,将高程相同的点用光滑的曲线连接起来,即为等高线。最后对等高线进行整饰,每隔四条基本等高线加粗一条计曲线,并在计曲线上注记高程,如图 10-17 所示。去掉地性线,并在山顶、鞍部、凹地等坡向不明显处的等高线上应沿坡度降低方向加绘示坡线。

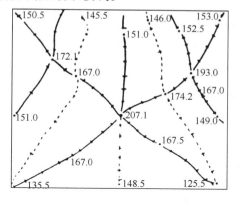

图 10-16　地性连线

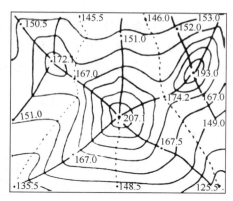

图 10-17　等高线勾绘

10.6.3　地形图上各要素统一表示原则

地形图上各要素统一表示是地形图绘制的重要问题,其基本原则是:

(1) 若两个地物重合或接近而难以同时准确表示时,则可将重要地物准确表示,而次要地物移位 0.2mm 或缩小表示。

(2) 当独立地物和其他地物重合时,则可将独立地物完整绘出,而将其他地物符号中断 0.2mm 表示;若两个独立地物重合时,则可将重要的独立地物准确表示,次要的独立地物移位表示,但其相关位置应正确。

(3) 当房屋或围墙等高出地面的建筑物直接建筑在陡坎或斜坡上时,其位置应准确绘出,陡坎无法准确绘出时,则可移位 0.2mm 表示;若悬空建筑在水上的房屋轮廓线和水涯线重合时,则可间断水涯线,而将房屋完整表示;若水涯线和陡坎重合时,可用陡坎边线代替水涯线;若水涯线和坡脚重合时,仍应在坡脚将水涯线绘出。

(4) 若双线道路和房屋、围墙等高出地面的建筑物边线重合时,则可用建筑物边线代替道路边线,且在道路边线与建筑物接头处间隔 0.2mm。

(5) 若境界线以线状地物的一侧为界时,则应距线状地物 0.2mm 按规定符号绘出境界线;若以线状地物的中心为界时,则境界线应尽量按中心线描绘,当无法在中心线描绘时,可沿两侧每隔 3～5mm 交错绘出 3～4 节符号;在交叉、转折及与周边交接处须绘出符号以表示其走向。

(6) 若地类界与地面上有实物的线状符号重合时,其地类界可省略;若与地面无实物的线状符号(如架空管线、等高线等)重合时,则应将其移位 0.2mm 绘出。

(7) 若等高线遇到房屋及其他建筑物、双线路、路堤、陡坎、湖泊、双线河及其注记时,则应将其断开。

(8) 若等高线不能显示地貌特征点高程时,则应适当注记高程点。高程注记应均匀,其密度为图上每平方米 5～15 点。山顶、鞍部、谷口、沟口、河岸、水涯线及其地面倾斜变换处均应注记高程点。城市建筑区的街道中心线、交叉口、建筑物墙基脚、管道检查井的井口、桥面、广场以及其他地面倾斜变换处均应注记高程点。基本等高距为 0.5m 时，高程注记至厘米，基本等高线大于 0.5m 时，高程注记至分米。

10.7 传统大比例尺地形图测图

在测图控制测量工作完成后，即可在控制点上安置仪器，测定周围地物、地貌特征点(碎部点)的平面位置及高程，并按规定的比例尺和符号缩绘成地形图。测绘地形图的常规方法有经纬仪测图法、小平板与经纬仪联合测图法和大平板测图法等。

10.7.1 测图前基本工作

1. 图纸准备

图纸准备是将各类控制点坐标展绘在图纸上以供测图之用。经过热定型处理的聚酯薄膜片，在常温下膜片变形小，不影响测图精度。膜片表面光滑，使用前需经磨板机打毛，使其毛面能吸附绘图墨水及便于铅笔绘图；膜片是透明的，测图前应在膜片与测图板之间衬以白纸或硬胶版；透明膜片与图板用铁夹或胶带固定。

小地区大比例尺测图时，往往测区范围内只有一两幅图，也可以用白纸作为图纸。将白纸用胶带固定在图板上，图纸与图板间不能存有空气。

2. 绘制坐标格网

根据其平面直角坐标值，将控制点展绘在图纸上。为此需要在图纸上绘出 10cm×10cm 的坐标格网(又称方格网)。用坐标展点仪(直角坐标仪)绘制方格网，是快速而准确的方法。在此介绍在白纸上用杠规和直尺绘制坐标格网方法的步骤：连接图纸两对角线交于 O 点；在图幅左下角处确定点 A，以 OA 为半径，在对角线上分别截取 $OA=OB=OC=OD$，并连续连接 $ACBD$。$\angle DAC$ 为直角。在矩形四条边上，每 10cm 量取一分点，连接对边分点，形成互相垂直的坐标格网线及矩形或正方形内图廓线 $ALMN$，如图 10-18 所示。

绘出坐标格网后，应检查方格的正确性。首先用整个图幅对角线 AM 和 LN 检查，AM 应等于 LN，其误差允许值不超过图上 0.2mm，超过此值应重新绘制格网。其次，检查每一方格角顶点是否在同一直线上。用直尺沿与 AM 及 LN 平行方向推移，若角顶点不在同一条直线上，其偏差值应小于图上 0.2mm。超过允许偏差值时，应改正或重绘。

3. 展绘控制点

坐标格网绘制并检查合格后，根据图幅在测区内的位置，确定坐标格网左下角坐标值，并将此值注记在内图廓与外图廓之间所对应的坐标格网处，如图 10-19 所示。然后进行控制点的坐标展绘。

首先确定控制点所在方格，如 A 点坐标为 $x_A = 647.43\text{m}$，$y_A = 634.52\text{m}$，其位置在 $plmn$ 方格内。然后按 y 坐标值分别从 p、l 点以测图比例尺向右各量 34.52m，得 a、b 两点。从 p、n 两点向上分别量取 47.43m，可得 c、d 两点，ab 和 cd 的交点即为 A 点位置。经检查无误后，按图式规定绘出控制点符号，并在其右侧注明点号及高程。坐标格网的表示，仅在内图廓上画 5mm 短线，图内方格顶点画 10mm 的"十"字即可。

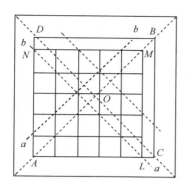

图 10-18　坐标格网绘制

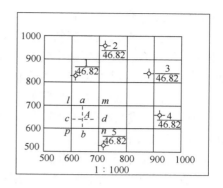

1 : 1000

图 10-19　控制点展点方法

10.7.2　几种常规测图方法

测图时，将安置仪器的控制点称为测站点。测图的方法较多，下面介绍一些常用测图方法。

1. 经纬仪测绘法

将经纬仪置于测站点上，并测定碎部点的方向与已知方向之间的夹角，用视距法或皮尺丈量控制点到碎部点的距离。根据测量数据用量角器在图板上以极坐标法确定地面点位，并进行勾绘成图，此法称为经纬仪测绘法。经纬仪测绘法测图步骤为：

(1) 将经纬仪安置在测站上并量取仪器高。以盘左 $00°00'00''$ 对准相邻任一控制点，该点应在本图幅内，作为起始方向读数。自起始方向顺时针转动照准部，逐个照准碎部点，读出方向值，并用视距法求出测站与碎部点间距离和高差。

(2) 在图板上用量角器将测站至碎部点方向线绘制在图上。在此方向线上按比例尺截取测站点至碎部点的距离，即为碎部点平面位置。并将视距法求出的碎部点高程注记在碎部点位置旁。

(3) 参照地面情况，用地物符号将碎部点连接起来；根据碎部点高程，绘出表示地貌的等高线，即可完成一个测站的测图工作。

测图时还需要注意以下几点：

(1) 测图前应检查经纬仪竖盘指标差，其值不应大于 $2'$，否则应进行校正或在视距计算中加入指标差改正数。

(2) 安置好仪器后，用视距法测绘另一测站点，水平距离较差不应大于图上 0.2mm，高程较差不应大于 1/5 等高距。

(3) 搬站后应测定上一站点所测绘的明显地物点，其平面位置较差不应大于图上 0.6mm，高程较差不应大于 $2\sqrt{2}×1/3$ 等高距。

(4) 观测过程中每测 20～30 个碎部点应检查一下零方向，观察水平度盘位置是否发生变动。测站工作结束时，应再做一次定向检查。

2. 小平板仪与经纬仪联合测图法

小平板仪由脚架、图板、对点器、长盒罗盘、照准器组成，如图 10-20 所示。图板与脚架用中心螺旋或球窝连接螺旋连接。对点器为夹式对点器，可使图纸与地面对应点在同一铅垂线上。小平板照准仪又称测斜仪，在有刻画直尺两端连接着可折叠的觇板。接目觇板上有3 个小孔，称觇孔；接物觇板中间有一竖丝为照准目标用。直尺刻画供量取长度用，直尺边供测绘方向线用，直尺中央有一小管状气泡供整平图板用。小平板仪为古老传统测图仪器。

联合测图法的施测方法及步骤如下：

(1) 将经纬仪或水准仪安置于测站点旁 2～3m 处。在测站点立视距尺，求出仪器视线高程与距测站点的水平长度。

(2) 在测站点上安置小平板仪，其顺序是粗略定向→安平→对中→精确整平→精确定向。粗略安平后用磁针目估定向；对中是用铁夹对点器，使地面与图纸上相应控制点在同一条铅垂线上；精确整平可用活动球窝调平，也可用基座螺旋整平，精确整平时将测斜仪放在图板上，使照准仪直尺上的管水准器气泡在两个正交方向上居中；精确定向是在图纸上先将照准仪直尺边切准测站点与定向点(如图 10-21 中的 1、2 点)，然后松开图板连接螺旋，转动图板，从觇孔观察，使觇板照准丝对准 2 点上所立的花杆，此时觇孔、照准丝与花杆在同一直线上，即图上 1、2 点与实地 1、2 点在同一竖直面内，从而达到图板方向与实地方向一致的目的。定向完毕再用另一已知方向检查，允许偏离值小于图上 0.1mm。

(3) 在图纸上标出经纬仪或水准仪位置。图板定向后，用测斜仪照准小平板旁的经纬仪或水准仪中心，在尺边画出方向线，按比例定出经纬仪或水准仪在图纸上的位置，如图 10-21 中的 1′点。

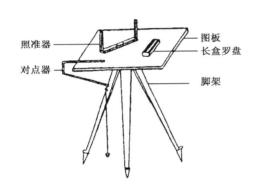

图 10-20　小平板与经纬仪联合测图法　　　　　图 10-21　碎部点测绘

(4) 测绘碎部点。欲测碎部点 A(图 10-21)，可在小平板上用测斜仪照准 A 点，同时用测斜仪直尺边切准 1 点，沿尺边描方向线 1-a。用经纬仪或水准仪以视距法求出碎部点的高程及到经纬仪的水平距离 d′。以经纬仪(水准仪)在图纸上位置 1′点为圆心，以 d′/M 为半径画弧交 1-a 于 a 点。a 点就是地面 A 点在水平面上的垂直投影位置，并在 a 点旁注出所测 A 点高程值。

10.8　数字化测图

10.8.1　概　　述

1. 数字化测绘的概念

数字化测图(digital surveying mapping, DSM)是 20 世纪 80 年代发展起来的一种测绘地形图的方法。从广义上说，数字化测图包括：利用全站仪或其他测量仪器进行野外数字化测图；利用数字化扫描仪对传统地形图进行数字化；借助解析测图仪或立体坐标量测仪对航片、卫片进行数字化测图等技术。利用上述技术将采集到的地形数据传输到计算机，并用成图软件进行数据处理，成图显示，再经编辑、修改生成合格的地形图。最后将地形数据和地形图分类建立数据库，并用数控绘图仪或打印机输出地形图或相关数据。

上述以计算机为核心，在外接输入、输出硬件设备和相应软件的支持下，对地形空间数据进行采集、传输、处理、编辑、入库管理和成图输出的整个系统，称为自动化数字测绘系统，如图10-22所示。

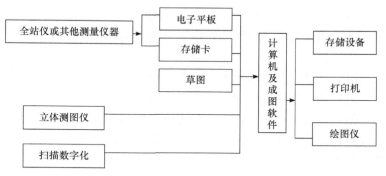

图 10-22　数字测绘系统

数字化测图不仅可以利用计算机辅助绘图，减轻测绘人员的劳动强度，保证地形图绘制质量，提高绘图效率，而且对数据的共享具有深远意义。利用计算机进行数据处理，可以直接建立数字地面模型和电子地图，为建立地理信息系统提供可靠的原始数据，以供国家、城市和行业部门进行现代化管理，以及工程设计人员进行计算机辅助设计时使用。提供地图数字图像等信息资料已成为一些政府管理部门和工程设计、建设单位必不可少的工作，正越来越受到各行各业的普遍重视。通常，将利用电子全站仪在野外进行数字化地形数据采集，并利用计算机绘制大比例尺地形图的工作，简称为数字测图。本节主要介绍这种数字测图技术。

2. 数字测图的发展过程和主要特点

我国从1983年开始研究大比例尺地形图的野外数字化测绘方法，并逐步在全国测绘行业推广使用。其发展过程大致可分为以下两个阶段。

第一阶段，主要利用电子全站仪在野外测量，将采集到的地形数据通过电子手簿(全站仪配套的电子手簿或用PC-1500、PC-E500等袖珍计算机改装的电子手簿)记录并传输给计算机，在室内根据野外详细绘制的标注有测点号的草图，在计算机屏幕上进行人机交互编辑修改，最后生成图形文件或数字地图，由绘图仪自动绘制成地形图。

第二阶段，使用的测量方法仍然是采用野外数字测记模式，但成图模式及成图软件有了实质性的进展。主要表现在两个方面：一是开发了智能化外业数据采集软件；二是计算机自动成图软件能直接针对电子手簿记录的地形信息数据进行处理。

有的采用电子平板测绘模式，即利用电子全站仪在野外采集地形数据，并直接传输给笔记本电脑，笔记本电脑不仅具备电子手簿的全部功能，同时还能在野外实时进行数据处理和图形编辑、显示。

数字化测图技术在野外采集工作的实质是解析法测定地形点的三维坐标，是一种先进的地形图测绘方法，与图解法传统地形测绘方法相比，其优点非常明显，主要表现在以下几个方面。

(1) 自动化程度高。采用全站式电子速测仪在野外采集数据，自动记录存储，并可直接传输给计算机进行数据处理、绘图，不但提高了工作效率，而且减少了测量错误的发生，使得绘制的地形图精确、美观、规范。同时由计算机处理地形信息，建立数据和图形数据库，并能生成数字地图和电子地图，有利于后续的成果应用和信息管理工作。

(2) 精度高。数字化测图的精度主要取决于对地物和地貌点的野外数据采集的精度，而其他因素的影响，如微机数据处理、自动绘图等，其误差对地形图成果的影响都很小，而全站仪的解析法数据采集精度则远远高于图解法平板测图的精度。

(3) 使用方便。数字化测图采用解析法测定点位坐标依据的是测量控制点，测量成果的精度均匀一致，并且与绘图比例尺无关，利用分层管理的野外实测数据，可以方便地绘制不同比例尺的地形图或不同用途的专题地图，实现了一测多用，增强了数据的共享性，同时便于地形图的检查、修测和更新。

数字化地形测绘也有其缺点和需要不断完善的地方：①一次性投资较大，成本高；②野外采集各类信息编码复杂；③在城镇地物十分密集而又复杂的地区，数字测图往往遇到很多障碍而难以实施。但是，数字化测图作为一种先进的地形测量方法，其自动化程度和测量精度均是其他方法难以达到的。从长远的观点看，数字化测图是我国大比例尺地形图测绘工作的发展方向，特别是在全国城市的地形测量和数字地图应用方面，应进一步加大提倡和推广应用的力度。

10.8.2 野外数据采集方法

1. 数据采集的作业模式

数字化测图的野外数据采集作业模式主要有野外测量记录，室内计算机成图的数字测记模式；野外数字采集，笔记本电脑实时成图的电子平板测绘模式。

图 10-22 为利用电子全站仪在野外进行数字地形测量数据采集的示意图，也可采用普通测量仪器施测，手工键入实测数据。从图 10-23 中可看出，其数据采集的原理与普通测量方法类似，所不同的是全站仪不但可测出碎部点至已知点间的距离和角度，而且还可直接测算出碎部点的坐标，并自动记录。

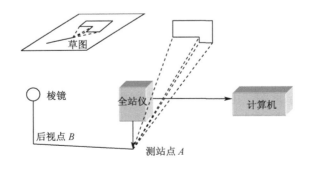

图 10-23　全站仪在野外测图

由于地形图不是在现场直接绘出，而是依据电子手簿中存储的数据，由计算机软件自动处理(自动识别、检索、连接、自动调用图式符号库)，并控制数控绘图仪自动完成地形图的绘制，这就存在着野外采集的数据与实地或图形之间的对应关系问题。为使绘图人员或计算机能够识别所采集的数据，便于对其进行处理和加工，必须对仪器实测的每一个碎部点给予一个确定的地形信息编码。

2. 地形信息编码

数字化测图采集的数据信息量大，内容多，涉及面广，数据和图形应一一对应，构成一个有机的整体，才具有广泛的使用价值。因此，必须对其进行科学的编码。编码的方法多种多样，但不管采用何种编码方式，都应遵循以下一般原则。

(1) 一致性。即非二义性，要求野外采集的数据或测算的碎部点坐标数据，在绘图时能唯一地确定一个点，并在绘图时符合图式规范。

(2) 灵活性。要求编码结构充分灵活，适应多用途数字测绘的需要，在地理信息管理和规划、建筑设计等后续工作中，为地形数据信息编码的进一步拓展提供方便。

(3) 简易实用性。尊重传统方法，容易被野外作业和图形编辑人员理解、接受和记忆，并能正确、方便地使用。

(4) 高效性。能以尽量少的数据量容载尽可能多的外业地形信息。

(5) 可识别性。编码一般由字符、数字或字符与数字组合而成，设计的编码不仅要求能够被人识别，而且还要求能被计算机用较少的时间加以识别，并能有效地对其进行管理。

3. 碎部测量步骤

1) 测图准备工作

野外数字化测图前，必须按规范对所使用的测量仪器进行检验，如电子全站仪的轴系关系是否满足要求，水平角、竖直角和距离测量的精度是否符合限差要求，光学对中器及各种螺旋是否正常，以及反射棱镜常数的测定和设置等。还需要安装、调试好所使用的电子手簿及数字化测图软件，并通过数据接口传输或按菜单提示键盘输入图根控制点的点号、平面坐标和高程。

2) 测站设置与检核

将电子全站仪安置于测站点上，经过对中、整平后量取仪器高。打开全站仪，进入数据采集菜单，设置全站仪的测站信息、后视信息。测站信息包括测站点点号、测站点坐标(X, Y)和高程 H、仪器高、目标高等。输入测站点信息后瞄准后视点，输入后视点信息，包括后视点点号、后视点坐标(X, Y)或后视点坐标方位角、后视点高程 H。最后瞄准第三个已知点，直接测量出该点的坐标并与已知坐标比较，若两者之间的较差满足要求即可进行下面的碎部点测量工作，否则应检查原始数据，找出原因。

3) 碎部点测量

碎部点测量方法可以根据实测条件和测区具体情况来选择，主要有极坐标法、方向交会法、距离交会法、方向距离交会法、勘丈法。全站仪数字化测图一般情况下采用的是极坐标法，即设站之后直接瞄准碎部点的棱镜测量，并保存所测数据。

碎部点主要根据能反映地物地貌特征及地形图碎部点密度要求来选取。碎部点主要有地物地貌的特征点，如房屋的拐点、地物的边界点、独立地物点、地形特征线上的点等。点密度主要是根据地图比例尺来决定，一般根据图上 2cm 一个碎部点密度来考虑。

4) 草图的绘制

草图主要为室内计算机绘图服务。在野外进行数据采集时保存的是碎部点坐标信息、点号信息、编码信息。编码信息包含有地物的部分属性信息，但用于绘图还是有很多不方便的地方。所以在进行碎部点测量的同时应根据碎部点点号的一致性绘制草图，如图 10-24 所示。

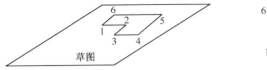

图 10-24　地形草图

10.8.3　计算机成图

下面以 SCS2002 为例，介绍草图法数字测图的步骤。

在外业使用全站仪测量碎部点三维坐标的同时，领图员绘制出碎部点构成的地物地貌形状和类型并记录下碎部点点号。内业将全站仪或电子手簿记录的碎部点三维坐标，通过 SCS2002 软件系统传输到计算机，转换成 SCS2002CASS 坐标格式文件并展点，根据野外绘制的草图在 SCS2002 中绘制出地物。其优点是：测图时不需要记忆繁多的地形符号编码，是一种使用十分方便且快速的测图方法。缺点是不直观，当草图编号有错误时，可能还需要到实地查错。

1. 人员组织

(1) 观测员 1 人负责操作全站仪，观测并记录观测数据。

(2) 领图员 1 人负责指挥跑尺员，现场勾绘草图。每张草图纸应包含日期、测站、后视、测量员、绘图员信息。

(3) 跑尺员负责现场跑尺，跑点应安排有经验的人员。

(4) 内业制图员 1 人。对于无专业制图人员的单位，可由领图员担负内业制图任务。

2. 外业采集数据传输

野外数据采集完成后，就可进行内业的数据预处理，将全站仪的数据下载到计算机上进行预处理。下面以尼康 352 为例，用 SCS 接收此全站仪的数据。在 SCS 菜单中选择接收测量仪器数据，在连接菜单中设置端口。通信口：选择和全站仪连接的是计算机的 COM 端口。通信口设置：波特率、奇偶校验、流控制、数据位、停止位参数的设置要与 SCS 接收全站仪的通信参数一致。

在端口和各参数设置好后，即可点击 OK 等待接收全站仪发过来的数据，如图 10-25 所示。

在尼康 352 的菜单中选择 5 通信，进入菜单选择 1 下载数据，进入后选择准备下载数据项目和设置通信参数。通信参数的设置要与 SCS 接收全站仪的通信参数一致，之后选择坐标下载。当项目名称、各参数设置和

图 10-25　数据下载

下载格式选择好后，按 OK 键(F4)。全站仪的数据就会发送到计算机上。

下载完毕后，检查数据格式和数据个数是否正确，数据是否有遗漏，如有遗漏需重新下载。数据传收完毕后，将仪器关机并放回仪器箱中妥善安放。

3. 数据格式转换

全站仪的数据进入 SCS 系统都要进行格式转换，使之成为 SCS 标准格式。

尼康 352 下载的数据格式为(转换前的数据格式)：

点名 1，X1，Y1，编码 1；

点名 2，X2，Y2，编码 2；

......

检查确认无误后，即可给文件命名存盘。然后再用 SCS 软件数据处理菜单中的坐标点数据格式转换将尼康 352 的数据格式转换成 SCS 数据格式，如图 10-26 所示。

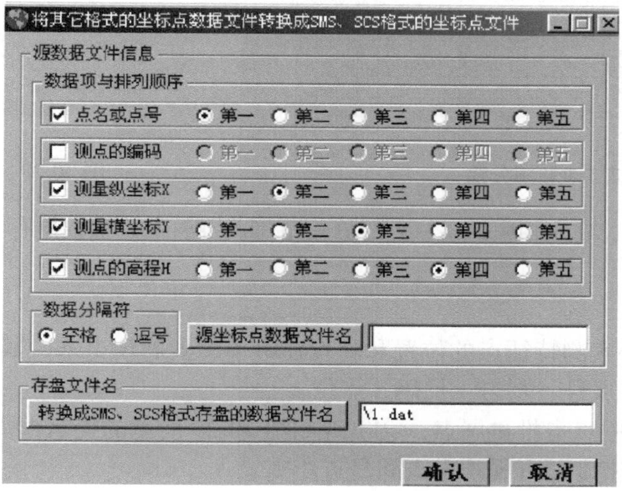

图 10-26　格式转换

转换成 SCS 的标准格式：

总点数

点号 1

编码 1

Y1

X1

H2

点号 2

编码 2

Y2

X2

H1

......

4. 测量点范围查询、分幅

在绘图前必须对测量数据进行分幅。在 SCS 数据预处理菜单中点击测量点范围查询、分幅，如图 10-27 所示。

输入数据文件名，然后点击确定，会出现如图 10-28 所示窗口。

图 10-27　地形图分幅

图 10-28　测区范围

根据图幅的大小，输入相应的 X、Y 的分幅范围，再输入分幅数据存盘文件名后点击确认。

5. 展点

展点就是把野外实测特征点的位置和高程在电子图上展现出来。其在图上的表现形式有以下几种：高程点、点号、点名、代码、点位。

(1) 在展点菜单中点击批量展点，会出现如图 10-29 所示的提示框。

(2) 输入展绘点密度即可展绘出点间最近距离。

(3) 输入完整的格式转换过的数据文件名(包括盘符、路径)或点击数据文件名找到格式转换过的数据文件名，打开该文件，如图 10-30 所示。

图 10-29　展点

图 10-30　数据文件

(4) 在以上任务完成的基础上，点击确认。之后命令提示行会提示输入绘图比例尺，如图 10-31 所示。

图 10-31　绘图比例尺

(5) 命令提示行会继续提示输入绘图参考原点的纵横坐标和高程注记旋转角度和高程比例尺，如图 10-32 所示。

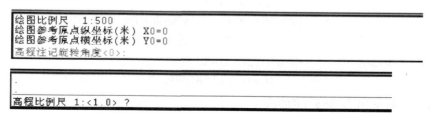

图 10-32　高程比例尺

(6) 屏幕会把数据文件中的点位按比例展现在绘图屏幕上，如图 10-33 所示。

(7) 选择点击野外测点点名，将测点点号展绘到电子图上，方法和步骤与展绘控制点和高程相似。测点点号展绘完成后，屏幕上会出现测点点号，如图 10-34 所示。

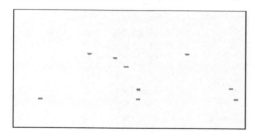

图 10-33　展点图

图 10-34　测点点号

6. 绘制平面图

应用平面图菜单中的交互绘平面图绘制地物地貌和注记、控制点类型，并可以关掉高程注记所在的图层 GCD，使测点点号清晰。如果测点点号过小，也可以运用"改"下拉菜单中的"图元编辑"命令来逐一改变点号的字体和大小。其对话框如图 10-35 所示。

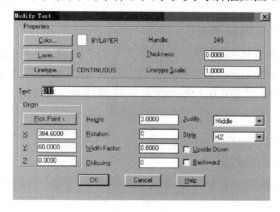

图 10-35　图元编辑

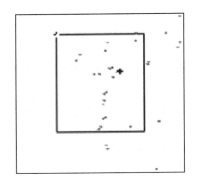

图 10-36　图形编辑

也可以运用"改"下拉菜单中的"图元匹配"命令来批量改变点号的字体和大小。

方法如下：先用图元编辑命令对任一个点号的大小和字体进行编辑，然后点击图元匹配，先点击已编辑过的点号，接着按住鼠标左键拖着鼠标把要编辑的点号全括起来，放开鼠标左键，点击右键后，就批量编辑成功了，如图 10-36 所示。

绘地物之前需在"设定"下拉菜单中的"物体捕捉"中设置捕捉节点。其对话框如图 10-37 所示。

根据草图或编码所对应的点号绘制地物。"地物绘制"下拉菜单如图 10-38 所示。

用户可以根据野外绘制的草图和将要绘制的地物在该菜单中选择适当的命令完成地物等的绘制。

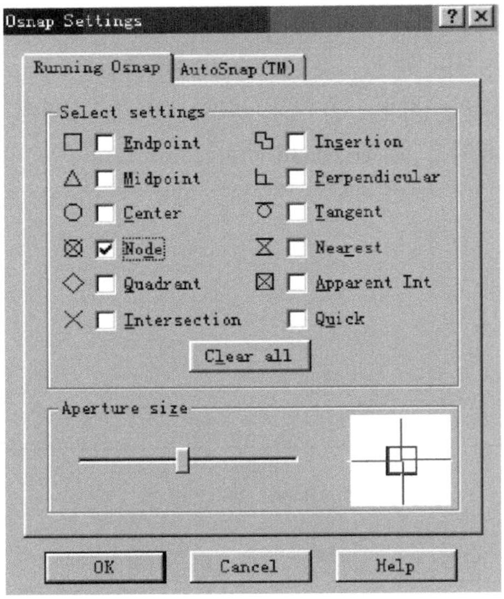

图 10-37　物体捕捉

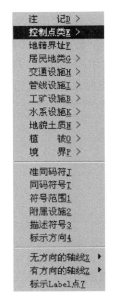

图 10-38　地物绘制

7. 绘制等高线

1) 根据高程点文件建立 DTM 模型

绘制等高线前首先需要依据高程点文件建立 DTM 模型。在等高线菜单中点击以高程点文件建立 DTM，出现相应的提示框，找到建立 DTM 模型的高程点文件，选择"0"高程不参与建模，点击建立 DTM 模型(O)，之后会显示建模成功和 DTM 三角形的个数。其对话框如图 10-39 所示。

2) 显示并修改已经建立的 DTM 三角形

DTM 三角形如图 10-40 所示。

修改 DTM 三角形的原则：应断开穿过陡坎、斜坡、河流、公路和建筑物的三角形边，可以通过重组两相邻三角形或删除三角形、添加三角形修改。修改完成后必须用修改结果存盘才能在接下来的计算、绘制等高线时起作用。

图 10-39 三角形的个数

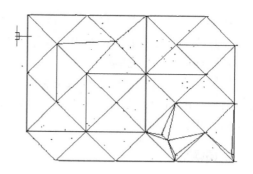

图 10-40 DTM 三角形

3) 计算等高线(张力样条光滑计算)

建立并修改完了 DTM 模型，要绘制等高线前，首先要计算等高线，如图 10-41 所示。根据需要输入等高距，然后确认。计算完等高线还需将等高线进行光滑处理。

如果是以张力样条光滑绘制等高线，必须用张力样条光滑计算，如图 10-42 所示。

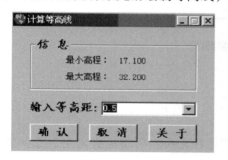

图 10-41 等高线计算

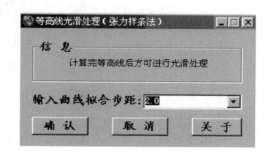

图 10-42 等高线光滑处理

4) 绘制等高线

经过以上处理后就可以绘制等高线。点击等高线菜单中的"绘制等高线(G)"，生成等高线(图 10-43)。

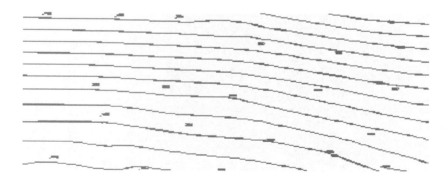

图 10-43 等高线

绘制等高线前必须关闭捕捉功能，否则将绘制出错误的等高线。

5) 注记等高线、修改部分等高线

在修改 DTM 三角形时多删或少删了 DTM 三角形，会生成或遗漏部分错误的等高线，需要将其添加或修改、删除。

根据要求应对相应的等高线进行注记，还需切除注记等高线。可以用"批量还需切除注记等高线"的命令，也可以用 break 命令断开，还可以用 trim 命令进行修剪，用 extend 命令来延长到相应的位置。

8. 图幅整饰

标定图幅网格，其目的是为了在测区(当前绘图区)形成矩形分幅网格，以便用"编"下拉菜单中的"窗口内的图形存盘"功能截取各图幅(给定该图幅的左下角和右上角即可)。执行"标定图幅网格"菜单时，屏幕命令行提示依次输入图幅长度、图幅宽度，用鼠标指定需要加图幅网格区域的左下角和右上角，依次输入后，将在测区自动生成分幅网格，如图 10-44 所示。

图幅长度(mm): 100
图幅宽度(mm): 100
用鼠标器指定需加图幅网格区域的右上角点:

图 10-44　标定图幅网格

习　　题

1. 什么是碎部点？什么是碎部测量？
2. 什么是等高线、等高距？
3. 使用平板仪(或小平板仪)测图时，为什么要进行定向？何谓磁针定向和已知直线定向？各适用于什么场合？
4. 全站仪测图前的准备工作有哪些？
5. 为什么要进行控制点加密？加密测站点的方法有哪些？
6. 如何提高碎部测图的质量和速度？

※第11章 测量学的基本应用

测量学的重要应用领域就是工程测量。在工程建设的勘察设计、施工及运营阶段所进行的各种测量工作，统称工程测量。

工程测量涉及国民经济的各个部门，其内容极其广泛。按测量工作的对象分，包括工业与民用建筑、水利、铁路、公路、桥梁、隧道、矿山、地下工程、地质勘探和物化探等；按工程建设的顺序分，包括：勘察设计阶段的测量工作，主要是根据工程建设的需要，布设测图控制网，测绘所需不同比例尺地形图；在工程施工阶段的测量工作，主要是建立施工控制网，进行建(构)筑物的各种放样；工程竣工后还应进行竣工测量；运营阶段的测量工作，主要是对建(构)筑物和大型设备基础进行沉陷、平面位移及倾斜测量，以便为相关部门提供变形观测资料，并根据这些资料分析结构受力的状态，研究维护建(构)筑物安全的方法，提出加固建(构)筑物的措施，同时利用观测资料来验证设计理论，不断改进设计方法。

工程测量主要是利用测量仪器、工具、方法以及计算和平差理论，解决工程建设中的测量问题，其显著的特点在于它同工程的设计、施工联系非常密切。

工程测量的程序主要从属于工程施工的程序，其测量精度要求与工程的性质及施工方法有密切的联系。因此，工程测量工作者必须掌握工程设计及施工方面的有关知识。工程测量在一定意义上讲是测量和工程施工的结合，只掌握测量理论而没有工程建设的实际知识，是无法搞好工程测量工作的。

11.1 建筑施工测量

建筑施工测量是为建筑工程施工服务的测量工作。施工测量工作贯穿于工程建设、生产运营的始终，其测量精度因其用途不同而存在着较大的差异。

11.1.1 建筑场地的施工控制测量

在工程勘测阶段所建立的测图控制网的点位分布、密度和精度难以满足施工测量的需求。因此，施工时应重新建立专门的施工控制网。

1. 建筑基线

建筑基线的布设应根据建筑物的分布、场地的地形及原有控制点的情况而定。建筑基线应尽量靠近主要建筑物并与其轴线平行。为了便于检查基线点的稳定性，其点数不应少于 3 个。

根据建筑物的设计坐标及附近控制点，在图上选定建筑基线位置，求算测设数据，并在实地测设出来。如图 11-1 所示，根据控制点 1 和 2，

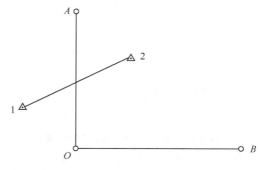

图 11-1 建筑基线测设

※ 若后续课程开设有工程测量，则本章可不讲。

用极坐标法分别测设出 A、O、B 3 点。然后将仪器安置于 O 点，检查 $\angle AOB$ 是否为 $90°$，其偏差值不得大于 $10''$。丈量 OA、OB 两段距离，并与其设计距离相比较，其差值对于民用建筑不得大于 $1/2000$，对于工业建筑不得大于 $1/10000$。否则应进行实地点位调整。

2. 建筑方格网

为了便于设计和施工，通常采用独立坐标系统——建筑坐标系(施工坐标系)。施工坐标系应与施工区的主要建筑物、主要道路或主要管线方向平行，其坐标原点设于该区域的西南角，以保证所有建筑物的设计坐标为正值。

1) 方格网布设

方格网布设应该根据建筑设计总平面上各建筑物、构筑物、道路及管线的布设情况，并结合场地的具体情况拟订。如图 11-2 所示，首先选定建筑物方格网的主轴线 MN 及 CD，使其处于施工区中部，并与主要建筑物的基本轴线平行，然后再布置方格网。

2) 求算主点坐标

当施工坐标系与国家坐标系不一致时，应在施工方格网测设前把主点(主轴线的定位点)的施工坐标换算成测量坐标，以便求算测设数据。如图 11-3 所示，设已知的施工坐标为 A_p 和 B_p，换算成测量坐标时的计算公式为

$$\begin{cases} x_p = x'_o + A_p\cos\alpha - B_p\sin\alpha \\ y_p = y'_o + A_p\cos\alpha + B_p\sin\alpha \end{cases} \tag{11-1}$$

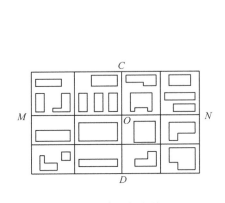

图 11-2　建筑物方格网

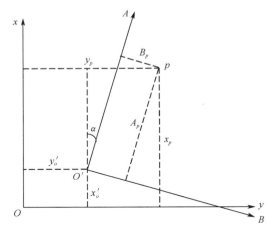

图 11-3　坐标转换

3. 方格网测设

在图 11-4 中，1、2、3 点为控制点，A、O、B 为主轴线的主点。先将各主点的施工坐标转换成测量坐标，再根据其坐标反算出测设数据 D_1、D_2、D_3 及 β_1、β_2、β_3，然后按极坐标法分别测设出各主点的概略位置 A'、O'、B'，如图 11-5 所示，用混凝土桩把主点固定下来。混凝土桩顶部常设一块 $10\text{cm}\times10\text{cm}$ 的铁板，供调整点位用。由于受测设误差影响，往往三主点不在一条直线上，为此，可在 O' 点上安置经纬仪，精确测出 β 角，当 β 与 $180°$ 之差超出限差时则应进行调整。调整时，各主点应沿 AOB 的垂线方向移动相同改正量 δ，使其成为一条直

线。由于 μ 和 γ 角较小，故有

$$\mu = \frac{\delta}{\frac{a}{2}} \rho'' = \frac{2\delta}{a} \rho''$$

$$\gamma = \frac{\delta}{\frac{b}{2}} \rho'' = \frac{2\delta}{b} \rho''$$

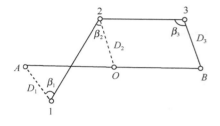

图 11-4　主轴线的测设

图 11-5　主轴线的调整(1)

因为

$$180° - \beta = \mu + \gamma = 2\delta \left(\frac{a+b}{ab} \right) \rho$$

所以

$$\delta = \frac{ab(180° - \beta)}{2(a+b)\rho} \tag{11-2}$$

当 A、O、B 各主点测设好后，可将经纬仪安置于 O 点，如图 11-6 所示。此时照准 A 点，分别向左、向右转 90°测设出另一主轴线 COD，并用混凝土桩定出其概略位置 C' 和 D'，再精确测出 $\angle AOC'$ 和 $\angle AOD'$，分别求出它们与 90°的差值 ε_1 和 ε_2，并计算出移动量 L_1 和 L_2。式中，L_1、L_2 分别为 OC' 和 OD' 的距离；ε 及 ρ 的单位均为秒，$\rho = 206265''$。

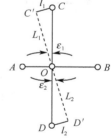

当 C、D 两点定出后，精确丈量出 OA、OB、OC 及 OD 的距离，并在铁板上标出其点位。此时，分别在主轴线端点上安置仪器，均以 O 点为起始方向，分别向左、右测出 90°，即可形成田字形方格网点。最后在方格网点间用角度及距离进行检核，直至满足限差要求。

图 11-6　主轴线的调整(2)

4. 高程控制

在建筑场地内，水准点密度应尽可能满足一站即可测设出所需点高程。若场地水准点密度不够，则应增设水准点。一般情况下，方格网点也可作为高程控制点。

水准点高程一般采用四等水准测量方法测定，而对连续生产的车间或下水管道等，则应采用三等水准测量方法测定。

11.1.2　民用建筑施工测量

民用建筑一般是指住宅、办公楼、学校及医院等建筑物。民用建筑施工测量就是依据设

计要求，在实地测量出建筑物位置，指导施工，确保工程质量。

1. 建筑物定位

建筑物定位就是把其外廓各轴线交点 M、N、P 及 Q 测设于地面上，然后再根据这些点进行细部放样(图 11-7)。

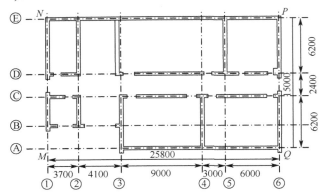

图 11-7　建筑物外廓测设(单位：mm)

根据原有建筑物测设拟建建筑物的方法如下：如图 11-8 所示，先用钢尺沿宿舍楼的东、西墙各延长出一小段距离 l 得 a、b 两点，并用木桩标定。将仪器安置于 a 点上并照准 b 点，从 b 沿 ab 方向线量出 14.240m 得 c 点(因教学楼外墙厚 37cm，轴线偏离外墙皮 24cm)，再继续沿 ab 方向从 c 点起量 25.800m 得 d 点，cd 线即为建筑基线。然后将仪器分别安置于 c、d 两点上，后视 a 点并转 90°沿视线方向量出距离 l + 0.240m 得 M、Q 两点，再继续量出 15.000m 得出 N、P 两点。M、N、P 及 Q 4 点即为教学楼外廓定位轴线的交点。最后，检查距离是否为 25.800m，∠N 与 ∠P 是否为 90°，其误差分别在 1/5000 和 1′之内即可。

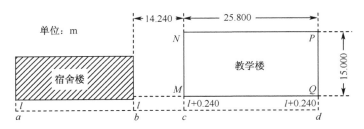

图 11-8　根据已有建筑物测设拟建建筑物

当现场已有建筑方格网或建筑基线时，可采用直角坐标法直接进行定位。

2. 轴线控制桩设置

建筑物定位后，在基坑开挖时所测设的轴线交点将被破坏，施工时为了能及时恢复各轴线位置，一般是将轴线延长到安全地点，并做好标志。轴线控制桩应设置于基坑外基础轴线的延长线上，作为开挖后各施工阶段确定轴线位置的依据，如图 11-9 所示。为了确保控制桩的精度，施测时一般将控制桩和定位桩一起测设。

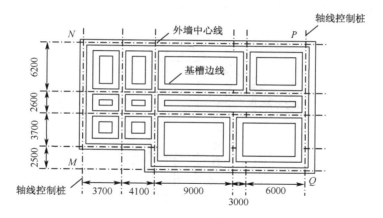

图 11-9　轴线控制桩法(单位：mm)

3. 基坑开挖的测量工作

在基础开挖前，应根据轴线控制桩的轴线位置和基础宽度，并估计到基础挖深应放坡度的尺寸，在地面上用白灰放出基坑边线(基础开挖线)。

基础开挖时应随时注意挖土深度，当基坑开挖到离设计深度 0.3～0.5m 时，应用水准仪在基坑壁上每隔 2～3m 或拐角处打一个水平桩，如图 11-10 所示，用以控制基坑开挖深度，并将其作为清理坑底和铺设垫层的依据。

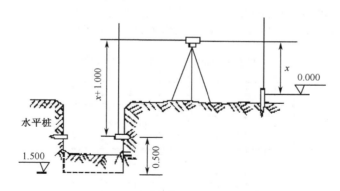

图 11-10　开挖基槽测设(单位：m)

4. 深基坑高程测设

当测设点与水准点的高差太大，则必须用高程传递法将高程由高处传递至低处，或由低处传递至高处。

在深基槽内测设高程时，如水准尺的长度不够时，则应在槽底先设置临时水准点，然后将地面点的高程传递至临时水准点，再测设出所需高程。

如图 11-11 所示，欲根据地面水准点 A 测定槽内水准点 B 的高程，可在槽边架设吊杆，杆顶吊一根零点向下的钢尺，尺的下端挂上重 10kg 的重锤，在地面和槽底各安置一台水准仪。设地面的水准仪在 A 点的标尺上读数为 a_1，在钢尺上的读数为 b_1；槽底水准仪在钢尺上读数为 a_2，在 B 点所立尺上的读数为 b_2。已知水准点 A 的高程为 H_A，则 B 点的高程为

$$H_B = H_A + a_1 - b_1 + a_2 - b_2$$

然后改变钢尺悬挂位置，再次进行读数，以便检核。

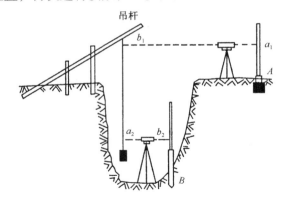

图 11-11　深基槽内高程测设

11.1.3　工业建筑施工测量

对于小型的厂房，可以采用民用建筑的测设方法；对于大型或设备复杂的厂房，则应根据建筑方格网进行测设工作。

1. 柱列轴线的测设

如图 11-12 所示，Ⓐ、Ⓑ、Ⓒ和①、②、③…轴线均为柱列轴线。在检查厂房矩形控制网精度符合要求后，即可根据柱间距和跨间距用钢尺沿矩形网各边丈量出各轴线控制桩的位置，并打入木桩，钉上小钉，作为基坑测设和施工安装的依据。

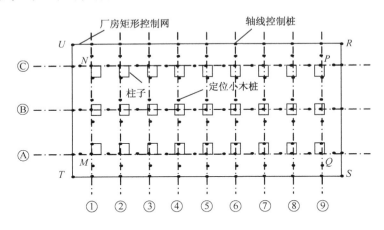

图 11-12　柱列轴线测设

2. 柱基的测设

柱基的测设就是根据基础平面和基础大样图的相关尺寸，把基坑开挖的边线用白灰标示出来，以便开挖。为此应安置两台仪器在相应的轴线控制桩上交出各桩基的位置，即定位轴线的交点。

图 11-13 所示为杯形基坑大样图。依据基础大样图的尺寸，用特制的角尺，在定位轴线Ⓐ和⑤上放出基坑开挖线，用灰线标出开挖范围。并在坑边缘外侧一定距离处设置定位小木桩，钉上小钉作为修坑及竖立模板的依据。

在柱基测设时应注意定位轴线是否与基础中心线重合，有时一个厂房的柱基类型不一致，尺寸各异，放样时应特别注意。

3. 基坑高程的测设

在基坑开挖到一定深度时，应在坑壁四周距离坑底设计高程 0.3～0.5m 处设置几个水平桩，作为基坑修坡和清底的高程依据，如图 11-14 所示。此外，还应在基坑内测设出垫层的高程，即在坑底设置木桩，使桩顶面恰好等于垫层的设计高程。

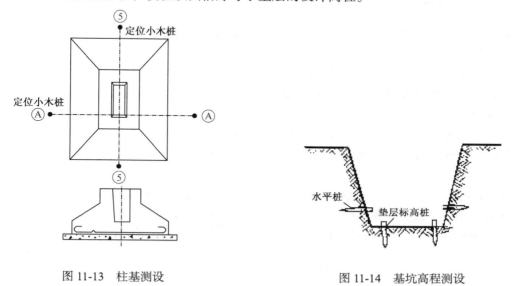

图 11-13　柱基测设　　　　　　　　图 11-14　基坑高程测设

4. 基础模板定位

打好垫层后，可根据坑边定位的小木桩，用拉线的方法，用吊锤把柱基定位线投到垫层上，用墨斗弹出墨线，并用红油漆做好标记，作为柱基立模板和布设基础钢筋的依据。立模时，将模板底线对准垫层上的定位线，并用锤球检查模板垂直度。最后将柱基顶面设计高程测设在模板的内壁。

11.2　线路工程测量

11.2.1　带状地形图测绘

线路工程如铁路、公路、管道及河道等进行平面、纵断面和横断面设计时，需要相应的带状地形图及纵、横断面图等地形资料。带状地形图是指线路狭长的地形图，其宽度一般为 100～300m，是带状工程线上定线和设计的基础资料。

带状地形图的测绘内容与一般地形图基本相同，按选定的比例尺测绘出带状范围内的建筑物、构筑物、道路、水系、地貌等。

1. 地物测绘

各种建(构)筑物及其主要附属设施应按《工程测量规范》的规定测绘。各种线状物，如管道及高压线等应实测其支架或电杆的位置。道路及其附属设施应按实际形状测绘，公路交叉口应注明各条公路的走向，并标注公路路面类型，铁路应注明轨道面高程，涵洞应注明洞底标高。

2. 水系及其附属物的测绘

水系及其附属物应测绘：海洋的海岸线位置，水渠顶边及底边高程，堤坝的顶部及坡角的高程，水井的井台高程，池塘的顶边及池塘高程，河流水沟等应注明水流方向。

3. 带状地形图的测绘

首先沿线路方向敷设导线点及水准点作为平面和高程的控制，然后可按一般地形图测绘的方法和技术要求进行带状地形图测绘。

带状地形图一般是按线路的里程进行分幅，可按北方向朝上绘图，也可把线路的方向旋转至左右方向绘图(此时则应加绘北方向线)。图 11-15 所示为某公路的带状地形图及路线平面设计图示例。

对于已有相应比例尺地形图资料的地区，则可直接将线路中心展绘于原地形图上，然后到现场进行修测或补测成带状地形图。此外，也可根据沿线所测的纵、横断面成果绘制成带状地形图。

线路(铁路、公路、厂区道路等)由于受地形地质和其他因素的限制，经常要改变方向。当线路改变方向时，或由一坡度转变为另一坡度时，为保证行车安全，一般需在水平方向和竖直方向设置曲线，用以连接相邻两直线。由一定半径的圆弧构成的曲线，称为圆曲线。

11.2.2 圆曲线的测设

1. 圆曲线要素及其计算

如图 11-16 所示，圆曲线的半径 R、偏角(路线转线角)α、切线长 T、曲线长 L，外矢距 E 及切曲差 q，称为曲线要素。其中 R 及 α 均为已知数据，由图 11-16 可知各要素的计算公式为

$$\begin{cases} T = R \cdot \tan \dfrac{\alpha}{2} \\ L = \dfrac{\pi}{180°} \alpha R \\ E = R\left(\sec \dfrac{\alpha}{2} - 1 \right) \\ q = 2T - L \end{cases} \tag{11-3}$$

2. 圆曲线主点的测设

圆曲线的起点 ZY、中点 QZ 和圆曲线的终点 YZ 称为圆曲线的主点。

测设时，将经纬仪置于交点 JD 上(图 11-17)，以线路方向定向，即自 JD 起沿两切线方向分别量出切线长 T，即可定出曲线起点 ZY 和终点 YZ，然后在交点 JD 上后视 ZY(或 YZ)点，转 $\dfrac{180° - \alpha}{2}$ 角，得分角线方向，沿此方向量出外矢距 E，即得曲线中点 QZ。主点测设完成后，还要进行检核。在测设曲线主点时，还要计算曲线主点的里程桩桩号。

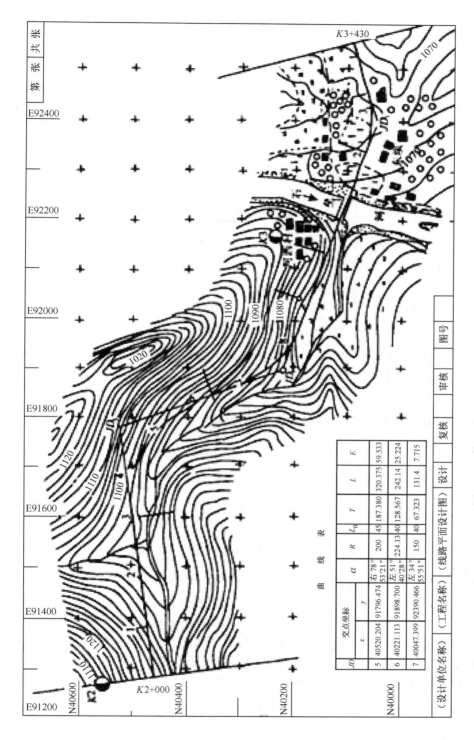

曲　线　表

JD	交点坐标		α	R	L_0	T	L	E
	x	y						
5	40520.204	91796.474	右78°53'21"	200	45	187.380	320.375	59.533
6	40221.113	91898.700	左51°40'28"	224.13	40	128.567	242.14	25.224
7	40047.399	92390.466	左34°55'51"	150	40	67.323	131.4	7.715

（工程名称）　　（线路平面设计图）　设计

（设计单位名称）　　　　　　　　　　　　复核　　审核　　图号

图11-15　某公路的带状地形图及路线平面设计图示例

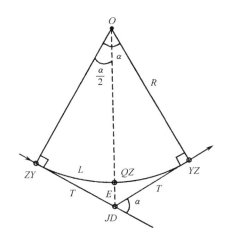

图 11-16　圆曲线要素图

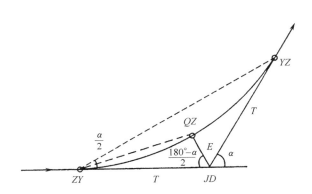

图 11-17　圆曲线主点的测设

3. 圆曲线的详细测设

为了在地面上比较确切地反映圆曲线的形状，在施工时还必须沿着曲线每隔一定距离测设若干个点，如图 11-18 中的 1、2、…各点，这一工作称为圆曲线的详细测设。圆曲线详细测设的方法有很多，较多采用的是偏角法和切线支距法。

1) 偏角法

偏角法是利用偏角(弦切角)和弦长来测设圆曲线(图 11-18)。根据几何原理得各偏角的计算公式为

$$\delta_1 = \frac{1}{2} \times \frac{180°l}{\pi R} \tag{11-4}$$

式中，l 为弧长。

当圆曲线上各点等距离时，则曲线上各点的偏角为第一点偏角的整倍数，即

$$\delta_1 = \varepsilon, \quad \delta_2 = 2\delta_1, \cdots, \quad \delta_n = n\delta_1 \tag{11-5}$$

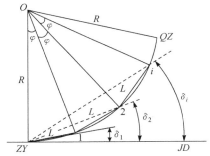

图 11-18　偏角法

测设时，可在 ZY 点安置仪器，后视 JD 点，拨出偏角，再以规定的长度 l，自 $(i-1)$ 点与拨出的视线方向交会得出 i 点。依此一直测设至曲线中点 QZ，并用 QZ 校核其位置。当所测设的曲线较短或用光电测距仪测设曲线时，也可用极坐标法进行。如图 11-19 所示，在曲线的起(终)点拨出偏角后，直接在视线方向上量取弦长 C_i，即可得出曲线上 i 点的位置。

$$C_i = 2R\sin2\delta_i \tag{11-6}$$

2) 切线支距法

如图 11-20 所示，以曲线起点 ZY(或终点 YZ)为坐标原点，切线方向为 X 轴，过 ZY 的半径方向为 Y 轴，建立直角坐标系统。测设时，在地面上沿切线方向自 ZY (或 YZ)量出 x_i，在其垂线方向量出 y_i，即可得出曲线上的 i 点。

从图 11-20 可看出，曲线上任一点 i 的坐标为

$$\begin{cases} x_i = R\sin\varphi_i \\ y_i = R(1-\cos\varphi_i) \end{cases} \tag{11-7}$$

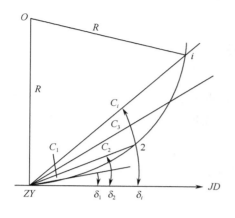

图 11-19 极坐标法

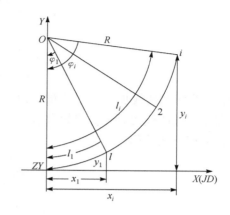

图 11-20 切线支距法

式中，

$$\varphi_i = \frac{l_i}{R}$$

11.2.3 有缓和曲线的圆曲线的测设

为行车安全，常要求在直线和圆曲线的衔接处逐渐改变方向，因此在圆曲线和直线之间设置缓和曲线。缓和曲线是一段曲线半径由无限大渐变到等于圆曲线半径的曲线。我国采用螺旋线作为缓和曲线。

当圆曲线两端加入缓和曲线后，圆曲线应内移一段距离，才能使缓和曲线与直线衔接，如图 11-21(a)所示。

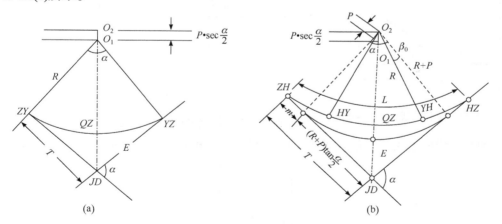

图 11-21 缓和曲线要素图示

1. 缓和曲线要素的计算公式

从图 11-21(b)可看出，加入缓和曲线后，其曲线要素可用下列公式求得

$$\begin{cases} T = m + (R+P)\tan\dfrac{\alpha}{2} \\ L = \dfrac{\pi R(\alpha - 3\beta_0)}{180°} + 2l_0 \\ E = (R+P)\sec\dfrac{\alpha}{2} - R \\ q = 2T - L \end{cases} \qquad (11\text{-}8)$$

式中，l_0 为缓和曲线长度；m 为增加设置缓和曲线后使切线增长的距离；P 为因为增加设置缓和曲线后圆曲线相对于切线的内移量；β_0 为缓和曲线角度。其中 m、P、β_0 称为缓和曲线参数，可按下式计算：

$$\begin{cases} \beta_0 = \dfrac{l_0}{2R}\rho \quad (\rho = 206265'') \\ m = \dfrac{l_0}{2} - \dfrac{l_0^2}{240R^2} \\ P = \dfrac{l_0^2}{24R} \end{cases} \qquad (11\text{-}9)$$

2. 缓和曲线主点的测设

具有缓和曲线的圆曲线，其主点为：直缓点 ZH，缓圆点 HY，曲中点 QZ，圆缓点 YH，缓直点 HZ。

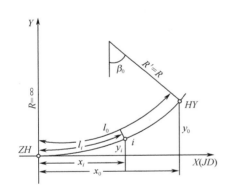

图 11-22　缓和曲线主点的测设

当求得 T, E 后，可按圆曲线主点的测设方法测设起点 ZH、终点 HZ 和曲中点 QZ，测设主点 HY 和 YH，一般采用切线支距法，这就需要建立以直缓点 ZH 为原点，过 ZH 的缓和曲线切线为 X 轴、ZH 点上缓和曲线的半径为 Y 轴的直角坐标系(图 11-22)，则缓和曲线上任一点的直角坐标的计算公式为

$$\begin{cases} x_i = l_i - \dfrac{l_i^5}{40R^2 l_0^2} \\ y_i = \dfrac{l_i^3}{6Rl_0} \end{cases} \qquad (11\text{-}10)$$

式中，l_i 为缓和曲线起点至缓和曲线上任一点的曲线长；R 为圆曲线的半径。当 $l_i = l_0$ 时，即得缓圆点 HY 和圆缓点 YH 的直角坐标计算式：

$$\begin{cases} x_0 = l_0 - \dfrac{l_0^3}{40R^2} \\ y_0 = \dfrac{l_0^2}{6R} \end{cases} \qquad (11\text{-}11)$$

求得 HY 和 YH 的坐标之后，即可按圆曲线测设中的切线支距法确定 HY、YH 点。

3. 缓和曲线的详细测设

缓和曲线的圆曲线的测设，常用的有偏角法和切线支距法，这里仅介绍切线支距法测设曲线细部的方法。

用切线支距法进行曲线的详细测设时，首先应建立如图 11-23 所示的直角坐标系，然后利用曲线上各点在此坐标系中的坐标 x, y 测设曲线。

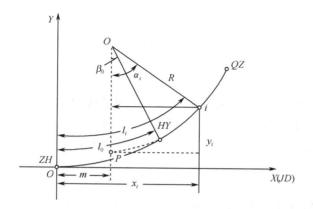

图 11-23　缓和曲线的详细测设

缓和曲线上各点的坐标计算公式如前。圆曲线上任一点 i 的坐标计算公式，从图 11-23 的几何关系可以看出：

$$\begin{cases} x_i = R\sin\alpha_i + m \\ y_i = R(1-\cos\alpha_i) + P \end{cases} \tag{11-12}$$

式中，$\alpha_i = \dfrac{180°}{\pi R}(l_i - l_0) + \beta_0$，$\beta_0$、$m$、$P$ 为前述的缓和曲线参数。用切线支距法测设曲线细部的具体步骤与圆曲线的测设相同。

11.2.4　竖曲线的测设

线路纵断面是由许多不同坡度的坡段连接而成的。坡度变化点称为变坡点。为了缓和坡度在变坡点处的急剧变化，可在两相邻坡度段以圆曲线连接。这种连接不同坡度的曲线称为竖曲线。竖曲线有凹形和凸形两种。

1. 竖曲线要素及其计算公式

竖曲线要素的测设如图 11-24 所示。

(1) 竖曲线切线长度 T 为

$$T = R\tan\frac{\alpha}{2} \tag{11-13}$$

式中，α 为竖向转折角，其允许值一般都很小，故可用两相邻坡度值的代数差来代替，即 $\alpha = \Delta i = i_1 - i_2$，因为 α 很小，故有

$$\tan\frac{\alpha}{2} = \frac{\alpha}{2} = \frac{1}{2}(i_1 - i_2) \tag{11-14}$$

则

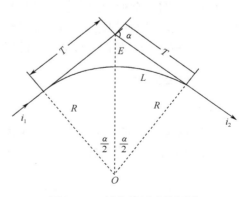

图 11-24　竖曲线要素的测设

$$T = \frac{1}{2}R(i_1 - i_2) = \frac{R}{2}\Delta i \qquad (11\text{-}15)$$

(2) 竖曲线长度 L。由于 α 很小，所以 $L \approx 2T$。

(3) 外矢距 E：

$$E = \frac{T^2}{2R} \qquad (11\text{-}16)$$

2. 竖曲线的测设

竖曲线的切线长 T 值求出后，即可由变坡点定出曲线的起点 Z 和终点 Y。曲线上各点常用切线支距法测定(参见图 11-23)。将沿着切线方向的水平距离定为 x 方向，由于 α 很小，故可认为 y 坐标与半径方向一致，也可认为它是切线与曲线上的高程差，即

$$y = \frac{x^2}{2R} \qquad (11\text{-}17)$$

算得高程差 y，即可按坡度线上各点高程计算出各曲线点的高程。

竖曲线上各点的测设，以曲线起点 Z(或终点 Y)沿切线方向量取各点的 x 值(水平距离)，并设置标桩。施工时，再根据附近已知高程点进行曲线上各点设计高程的测设。

11.3 隧道工程测量

在公路、铁路、矿山及地下工程建设中，隧道(巷道)是必不可少的，隧道测量是为这些工程建设服务的一项测量工作。

隧道按功能分有公路隧道、铁路隧道、城市地下铁道隧道、联系地下工程隧道、地下给排水隧道，以及矿山地下隧道等。公路隧道、铁路隧道的开挖一般会穿山过岭，横贯海底，从两端开挖，相向掘进，以求贯通。有的隧道则用竖井开挖，在达到隧道设计深度后，再向两端开拓隧道。还有的以斜井开拓，掘进隧道。因而，隧道按形式又可分为平峒、斜井、竖井开拓隧道等几种。不管哪种隧道，其测量工作都是相同的。

11.3.1 隧道工程地面控制测量

隧道工程控制测量是保证隧道按照规定精度正确贯通，并使地下各建(构)筑物按设计位置定位的工程措施。隧道控制网分地面和地下两部分。

地面平面控制网是包括进口控制点和出口控制点在内的控制网，并能保证进口点坐标和出口点坐标以及两者的连线方向达到设计要求。地面平面控制测量一般采用中线法、导线法、三角(边)锁等方法。目前，GNSS 也已广泛用于隧道施工的洞外控制测量。

1. 平面控制测量

1) 中线法

中线法是在隧道地面上按一定距离标出中线点，施工时据此作为中线控制桩使用。如图 11-25 所示，A 为进口控制点，B 为出口控制点，C、D、E 为隧道地面的中线点。

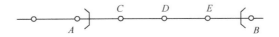

图 11-25　隧道中线

施工时，分别在 A、B 安设仪器，从 AC、BE 方向延伸到洞内，作为隧道的掘进方向。

该方法宜用于隧道较短、地形较平坦，且无较高精度的测距设备情况下。但必须反复测量，防止错误，并要注意延伸直线的检核。中线法的优点是中线长度误差对贯通的横向误差几乎没有影响。

2) 导线法

在洞外地形复杂、距离丈量特别困难的情况下，可采用光电测距导线作为洞外控制。如图 11-26 所示，A、B 分别为进口点和出口点，1、2、3、4 点为导线点。在施测导线时应尽量使导线为直伸形，减少转折角，以便使测角误差对贯通的横向误差的影响最小。

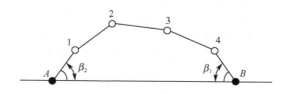

图 11-26　导线控制网

3) 三角(边)锁法

在用三角锁作为隧道洞外的控制时，不但要求测量高精度的基线，而且要求有较高的测角精度，一般长隧道测角精度为±1.2″，起始边精度要达到 1/300000。因此，要付出较大的人力和物力。如果有较高精度的测距仪，多测几条起始边，用测角锁计算，则比较简单。用三角锁作为控制网，最好将三角锁布设成直伸形，并且用单三角构成，使图形尽量简单，从而使边长误差对贯通的横向误差影响大为削弱，如图 11-27 所示。

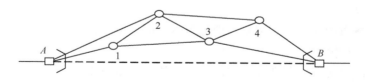

图 11-27　单三角锁控制网

4) 用 GNSS 定位系统建立控制网

利用 GNSS 定位系统建立洞外施工控制网，由于无须通视，故不受地形限制，从而减少了工作量，提高了速度，降低了费用，并能保证施工控制网的精度。

如图 11-28 所示，A、B 点分别为隧道的进口点和出口点，AC 和 BF 为进口和出口的定向方向，必须通视。$ACDFEB$ 组成 4 个三角网。三台套 GNSS 接收机可观测 4 个时段，四台套 GNSS 接收机可观测 3 个时段。如果需要与国家级控制点联测，可将两个高级点与该网组成整体网，或联测一个高级点和给出一个方位角。

GNSS 网首先获得的是 WGS-84 坐标系的成果，应将其转换为以过 A 点的子午线为中央子午线，以平均高程为投影面的独立坐标数据，

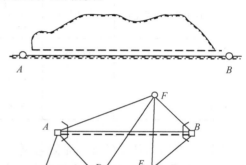

图 11-28　隧道施工控制网

然后进行平差计算，从而获得控制网的成果。

在 GNSS 控制网数据处理时，注意用水准测量联测一部分 GNSS 点高程，以便进行高程拟合，从而使 GNSS 点具有较高精度高程，以便满足隧道贯通的高程要求。

2. 地面高程控制测量

高程控制测量的目的是按照规定的精度，测量两开挖洞口的进口点的高差，并建立洞内统一的高程系统，以保证在贯通面上高程的正确贯通。

一个相向贯通的隧道，在贯通面上对高程要求的精度为 ±25mm。对地面高程控制测量分配的影响值为 ±18mm，分配到洞内高程控制的测量影响值为 ±17mm。根据上述精度要求，按照路线的长度确定必要的水准测量的等级。进口和出口要各设置 2 个以上水准点，2 个水准点之间最好能一站进行联测。水准点应埋设在坚实、稳定和避开施工干扰的地方。

地面水准测量的技术要求，可参照《水准测量规范》相应等级的规定。

11.3.2　隧道施工测量

隧道施工测量的内容包括地下平面控制测量、地下高程测量、中线测量和腰线测量。

1. 地下平面控制测量

在用联系测量方法引入地下起始控制点的坐标、方向和高程后，建立地下平面控制网和高程控制网。在大型隧道施工中，平面控制点要埋设在底板上，插入铁芯，浇注混凝土，铁芯露出混凝土面 1cm。如果底板坚硬稳固，可打孔直接埋入，否则要深挖埋设，以求稳固可靠。如果巷道高度较小，导线点也可埋在顶板上，进行点下对中。

1) 地下导线的布设

铁路、公路隧道的地下导线测量与地面基本相同，需测角、量边；不同的是测量环境较差，增加了测量的难度。

测角时，要注意对中、照准和读数的误差。边长测量可用钢尺或短程光电测距仪。但在易引燃的环境下，不能使用光电测距仪，否则要加防爆设施和装置。

矿山巷道工程建设中，导线点大多埋设在顶板上，测角、量距与地面大不相同。巷道中的导线等级与地面也不同，其导线等级见表 11-1。

表 11-1　各级导线的技术数据

导线类别	测角中误差/(″)	一般边长/m	角度允许闭合差		方向测回法较差	最大相对闭合差	
			闭(附)合导线	复测支导线		闭(附)合导线	复测支导线
高级	±15	30～90	$\pm30''\sqrt{n}$	$\pm30''\sqrt{n_1+n}$		1/6000	1/4000
Ⅰ级	±22		$\pm45''\sqrt{n}$	$\pm45''\sqrt{n_1+n}$	30″	1/4000	1/3000
Ⅱ级	±45		$\pm90''\sqrt{n}$	$\pm90''\sqrt{n_1+n}$		1/2000	1/1500

图 11-29 所示隧道的导线是随着隧道的掘进而逐渐布设的。掘进的过程中，每进 30～50m，则布设Ⅱ级导线点，并据此绘制隧道的平面图。当掘进 300m 左右时，则从起算边开始布设Ⅰ级导线(基本导线)，既检核Ⅱ级导线，同时又作为Ⅱ级导线的起始点。

2) 地下导线测量的外业

(1) 选点。隧道中的导线点要选在坚固的地板或顶板上，应便于观测，易于安置仪器，通视较好；边长要大致相等，不小于 20m，需永久保存。

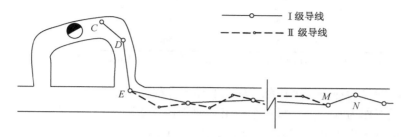

图 11-29　隧道的导线布设

(2) 测角。隧道中的导线点如果在顶板上，就需点下对中(又称镜上对中)，要求经纬仪有镜上中心装置。地下导线一般用测回法、复测法进行角度测量。观测时要严格进行对中，瞄准目标或锤球线上的标志。

(3) 量边。一般是悬空丈量。在水平巷道内丈量水平距离时，用望远镜反复平瞄准目标或锤球线，在视线与锤球线的交点处做标志(大头针或小钉)。距离超过一个尺段时，中间要加分点。如果是倾斜巷道，又是点下对中(图 11-30)，还要测出竖直角 δ。

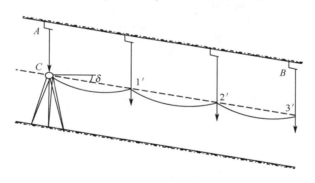

图 11-30　巷道内丈量距离

在丈量 I 级导线边长时，应用弹簧秤施一标准拉力，并且测记温度。每尺段串尺丈量 3 次，互差不得超过 ±3mm。要往返丈量导线边长，经改正后，往返丈量的相对误差不超过 1/6000。

利用光电测距仪测量边长，既方便又快速，可大大提高工作效率。

3) 地下导线测量的内业

导线测量的计算与地面相同，只是地下导线随着隧道掘进而敷设，在贯通前难以闭合，也难以附合到已知点上，是一种支导线的形式。

2. 地下高程控制测量

当隧道坡度小于 8°时，建立高程控制，多采用水准测量；当坡度大于 8°时，则采用三角高程测量方法比较方便。

地下水准测量分两级布设，其技术要求如表 11-2 所示。

表 11-2　地下水准测量技术要求

级别	两次高差之差或红黑面高差之差/mm	支水准线路往返测高差不符值/mm	闭(附)线路高差闭合差/mm
I	±4	$\pm15\sqrt{R}$	
II	±5	$\pm30\sqrt{R}$	$\pm24\sqrt{L}$

注：R 为支水准路线长度，以 100m 为单位；L 为闭(附)合水准路线长度，以 100m 为单位。

　　I 级水准路线作为地下首级控制，从地下导入高程的起始水准点开始，沿主要隧道布设，并可将永久导线点作为水准点，每三个一组，便于检查水准点是否变动。

　　II 级水准点以 I 级水准点作为起始点，均为临时水准点，可利用 II 级导线点作为水准点。I、II 级水准点在很多情况下都是支水准路线，必须往返观测进行检核。若有条件时应尽量布设成闭合或附合。

　　地下水准测量方法与地面水准测量方法基本相同。若水准点设置在顶板上，则可用 1.5m 的水准尺倒立于点下(图 11-31)。高差的计算与地面相同，只是读数的符号不同而已。

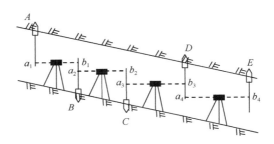

图 11-31　水准尺倒立法测量隧道高程

高差计算：

$$h = \pm a - (\pm b)$$

后、前视读数的符号，在点下为负，在点上为正。

　　地下三角高程测量与地面三角高程测量相同。计算高差时，i 和 v 的符号因点上和点下不同而异。高差计算：

$$h = L \cdot \sin\delta \pm i \pm v$$

式中，L 为仪器横轴中心至视准点间的倾斜距离；δ 为竖直角，仰角为正，俯角为负；i 为横轴中心至点的垂直距离，点上为正，点下为负；v 为觇标高，测点至视准点的垂直距离，点上为负，点下为正。

　　三角高程测量采用往返观测，两次高差之差不应超过 $\pm(10 + 0.3l_0)$mm，l_0 为两点间的水平距离。三角高程测量在可能的条件下要采用闭合或附合线路，其闭合差是

$$f_n = \pm30\sqrt{L}\,(\text{mm})$$

式中，L 为平距，以 100m 为单位。

3. 隧道掘进中的测量工作

　　在隧(巷)道掘进过程中首先要给出掘进的方向，即隧道的中线；同时要给出掘进的坡度(称为腰线)，这样才能保证隧道按设计要求掘进。

1) 隧道的中线测设

在全断面掘进的隧道中，常用中线给出隧道的掘进方向。如图 11-32 所示，Ⅰ、Ⅱ为导线点，A 为设计的中线点。已知其设计坐标和中线的坐标方位角，根据Ⅰ、Ⅱ点的坐标，可反算得到 $\beta_{\text{Ⅱ}}$、D 和 β_A。在Ⅱ点上安置仪器，测设 $\beta_{\text{Ⅱ}}$ 角和丈量 D，便得 A 点的实际位置。

当隧道继续向前掘进时，导线也随之向前延伸，同时用导线测设中线点，检查和修正掘进方向。

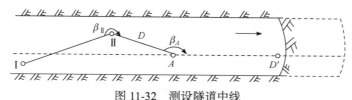

图 11-32　测设隧道中线

2) 腰线的标定

在隧道掘进过程中，除给出中线外，还要给出掘进的坡度。一般用腰线法放样坡度和各部位的高程。

(1) 用经纬仪标定腰线。在标定中线的同时标定腰线。如图 11-33 所示，在 A 点安置经纬仪，量取仪高 i，则仪器视线高程 $H_i = H_A + i$，若 A 点的腰线高程设为 $H_A + 1\text{m}$，则两者之差：

$$k = (H_A + i) - (H_A + 1) = i - 1\text{m} \tag{11-18}$$

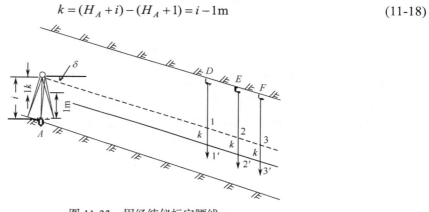

图 11-33　用经纬仪标定腰线

当经纬仪所测的倾角为设计隧道的倾角 δ 时，瞄准中线上 D、E、F 三点所挂的锤球线，从视点 1、2、3 向下量 k，即得腰线点 1′、2′、3′。

在隧道掘进过程中，标志隧道坡度的腰线点并不设在中线上，往往标志在隧道的边帮上。

如图 11-34 所示，仪器安置在 A 点，在 AD 中线上的倾角为 δ；若 B 点与 D 点同高，AB 线的倾角为 δ'，并不是 δ，通常称 δ' 为伪倾角。δ' 与 δ 之间的关系按下式可求出：

$$\tan\delta = \frac{h}{AD'}, \quad \tan\delta' = \frac{h}{AB'} = \frac{AD'\tan\delta}{AB'} = \cos\beta\tan\delta$$

根据现场观测的 β 角和设计的 δ 计算出 δ' 之后就可标定边帮上的腰线点。如图 11-35 所示，在 A 点安置经纬仪，观测 1、2 两点与中线的夹角 β_1 和 β_2，计算了 δ'_1、δ'_2，并以 δ'_1、δ'_2 的倾角分别瞄准 1、2 点，从视线向上或向下量取 k，即为腰线点的位置。

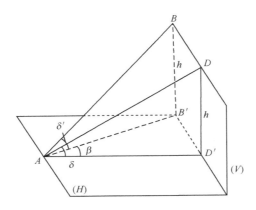

图 11-34 量测隧道倾角

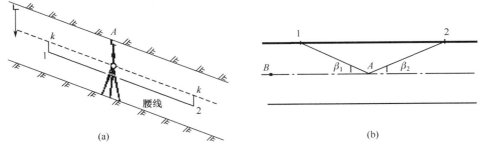

图 11-35 腰线放样

(2) 用水准仪标定腰线。当隧道坡度在 8° 以下时,可用水准仪测设腰线。如图 11-36 所示,已知 A 点高程 H_A,B 点的设计高程 $H_设$ 及设坡度为 i,并在中线上量出 1 号点距 B 点距离 l_1 和 1、2、3 点之间的距离 l_0,即可计算出 1、2、3 点的设计高程为

$$H_1 = H_设 + l_1 i + 1\mathrm{m}$$
$$H_2 = H_1 + l_0 i$$
$$H_3 = H_2 + l_0 i$$

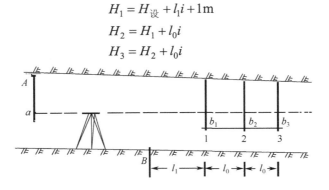

图 11-36 用水准仪标定腰线

然后安置水准仪并照准后视 A 点,读数为 a,则仪器高程为

$$H_仪 = H_A - a$$

分别瞄准 1、2、3 点在边帮上的相应位置的水准尺,使读数分别为

$$b_1 = H_1 - H_仪$$
$$b_2 = H_2 - H_仪$$
$$b_3 = H_3 - H_仪$$

此时尺底即是腰线点的位置。可在边帮上标志 1、2、3 点，三点的连线即为腰线。

11.3.3 隧道(巷道)的贯通测量

1. 概述

隧道(巷道)贯通是指隧道相向掘进，在贯通面掘通的工作。为此进行的测量工作称为贯通测量。

贯通测量不可避免会产生误差，致使在贯通面上产生 3 个方向的贯通误差(图 11-37)。贯通误差在贯通面 K 处的水平面内，垂直于中线方向产生横向贯通误差Δu；高程方向产生竖向贯通误差 Δh；沿中线方向产生纵向贯通误差Δl，此误差对贯通质量无多大影响。横向贯通误差和竖向贯通误差严重地影响了贯通质量，因此规定了其容许误差，见表 11-3。

图 11-37 贯通误差

表 11-3 贯通测量的容许误差

两相向开挖洞口间的距离/km	4	4～8	8～10	10～13	13～17	17～20
横向贯通容许误差/mm	±100	±150	±200	±300	±400	±500
竖向贯通容许误差/mm	±50	±50	±50	±50	±50	±50

为了确保隧道贯通误差符合要求，事先要预计贯通测量误差。另外，在进行贯通测量的全过程中，要采取有效的检核措施。较差符合要求时，取其平均值作为最后成果。

贯通测量工作责任重大，必须以高度负责的精神、严格认真的态度精心实施。如果隧道不能按设计要求贯通或发生错误，将造成人力、物力的重大损失。

2. 贯通测量的误差估计

如图 11-38 所示，从竖井 A、B 掘进到贯通水平面后。相向掘进以求隧道的贯通，预计贯通面在 K 点。通过 A、B 井筒分别将地面控制网的坐标、高程和方位角引入地下，并在地下布设施工导线(图 11-39)。

在误差估计时，先将已有的控制测量资料和地面、地下控制网，以较大的比例尺绘在图上，并绘出预计的贯通点 K。如图 11-39 所示，在假定坐标系统中，以中线方向为 y 轴，垂直中线方向为 x 轴，竖直方向为 z 轴(参见图 11-38)。重要的贯通误差为 x 方向的横向贯通误差和 z 方向的高程贯通误差。

1) 贯通点 K 在 x 方向的测量误差

影响 K 点的误差来源主要是地面控制测量、地下导线测量和联系测量三者的误差的综合影响。

(1) 地面测量对 K 点的误差影响。如图 11-39 所示，由地面控制点 P 分别向竖井 A、B 引测支导线 Ⅰ、Ⅱ、…、Ⅴ。根据支导线的误差分析可知，由测角误差引起 K 点在 x 方向的贯通误差为

$$m_{x\beta\pm} = \pm \frac{m_{\beta\pm}}{\rho} \sqrt{\sum R_{y_i\pm}^2} \tag{11-19}$$

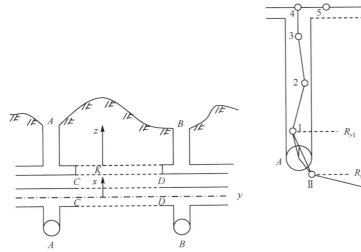

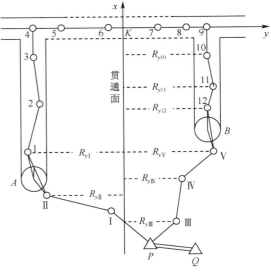

图 11-38   通过竖井挖掘隧道   图 11-39   在地下布设施工导线

式中，$m_{\beta\pm}$ 为地面导线的测角误差；$\sqrt{R_{y_i\pm}}$ 为地面导线第 i 点至 x 轴的垂直距离，在设计方案图上量取。

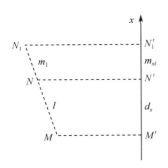

图 11-40   在 x 轴方向引起的贯通误差

测边误差对 K 点在 x 轴方向上引起的贯通误差为 $m_{x'\pm}$。如图 11-40 所示，量距误差主要由偶然误差引起，其相对中误差为 $\frac{m_1}{l}$，按对应边成比例计算，则

$$N'N_1' = \frac{m_1}{l} \cdot d \tag{11-20}$$

若有 n 条边，则

$$m_{xl\pm}^2 = \frac{m_{1\pm}^2}{l_2} \sum d_{x_i}^2 \tag{11-21}$$

式中，$\sum d_{x_i}^2$ 为各导线边长在 x 轴上投影的平方和，d_{x_i} 可在方案图上量取。

由地面控制点引起贯通点的总误差为

$$m_{xl\pm}^2 = \left(\frac{m_{\beta\pm}}{\rho}\right)^2 \cdot \sum R_{y_i\pm}^2 + \left(\frac{m_{1\pm}}{l}\right)^2 \cdot \sum d_{x_i}^2 \tag{11-22}$$

(2) 定向测量误差对 K 点引起的横向贯通误差为

$$m_{xo} = \pm \frac{m_{\alpha o}}{\rho} R_{yo} \qquad (11\text{-}23)$$

式中，$m_{\alpha o}$ 为地下导线起始边的定向误差；R_{yo} 为地下导线起算点至 x 轴的垂直距离。

如前所述，一次定向的中误差为 $\pm 42''$，如图 11-39 所示，通过两井定向产生的误差影响 m_{xoA} 和 m_{xoB}，可用下式计算：

$$m_{xoA} = \pm \frac{42''}{\rho} \cdot R_{y1}$$

$$m_{xoB} = \pm \frac{42''}{\rho} \cdot R_{y12}$$

式中，R_{y1}，R_{y12} 分别为两侧井下起始导线点距 x 轴的垂直距离。

(3) 地下经纬仪导线测量对 K 点横向误差的影响与地面情况相同，依式(11-19)、式(11-21)，可见

$$\begin{cases} m_{x\beta\text{下}} = \pm \dfrac{m_{\beta\text{下}}}{\rho} \cdot \sqrt{\sum R_{y_i\text{下}}^2} \\[3mm] m_{xl\text{下}} = \pm \dfrac{m_{l\text{下}}}{l} \cdot \sqrt{\sum d_{x_i\text{下}}^2} \end{cases} \qquad (11\text{-}24)$$

综合以上各项误差，得

$$m_x = \pm \sqrt{m_{x\beta\text{上}}^2 + m_{xl\text{上}}^2 + m_{x\beta\text{下}}^2 + m_{xl\text{下}}^2 + m_{xoA}^2 + m_{xoB}^2} \qquad (11\text{-}25)$$

贯通测量工作要独立进行两次，取其平均值作为最后结果，其中误差：

$$m_{x\text{均}} = \pm \frac{m_x}{\sqrt{2}}$$

水平方向的容许误差为中误差的 2 倍。

$$M_{x\text{容}} = 2m_{x\text{均}} \qquad (11\text{-}26)$$

如果 $M_{x\text{容}}$ 小于表 11-3 中所列的容许误差，则说明方案可行。

2) 贯通点 K 在 z 轴方向的测量误差

影响 K 点在高程方向的测量误差主要有：地面水准测量误差、地下高程测量误差，以及通过 A，B 两井导入高程的误差。如果是平峒贯通，则两井导入高程的误差可不计。

(1) 地面水准测量误差。用高差闭合差的大小确定其容许值。现以四等水准计算，一般规定闭合差不大于 2 倍中误差，则

$$m_{H\text{上}} = \frac{f_h}{2} = \pm \frac{20\sqrt{L}}{2} = \pm 10\sqrt{L}(\text{mm}) \qquad (11\text{-}27)$$

式中，L 为地面水准路线的长度(km)。

(2) 地下水准测量误差。用地下水准测量的闭合差确定，以 I 级水准计算，并且地下水准支线是往返测求平均值，平均值的中误差为

$$m_{H\text{下}} = \pm \frac{f_h}{2\sqrt{2}} \qquad (11\text{-}28)$$

式中，$f_h = 15\sqrt{R}(\text{mm})$；$R$ 为往测或返测的水准路线长度，以 100m 为单位。

(3) 导入高程的误差 m_{Ho}。按照规定两次独立导入高程误差之差不得超过 $H/8000$，一次导

入的中误差为

$$m_{Ho} = \pm \frac{H}{8000} \cdot \frac{1}{2\sqrt{2}} \tag{11-29}$$

式中，H 为井深，从两个井筒各导入一次。

综合以上各项误差得

$$\begin{cases} M_H = \pm \dfrac{1}{\sqrt{2}} \sqrt{m_{H上}^2 + m_{H下}^2 + m_{HoA}^2 + m_{HoB}^2} \\ M_{H容} = 2M_H \end{cases} \tag{11-30}$$

若 $M_{H容}$ 小于表 11-3 中所列的容许误差，则说明测量方案可行。

11.4 变 形 监 测

建筑物在工程建设和使用过程中，由于其基础的地质构造不均匀，土基的物理性质不同，地基的塑性变形，地下水位的变化，大气温度的变化，建筑物自身的荷载及动荷载(如风力、震动等)的作用等，将会导致工程建筑物随时间的推移发生沉降、位移、挠曲、倾斜及裂缝等现象，这种现象称为变形。

11.4.1 变形监测的内容、目的及意义

1. 变形监测的基本概念

所谓变形监测，就是利用测量理论与专用仪器及方法对变形体的变形现象进行监视观测的工作。其任务是确定在各种荷载及外力作用下，变形体的形状、大小及位置变化的空间状态及时间特征。变形监测工作是人们通过对变形现象的科学认识，检验变形理论和假设的必要手段。

根据变形的时间长短可分为长周期变形(建筑物自重引起的沉降和变形)、短周期变形(温度变化引起的变形)和瞬时变形(风振引起的变形)。根据变形的类型可分为静态变形和动态变形。根据变形体的研究范围可分为全球性变形研究、区域性变形研究、局部变形研究和工程变形研究。

在精密工程测量中，最具代表性的变形体有大坝、桥梁、矿区、隧道、地铁、边坡、高层建筑物、防护堤和地表沉降等。

2. 变形监测的内容

变形监测的内容应根据变形体的性质与地基情况来确定。但要求有明确的针对性，既要有重点，又应全面考虑，以便正确地反映变形体的变化情况，以达到监视变形体安全，了解其变形规律的目的。

1) 工业及民用建筑物

主要包括基础沉陷观测与建筑物本身的变形观测。就基础而言，主要观测内容是建筑物的均匀沉陷和不均匀沉陷；就建筑物自身而言，主要是观测倾斜和裂缝。

2) 水利建筑物

对于大坝，其观测内容主要是水平位移、垂直位移、渗透以及裂缝观测；对于混凝土坝，

以混凝土重力坝为例，由于受水的压力、外界温度变化、坝体自重等因素的影响，其主要观测内容为垂直位移、水平位移及伸缩缝的观测，这些内容通常称为外部变形监测。此外，为了了解混凝土坝结构内部的情况，还应对混凝土应力、钢筋应力、温度等进行观测，这些内容通常称为内部观测。

3）地面沉降

建设在江河下游冲积层上的城市，由于工业用水而需要大量开采地下水，从而影响地下土层结构，致使地面发生沉降现象；在地下采矿地区，由于大量的采掘，也会使地面发生沉降现象。在这种沉降现象严重的城市或地区，暴雨以后将会发生大面积的积水，甚至造成地下管线断裂，影响居民生活，危及建筑物安全。因此必须定期进行地面沉降观测，掌握其沉降规律，以便采取防护措施。

3. 变形监测的目的和意义

随着人类社会进步和国民经济的发展，工程建设进程不断加快，并且对现代工程建筑物的规模、造型及难度提出了更高的要求，变形监测工作的意义就更加重要。

工程建筑物在施工和运营期间，将受到多种主观和客观因素的影响，使其产生变形。当其变形超过了规定的限度时，就会影响建筑物的正常使用，危及建筑物的安全，给社会和人民生活带来巨大的损失。尽管工程建筑物在设计时采用了一定的安全系数，但设计中不可能对工程的工作条件及承载能力做出完全准确的估计，施工质量也不可能完美无缺，加之运营过程中还可能产生某些不利因素，国内外仍有一些工程出现重大事故。因此，保证工程建筑物安全是一个十分重要且现实的问题。变形监测的首要目的是要掌握变形体的实际变形性状，为判断其安全提供必要的信息。

变形监测所研究的理论和方法主要涉及：变形信息的获取、变形信息的分析与解释以及变形预报。其研究成果对预防自然灾害及了解变形机理是十分重要的。对于工程建筑物，变形监测除了作为判断其安全的依据之外，还是检验设计和施工的重要手段。

综上所述，变形监测工作的意义主要体现在两个方面：首先是实用上的意义，主要是掌握各种建筑物和地质构造的稳定性，为安全性诊断提供必要的信息，以便及时发现问题并采取措施；其次是在科学意义上，它包括更好地了解变形的机理，验证有关工程设计理论和地壳运动假设，进行反馈设计以及建立有效的变形预报模型。

11.4.2 变形监测的特点和方法

1. 变形监测特点

同一般测量相比，变形监测具有以下两个特点。

1）观测精度要求高

变形监测的结果将直接关系到建筑物的安全，影响对变形成因及变形规律的正确分析，因此，变形监测数据必须具有很高的精度。典型的变形监测精度要求是 1mm 或相对精度为 1×10^{-6}。变形监测应根据不同的目的，确定出合理的观测精度及观测方法，优化观测方案，选择测量仪器，以保证变形监测结果的准确性和可靠性。

2）需要重复观测

由于各种原因产生的建筑物变形都存在着时间效应，计算其变形量最简单、最基本的方法是计算建筑物上同一点在不同时间的坐标差和高程差。这就要求变形观测必须按一定的时间周期进行重复观测。重复观测周期取决于观测的目的、预计的变形量的大小和速率。

2. 变形监测的基本方法

变形观测的方法可以分为四类：

(1) 利用常规的大地测量方法，包括几何水准测量、三角高程测量、三角测量、导线测量、交会测量等。这类方法的测量精度高，应用灵活、适用于不同变形体和不同的工作环境，但是野外测量工作量大，自动化程度不高，且不能连续观测。

(2) 利用摄影测量方法，包括近景摄影测量。此方法不但能同时获取变形体的全方位的变形情况，而且能对变形体进行连续的动态观测，外业作业简单，但精度较低。

(3) 利用物理原理的方法，包括激光准直、液体静力水准等，能轻易地实现对变形体的连续自动监测，且相对精度较高，但对测量环境要求高，所以适用于对规则的小范围的变形体进行观测。

(4) 利用空间测量技术方法，如甚长基线干涉测量、卫星激光测距等。此方法适合大范围的形变监测，野外数据获取容易，但内业数据处理复杂。由于此方法对环境、时间限制小，能全天候地对变形体实行自动动态的观测，是研究地壳形变和地表形变等的主要手段。

建筑物(构筑物)变形监测采用的具体方法要根据变形体的性质、使用情况、观测精度、周边环境，以及对形变监测的具体要求来定。对上述各种方法可以选取其中的一种或几种结合作为施测方法。

11.4.3　建筑物(构筑物)变形观测系统

建筑物(构筑物)变形观测的实质是定期对建筑物(构筑物)的有关几何量进行测量，并从中整理、分析出建筑物(构筑物)的各种形变规律。其原理是在建筑物(构筑物)上根据变形观测要求在特殊位置上选择一定数量对形变具有代表性的固定点，并对其进行重复观测以求出变形几何量的变化。

一般变形观测的固定点可以分为基准点、工作点、形变点(观测点)三类。

基准点：为了反映出形变点的形变规律，必须有一些位置相对稳定的点作为形变点的参考基准，作为分析比较的依据以反映其变化，这些点就称为基准点。为了保持基准点的稳定性和长期保存的方便性，一般基准点埋设于相对稳固的基岩上或变形体变形范围外。

工作点：因为基准的特殊要求，直接利用基准点来比较变形点的变化是困难的或不合理的，所以为了观测的方便性常布设一些介于基准点和变形点之间的过渡点，称为工作点。工作点一般布设于变形体附近，但要求在观测期间内保持稳定。

观测点：位于建筑物上的能准确反映建筑物变形，并作为照准标志的点，称为观测点。

一般地，由基准点、工作点、观测点构成的观测系统称为"变形观测系统"。

11.4.4　建筑物沉降观测

建筑物的沉降是指建筑物及其基础在垂直方向的变形(也称垂直位移)。沉降观测就是测定建筑物上所设观测点(沉降点)与基准点(水准点)之间随时间变化的高差变化量。通常采用精密水准测量或液体静力水准测量的方法进行。

沉降观测是变形观测中的重要内容。下列建筑物和构筑物应进行系统的沉降观测：高层建筑物，重要厂房的柱基及主要设备基础，连续性生产和受震动较大的设备基础，工业炉(如炼钢的高炉等)，高大的构筑物(如水塔、烟囱等)，人工加固的地基、回填土，地下水位较高或大孔性土地基的建筑物等。

1. 沉降观测系统的布设

1) 基准点的布设

(1) 为了相互校核并防止由于个别基准点的高程变动造成差错，一般最少布设 3 个基准点。3 个基准点之间最好安置一次仪器就可进行联测。

(2) 基准点应埋设在受压、受震范围以外，埋深至少在冻土线以下 0.5m，确保基准点的稳定性。

(3) 基准点离观测点的距离一般不应大于 100m，以便观测和提高精度。

2) 观测点的布设

沉降观测点是固定在建筑物结构基础、柱、墙上的测量标志，是测量沉降量的依据。因此，观测点的数目和位置应根据建筑物的结构、大小、荷载、基础形式和地质条件等情况而确定，要能全面反映建筑物沉降的情况。

一般在建筑物四周角或每隔 6～12m 设立观测点。在最容易沉降变形的地方，如设备基础、柱子基础、伸缩缝两旁、基础形式改变处、地质条件改变处、高低层建筑连接处、新老建筑连接处等也应设立观测点。在高大烟囱、水塔或配煤罐等的周围或轴线上至少布置 3 个观测点。

观测点的一般形式如图 11-41 所示，其标高一般在室外地平线上+0.5m 处较为适宜；图 11-42 所示为设在基础上的观测点。

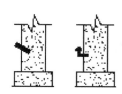

图 11-41　沉降观测点

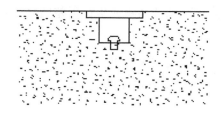

图 11-42　基础上的观测点

2. 沉降观测的实施

在建筑物基坑开挖之前，应布设基准网并进行观测。对沉降点的观测应贯穿于整个施工过程中，并持续到建成后若干年，直到沉降现象基本停止时为止。

1) 沉降观测时间与周期的确定

(1) 基准点、观测点埋设稳固后，均应至少观测两次。

(2) 施工过程中，一般在增加较大荷载(如浇灌混凝土、安装柱子和屋架、砌筑砖墙、铺设屋面、安装吊车等)之后要进行沉降观测。此外，施工中，如中途停工时间较长，应在停工时及复工前进行观测；建筑物周围发生大量挖方、暴雨或地震后，也应观测。

(3) 竣工后要按沉降量的大小，定期进行观测。开始可隔 1～2 个月观测一次，一般以每次沉降量在 5mm 以内为限度，否则要增加观测次数。以后，随着沉降量的减小，逐渐延长观测周期，直至沉降稳定为止。

2) 沉降观测的技术要求

沉降观测一般采用精密水准测量的方法进行。观测时，除应遵循精密水准测量的有关规定外，还应注意如下事项：

(1) 水准路线应尽量构成闭合环的形式。

(2) 采用固定观测员、固定仪器、固定施测路线的"三固定"方法来提高观测精度。

(3) 观测应在成像清晰、稳定的时间段内进行。测完各观测点后，必须再测后视点，同一后视点的两次读数之差不得超过±1mm。

(4) 前、后视观测最好用同一根水准尺，水准尺离仪器的距离应小于40m，前、后视距离用皮尺丈量，使之大致相等。

(5) 精度要求。对一般厂房建筑物、混凝土大坝的沉降观测，要求能反映出2mm的沉降量；对大型建筑物、重要厂房和重要设备基础的沉降观测，要能反映出1mm的沉降量；特殊精密工程如高能粒子加速器、大型抛物面天线等，沉降观测的精度要求为±0.05～±0.2mm。

(6) 基准点的高程变化将直接影响沉降观测的结果，应定期检查基准点高程有无变动。

11.4.5 变 形 分 析

1. 控制点稳定性检验

(1) 稳定点的检验可采用统计检验方法。先做整体检验,在确定有变动点后再做局部检验,找出变动点予以剔除，最后确定出稳定点组。也可采用按单点高程、坐标变差及观测量变差的 u、X^2、t、F 检验法，或采用按两期平差值与测量限差之比的组合排列检验法。

(2) 非稳定点的检验应在以稳定点或相对稳定点定义的参考系条件下进行。可采用比较法，当点两期的高程或坐标平差值之变差 Δ 符合式(11-31)所示条件时，可判断点位稳定。

$$\Delta < 2\mu_0\sqrt{2Q} \tag{11-31}$$

式中，μ_0 为单位权中误差(mm)；Q 为检验点高程或坐标的权倒数。

μ_0 值可按下式计算：

$$\mu_0 = \pm\sqrt{\frac{\sum f\mu_i^2}{\sum f_i}} \tag{11-32}$$

式中，μ_i 为各期观测的单位权中误差(mm)；f_i 为各期网形的多余观测数。当多余观测较少时，μ_i 值可取经验值。

对于平面监测网中的非稳定点检验，宜绘制置信椭圆。当计算的变位值落在椭圆外时，可推断其变位值是点位变动所致。

2. 观测点的变位检验

该项检验应在以稳定点或相对稳定点定义的参考系条件下进行。对普通观测项目，则可以观测点的相邻两周期平差值之差与最大测量误差(取中误差的两倍)相比较进行。若平差值之差小于最大误差，则可认为观测点在这一周期内没有变动或变动不显著。在每期观测后还要做综合分析，当相邻周期平差值之差很小，但呈现一定的趋势时，也应视为有变位。对于要求严密的变形分析，则可按控制点稳定性检验方法进行。

3. 变形解释

变形的物理解释应确定变形体的变形与变形因子之间的函数关系，并对引起变形的原因做出分析和解释，以预报变形发展的趋势。根据需要和条件，可采用以下方法：

1) 回归分析法

应以 10 个以上周期的长期观测数据为依据，通过分析变形体与内外因之间的相关性，建立荷载与变形关系的数学模型。当处理两个变量之间的关系时，可采用一元回归分析；当处理一个变量与多个因子之间的关系时，则应采用逐步回归分析，通过在回归方程中逐个引入显著因子，剔除不显著因子，获得最佳回归方程(预报模型)。

2) 确定函数模型法

应以大量变形信息和变形因素的观测资料为依据，利用荷载、变形体的几何性质、物理性质及应力与应变间的关系来建立数学模型。当变形体的几何形状和边界条件复杂时，可采用有限元法；当需要提高函数模型的精确度时，则可以联合使用函数方法与回归方法的函数——回归分析方法。

11.4.6　变形测量成果整理

1. 数字取位

观测成果计算和分析中的数字取位，应符合表 11-4 的规定。

表 11-4　观测成果计算和分析中的数字取位要求

等级	类别	角度/(″)	边长/mm	坐标/mm	高程/mm	沉降值/mm	位移值/mm
一、二级	控制点	0.01	0.1	0.1	0.01	0.01	0.1
	观测点	0.01	0.1	0.1	0.01	0.01	0.1
三、四级	控制点	0.1	0.1	0.1	0.1	0.1	0.1
	观测点	0.1	0.1	0.1	0.1	0.1	0.1

注：特级的数字取位，可根据需要确定。

2. 变形成果整理

变形测量成果整理应符合下列要求：

(1) 原始观测记录应填写齐全，字迹清楚，不得涂改、擦改和转抄。凡划改的数字和超限划去的成果，均应注明原因和重测结果的所在页码。

(2) 平差计算成果、图表及各种检验、分析资料，均应完整、清楚、无误。

(3) 使用的图式、符号应统一规格，描绘工整，注记清楚。

3. 上交资料

每一工程项目的变形测量任务完成后，应提交下列成果资料：

(1) 施测方案与技术设计书。

(2) 控制点与观测点平面位置图。

(3) 标石标志规格及埋设图。

(4) 仪器鉴定证书。

(5) 观测记录(手簿)。

(6) 平差计算、成果质量评定资料及测量成果表。

(7) 变形过程及变形分布图表。

(8) 变形分析资料及技术总结报告。

习　　题

1. 如何建立施工控制网？

2. 测设点的平面位置有哪几种方法？各适用于何种场合？

3. 设水准点 A 的高程 $H_A = 24.397\text{m}$，欲测设 B 点，使其高程 $H_B = 25.000\text{m}$，仪器安置在 A、B 两点之间，后视 A 尺读数为 1.563m，问前视 B 点桩上读数为何值时，桩顶高程恰为 25.000m？

4. 隧道测量包括哪些内容？

5. 隧道贯通测量包括哪些内容？

6. 土地平整测量中如何确定平整后地面高程？

7. 形变监测主要包括哪些方面的内容？

主要参考文献

陈永奇, 吴子安, 吴中如. 1998. 变形监测分析与预报. 北京: 测绘出版社

顾孝烈, 鲍峰, 程效军. 2011. 测量学. 上海: 同济大学出版社

合肥工业大学等. 1993. 测量学. 第 3 版. 北京: 中国建筑工业出版社

黄声享, 尹晖, 蒋征. 2003. 变形观测数据处理. 武汉: 武汉大学出版社

建设部综合勘察研究设计院. 1998. 建筑变形测量规程. 北京: 中国建筑工业出版社

孔祥元, 梅是义. 2001. 控制测量学(上册). 武汉: 武汉大学出版社

李青岳, 陈永奇. 1995. 工程测量学. 第 2 版. 北京: 测绘出版社

李天文. 1996. 控制测量学. 西安: 西安地图出版社

李天文. 2012. 现代地籍测量. 第 2 版. 北京: 科学出版社

李天文. 2015. GPS 原理及应用. 第 3 版. 北京: 科学出版社

李天文, 龙永清, 李庚泽. 2016. 工程测量学. 第 2 版. 北京: 科学出版社

刘谊, 汪金花, 吴长悦. 2005. 测量学通用基础教程. 北京: 测绘出版社

罗聚胜, 杨晓明. 2001. 地形测量学. 北京: 测绘出版社

宁津生, 陈俊勇, 李德仁, 等. 2004. 测绘学概论. 武汉: 武汉大学出版社

潘正风, 杨正尧, 程效军, 等. 2004. 数字测图原理与方法. 武汉: 武汉大学出版社

同济大学, 清华大学. 1991. 测量学(土建类专业用). 北京: 测绘出版社

王侬, 过静君. 2001. 现代普通测量学. 北京: 清华大学出版社

王晓春. 2010. 地形测量. 北京: 测绘出版社

吴琳, 李天文. 2004. 基于 GIS 的沉降监测分析及其三维模拟. 地球科学与环境学报, (2): 27-31

吴琳, 李天文, 李敏兰. 2004. 凯丽大厦数据综合分析及沉降规律研究. 西北大学学报, 34(6): 35-39

武汉测绘科技大学《测量学》编写组. 1991. 测量学. 第 3 版. 北京: 测绘出版社

杨俊志. 2004. 全站仪原理及其检定. 北京: 测绘出版社

张正禄. 2002. 工程测量学. 武汉: 武汉大学出版社

中国地质大学测量教研室. 1991. 测量学. 北京: 地质出版社